McGraw-Hill Mis matemáticas

¡Este es tu propio libro de matemáticas! Puedes escribir en él, dibujar, encerrar en círculos y colorear a medida que exploras el apasionante mundo de las matemáticas.

Empecemos ahora mismo. Toma un crayón y haz un dibujo que muestre lo que significan las mates para ti.

¡Diviértete!

Dibuja en este espacio.

McGraw Hill Education

connectED.mcgraw-hill.com

STEM McGraw-Hill is committed to providing instructional materials in Science, Technology, Engineering, and Mathematics (STEM) that give all students a solid foundation, one that prepares them for college and careers in the 21st century.

Send all inquiries to:
McGraw-Hill Education
STEM Learning Solutions Center
8787 Orion Place
Columbus, OH 43240

ISBN: 978-0-02-123393-9 *(Volume 1)*
MHID: 0-02-123393-4

Printed in the United States of America.

10 DOW16

Our mission is to provide educational resources that enable students to become the problem solvers of the 21st century and inspire them to explore careers within Science, Technology, Engineering, and Mathematics (STEM) related fields.

¡Conoce a los artistas!

Wilmer Cortez Cabrera

Los números y mi vida Cuando nos enteramos de que era ganador, mis amigos de clase me abrazaron tanto que caí al piso. Me siento como una estrella. *Volumen 1*

Samantha Garza

Sumo y resto Me gusta leer, bailar y jugar. Hacer esta ilustración fue divertido. *Volumen 2*

Otros finalistas

Clase de K. Jock y M. Kennedy*
El tiempo y el dinero son las mates

Carly Gordon
¡Las mates y el arte juntos son fenomenales!

Manuel Otero
Las mates en línea

Katy Rupnow
¡Las mates están en todas partes!

Ma Myat Thiri Kyaw
El pantano de las mates

Jahni Williams
Todo sobre los números

Clase de Nora Carter
Las mates y la vida diaria

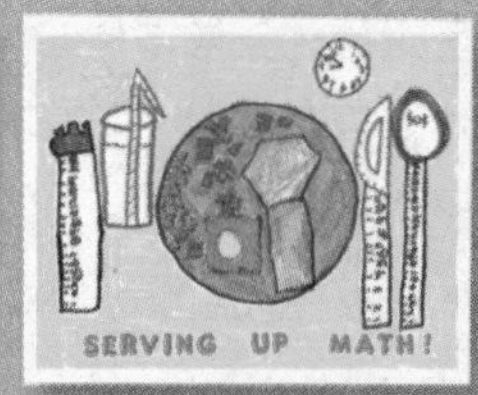

Brittany Schweitzer
Las mates a la mesa

Lillian Gaggin
Reloj de pulsera

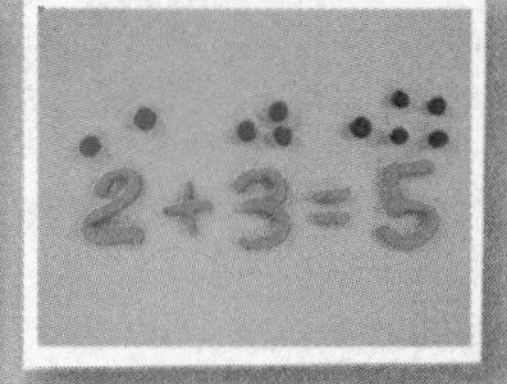

Clase de Kristie Mendez*
Sumar con plastilina

Visita www.MHEonline.com para obtener más información sobre los ganadores y otros finalistas.

Felicitamos a todos los participantes del concurso "Lo que las mates significan para mí" organizado por McGraw-Hill en 2011 para diseñar las portadas de los libros de *Mis matemáticas*. Hubo más de 2,400 participantes y recibimos más de 20,000 votos de miembros de la comunidad. Los nombres que aparecen arriba corresponden a los dos ganadores y los diez finalistas de este grado.

**Visita mhmymath.com para ver la lista completa de los estudiantes que contribuyeron a esta ilustración.*

Encontrarás todo en
connectED.mcgraw-hill.com

Visita el Centro del estudiante, donde encontrarás el *eBook*, recursos, tarea y mensajes.

Usuario

Contraseña

Busca recursos en línea que te servirán de ayuda en clase y en casa.

Vocabulario

Busca actividades para desarrollar el vocabulario.

Observa

Observa animaciones de conceptos clave.

Herramientas

Explora conceptos con material didáctico virtual.

Comprueba

Haz una autoevaluación de tu progreso.

Ayuda en línea

Busca ayuda específica para tu tarea.

Juegos

Refuerza tu aprendizaje con juegos y aplicaciones.

Tutor

Observa cómo un maestro explica ejemplos y problemas.

CONEXIÓN móvil

Escanea este código QR con tu dispositivo móvil* o visita mheonline.com/stem_apps.

*Es posible que necesites una aplicación para leer códigos QR.

Available on the App Store

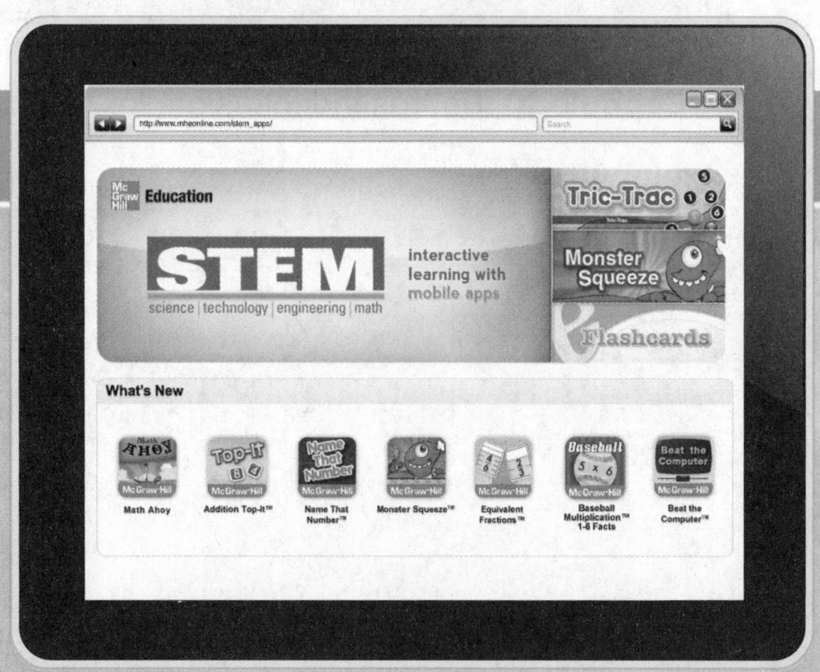

Resumen del contenido

Organizado por área

connectED.mcgraw-hill.com

¡Conéctate para lo que necesites de los estándares estatales!

Capítulo

Conceptos de suma

PREGUNTA IMPORTANTE
¿Cómo se suman los números?

Para comenzar

¡Acampar es fantástico!

Lecciones y tarea

Para terminar

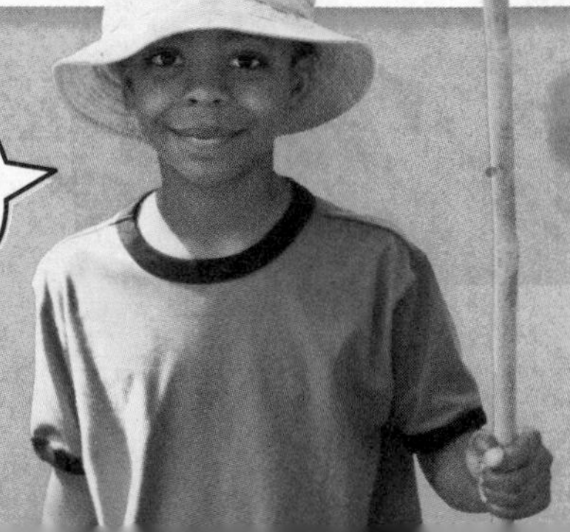

¡Exploremos más en línea!

connectED.mcgraw-hill.com

Capítulo 2

Conceptos de resta

PREGUNTA IMPORTANTE

¿Cómo se restan los números?

Para comenzar

Lecciones y tarea

Para terminar

connectED.mcgraw-hill.com

¡Tu aventura de safari comienza en línea!

Capítulo 3

Estrategias para sumar hasta el 20

PREGUNTA IMPORTANTE
¿Cómo uso las estrategias para sumar números?

Para comenzar

¡Llegamos a la gran ciudad!

Lecciones y tarea

Para terminar

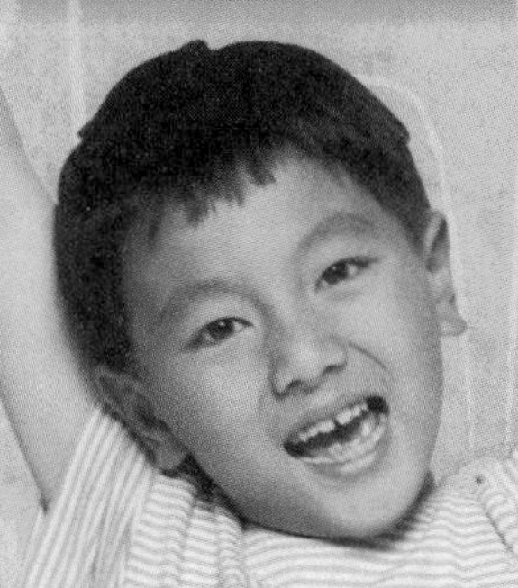

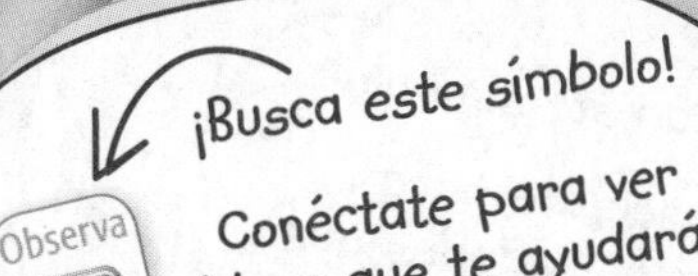

¡Busca este símbolo!

Conéctate para ver videos que te ayudarán a aprender los temas de las lecciones.

connectED.mcgraw-hill.com

Capítulo 4 Estrategias para restar hasta el 20

PREGUNTA IMPORTANTE
¿Qué estrategias puedo usar para restar?

Para comenzar

Lecciones y tarea

¡Me encanta la playa!

Para terminar

¡Busca este símbolo!
Conéctate para buscar actividades que te ayudarán a desarrollar tu vocabulario.
Vocabulario

connectED.mcgraw-hill.com

Capítulo

5 El valor posicional

PREGUNTA IMPORTANTE
¿Cómo puedo usar el valor posicional?

Para comenzar

Lecciones y tarea

¡Vamos a la juguetería!

Para terminar

¡En línea hay juegos divertidos!

connectED.mcgraw-hill.com

Capítulo 6 Suma y resta con números de dos dígitos

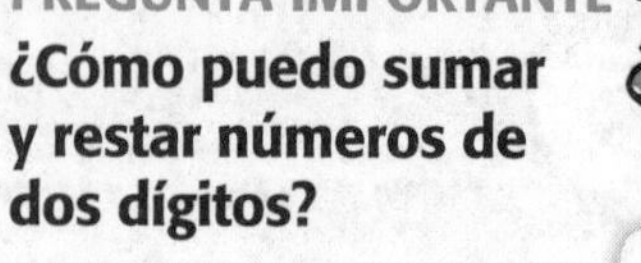

PREGUNTA IMPORTANTE
¿Cómo puedo sumar y restar números de dos dígitos?

Para comenzar

Lecciones y tarea

Para terminar

¡En línea puedes encontrar actividades divertidas!

connectED.mcgraw-hill.com

Capítulo 7

Organizar y usar gráficas

PREGUNTA IMPORTANTE
¿Cómo hago y leo gráficas?

Para comenzar

¡Vamos a estar más activos!

Lecciones y tarea

Para terminar

¡Busca este símbolo!
Conéctate para buscar herramientas que te ayudarán a explorar conceptos.

connectED.mcgraw-hill.com

Capítulo 8 La medición y la hora

PREGUNTA IMPORTANTE
¿Cómo determino la longitud y la hora?

Para comenzar

¡Mira! ¡Soy un perro guardián del tiempo!

Lecciones y tarea

Para terminar

¡Mi salón de clases es divertido!

connectED.mcgraw-hill.com

Capítulo 9
Figuras bidimensionales y partes iguales

PREGUNTA IMPORTANTE
¿Cómo puedo reconocer figuras bidimensionales y partes iguales?

Para comenzar

Lecciones y tarea

¡Vamos a la granja!

Para terminar

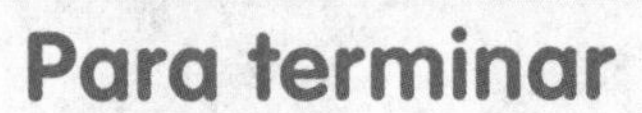

¡Busca este símbolo! Conéctate para comprobar tu progreso.

Comprueba

connectED.mcgraw-hill.com

Capítulo 10
Figuras tridimensionales

PREGUNTA IMPORTANTE
¿Cómo puedo identificar figuras tridimensionales?

Para comenzar

Lecciones y tarea

Para terminar

¡Busca este símbolo!
Conéctate para recibir ayuda adicional mientras haces tu tarea.
Ayuda en línea

connectED.mcgraw-hill.com

Capítulo

Conceptos de suma

PREGUNTA IMPORTANTE
¿Cómo se suman los números?

¡Vamos al campo!

¡Mira el video!

Observa

Mis estándares estatales

Operaciones y razonamiento algebraico

1.OA.1 Realizar operaciones de suma y de resta hasta el 20 para resolver problemas contextualizados que involucren situaciones en las que algo se agrega o se quita, o en las que se reúnen, se separan o se comparan cosas, con incógnitas en todas las posiciones.

1.OA.3 Aplicar las propiedades de las operaciones como estrategias para sumar y restar.

1.OA.6 Sumar y restar hasta el 20, demostrando fluidez para la suma y la resta hasta el 10. Usar estrategias como seguir contando, formar diez, descomponer un número para formar diez, usar la relación entre la suma y la resta, y crear sumas equivalentes pero más fáciles o conocidas.

1.OA.7 Comprender el significado del signo igual e identificar ecuaciones de suma y de resta como verdaderas o falsas.

1.OA.8 Determinar el número natural desconocido en una ecuación de suma o de resta que relacione tres números naturales.

Estándares para las
PRÁCTICAS matemáticas

1. Entender los problemas y perseverar en la búsqueda de una solución.
2. Razonar de manera abstracta y cuantitativa.
3. Construir argumentos viables y hacer un análisis del razonamiento de los demás.
4. Representar con matemáticas.
5. Usar estratégicamente las herramientas apropiadas.
6. Prestar atención a la precisión.
7. Buscar una estructura y usarla.
8. Buscar y expresar regularidad en el razonamiento repetido.

= Se trabaja en este capítulo.

Nombre

Antes de seguir...

Conéctate para hacer la prueba de preparación.

Escribe cuántos hay.

1.  ______

2.  ______

Dibuja círculos para mostrar los números.

3. 

4. 

Escribe cuántos hay en total.

5.       

______ pájaros

¿Cómo me fue?

Sombrea las casillas para mostrar los problemas que respondiste correctamente.

1	2	3	4	5

Nombre

Las palabras de mis mates

Repaso del vocabulario

el mismo en total

Escribe las palabras. Luego, haz un dibujo en los recuadros que ilustre el significado de cada palabra.

Conjunto de palabras

Mi ejemplo

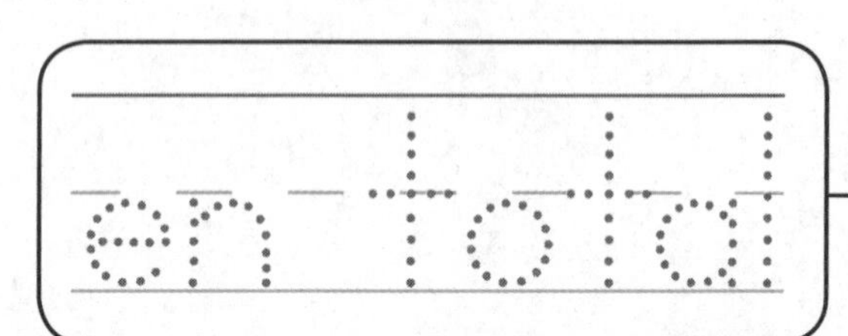

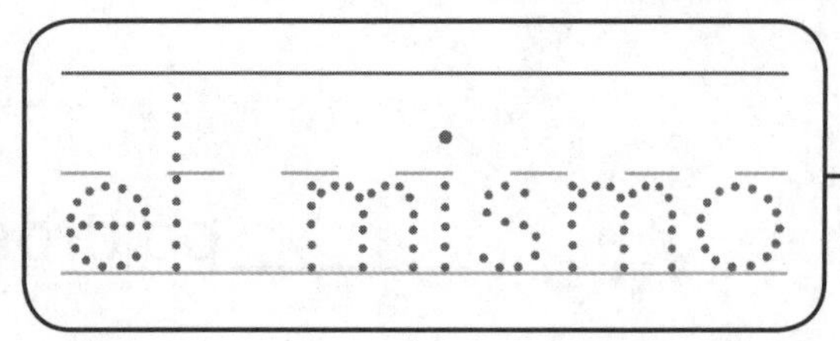

Mis tarjetas de vocabulario

Lección 1-4

cero

2 manzanas 0 manzanas

Lección 1-3

enunciado de suma

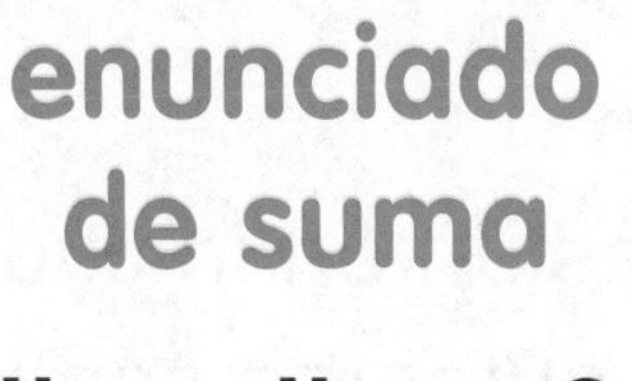

$4 + 4 = 8$

$9 = 6 + 3$

Lección 1-13

falso

$3 + 1 = 5$ es falso

Lección 1-3

igual (=)

$2 + 1 = 3$

Lección 1-3

más (+)

$4 + 2 = 6$

Lección 1-2

parte

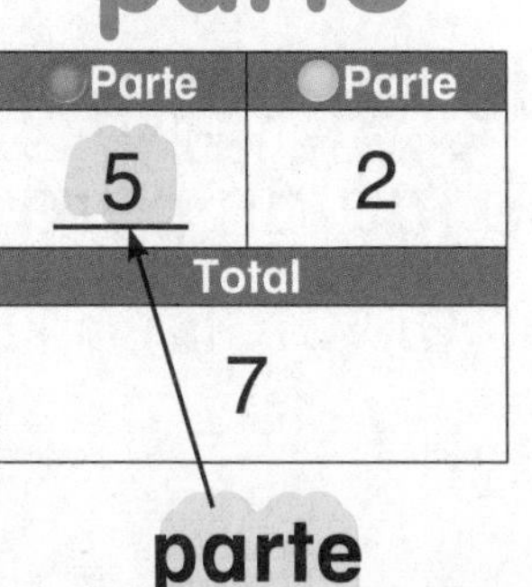

Parte	Parte
5	2
Total	
7	

parte

Instrucciones para el maestro:
Sugerencias

- Pida a los estudiantes que piensen en palabras que rimen con algunas de las tarjetas.
- Pida a parejas de estudiantes que clasifiquen las tarjetas de acuerdo con el número de sílabas en cada tarjeta.
- Pida a los estudiantes que dibujen ejemplos para cada tarjeta. Pídales que hagan dibujos diferentes a los que se muestran.

Expresión en la cual se usan números con los signos + e =.

Un conteo sin objetos.

Signo que se usa para mostrar que tienen el mismo valor o son lo mismo.

Algo que no es cierto. Lo opuesto de verdadero.

Una de las dos partes que se juntan para formar el total.

Signo que se usa para mostrar la suma.

Mis tarjetas de vocabulario

Lección 1-3

suma

$2 + 4 = 6$

Lección 1-2

sumar

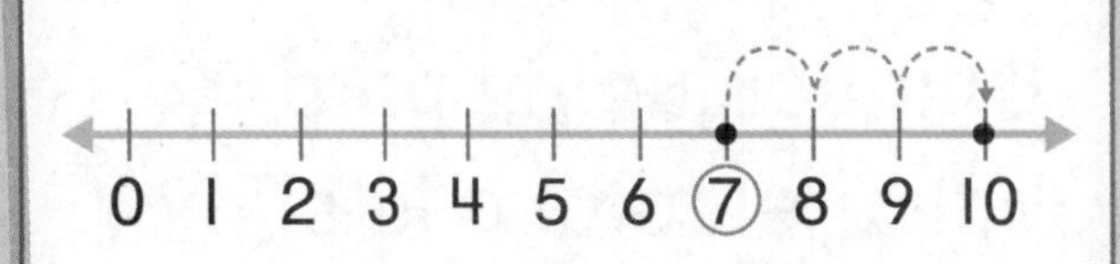

$7 + 3 = 10$

Lección 1-2

total

Parte	Parte
3	4
Total	
7	

total

Lección 1-13

verdadero

$4 + 1 = 5$

es verdadero

Instrucciones para el maestro: Más sugerencias

- Usa las tarjetas en blanco para escribir tus propias palabras de vocabulario.
- Pida a los estudiantes que dibujen ejemplos para cada tarjeta. Pídales que hagan dibujos diferentes a los que se muestran.

Unir conjuntos para hallar el total o la suma.

Resultado de la operación de sumar.

Algo que es cierto. Lo opuesto de falso.

La suma de dos partes.

Mi modelo de papel

FOLDABLES® Sigue los pasos que aparecen en el reverso para hacer tu modelo de papel.

Parte	+	Parte	=	Total
1	+	3	=	☐
2	+	6	=	☐
6	+	1	=	☐
3	+	6	=	☐
☐	+	☐	=	10

FOLDABLES
Ayudas de estudio

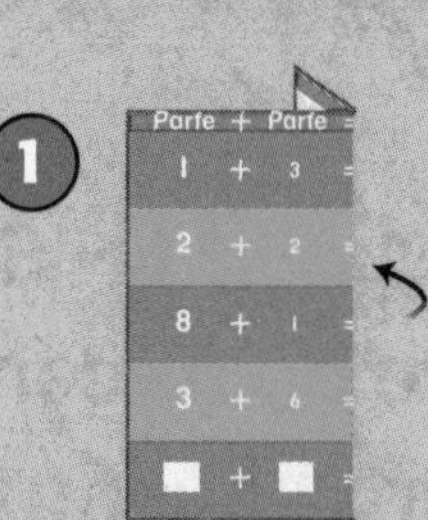

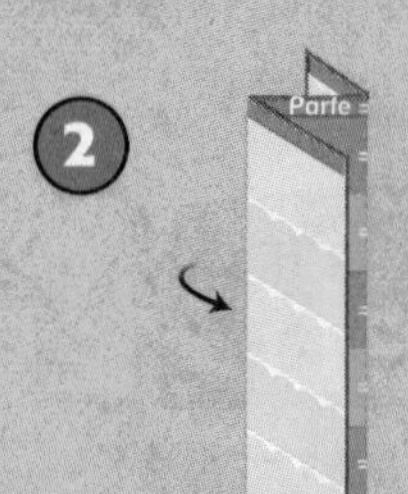

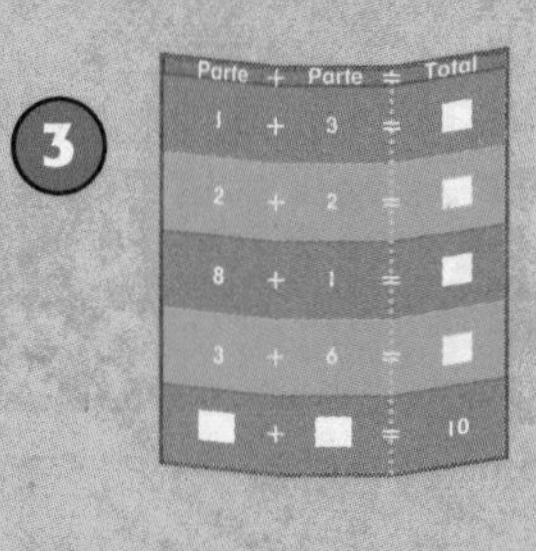

Nombre ....

Cuentos de suma

Lección 1

PREGUNTA IMPORTANTE
¿Cómo se suman los números?

¡Vine solo a saludar!

Explorar y explicar

Instrucciones para el maestro: Pida a los niños que usen ●● para representar. Diga: *Hay 3 niños en los columpios. Hay 1 niño en el tobogán.* Pregunte: *¿Cuántos niños en total hay en el parque?* Pídales que escriban el número.

Ver y mostrar

PRÁCTICAS matemáticas

Hay 4 patos en el estanque. Caminan 4 patos más hacia el estanque. ¿Cuántos patos hay en total?

8 patos

Cuenta un cuento de números. Usa ●●. Escribe cuántos hay en total.

1.

_____ tortugas

2.

_____ pájaros

Habla de las mates Di cómo reúnes grupos.

Nombre ....

CCSS

Por mi cuenta

Cuenta un cuento de números. Usa ●●. Escribe cuántos hay en total.

Pista
Coloca fichas rojas en el primer grupo y fichas amarillas en el segundo grupo.

3.

_____ zorros

4.

_____ venados

5.

_____ cangrejos

Resolución de problemas

PRÁCTICAS matemáticas

Dibuja para resolver.

6. Hay 6 gatos grises. Hay 3 gatos negros.
   ¿Cuántos gatos hay en total?

   ______ gatos

7. Sam tiene 3 linternas. Encontró 2 más.
   ¿Cuántas linternas tiene en total?

   ______ linternas

Las mates en palabras ¿Cómo hallas cuántos objetos hay en total? Explica tu respuesta.

Mi tarea

Lección 1
Cuentos de suma

Asistente de tareas  ¿Necesitas ayuda? connectED.mcgraw-hill.com

Hay 3 malvaviscos en un plato.
Hay 2 malvaviscos en el otro plato.
¿Cuántos malvaviscos hay en total?

5 malvaviscos

Práctica

Cuenta un cuento de números. Escribe cuántos hay en total.

1.

 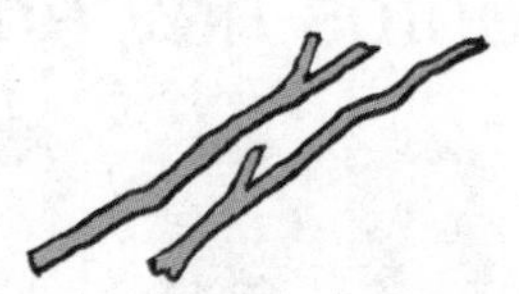

_______ palos

2.

_______ galletas con malvaviscos

Dibuja para resolver.

3. Elsa tiene 5 zanahorias. Consigue 3 más. ¿Cuántas zanahorias tiene Elsa en total?

_______ zanahorias

4. Joe tiene 2 frijoles. Su mamá le da 2 más. ¿Cuántos frijoles tiene Joe en total?

_______ frijoles

Práctica para la prueba

5. ¿Cuántos pimientos hay en total?

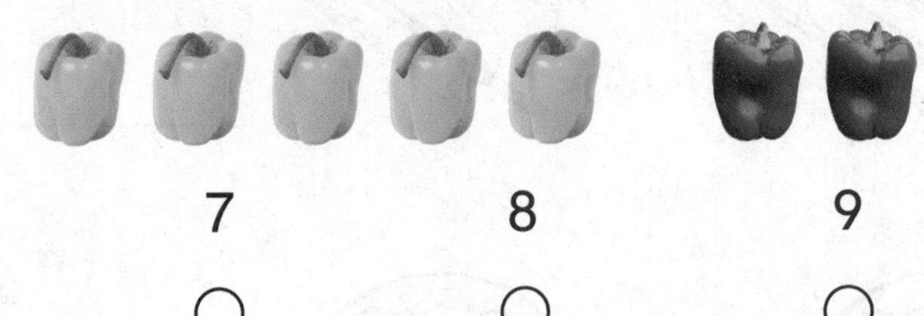

5 ○ 7 ○ 8 ○ 9 ○

Las mates en casa Cuente cuentos de suma a su niño o niña. Pídale que use botones para representar los cuentos.

Nombre ....

Representar la suma

Lección 2

PREGUNTA IMPORTANTE
¿Cómo se suman los números?

Explorar y explicar

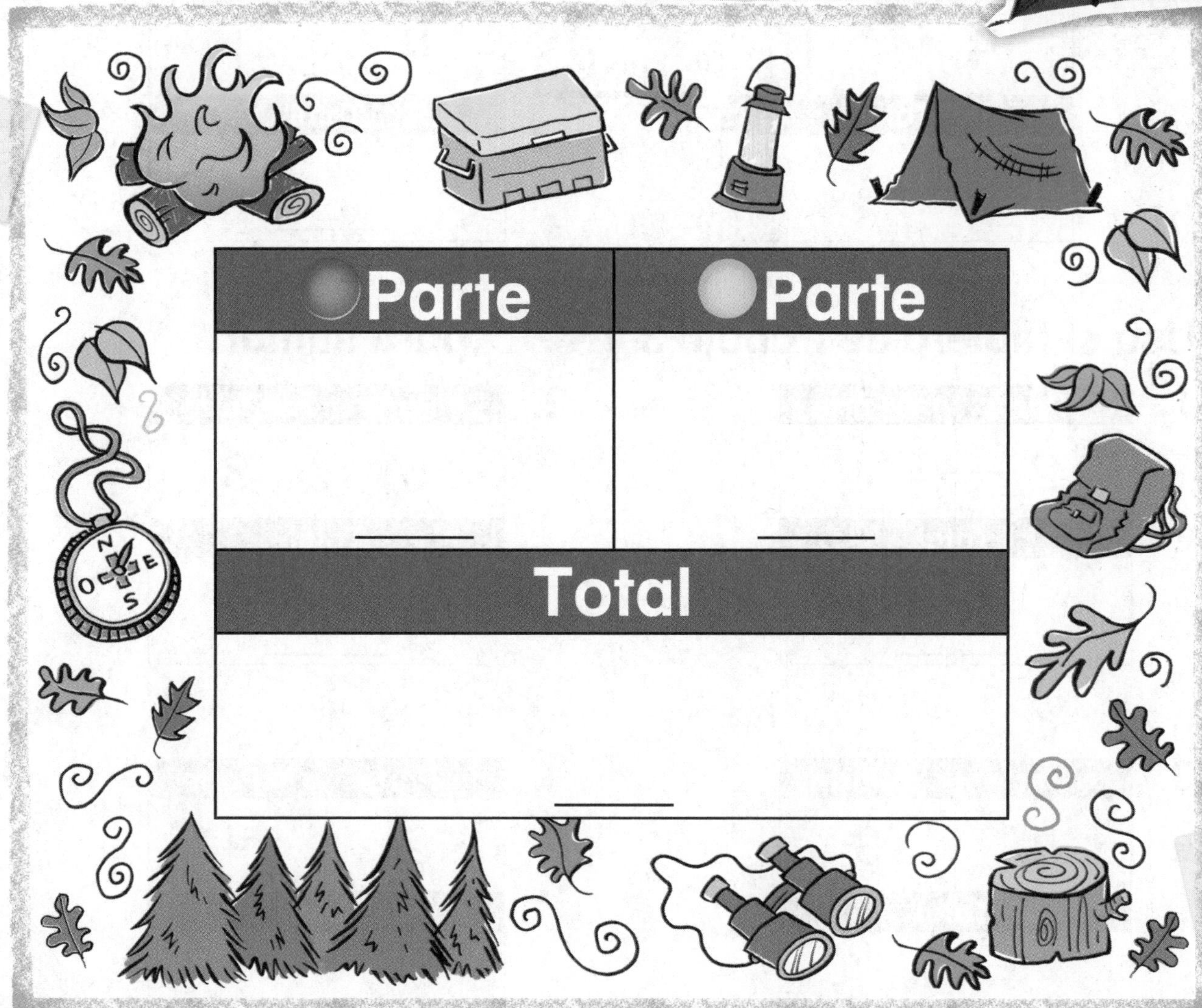

Instrucciones para el maestro: Pida a los niños que usen ● ● para representar. Diga: *En una tienda, 2 niñas compraron carpas. En la misma tienda, 1 niño compró una carpa.* Pregunte: *¿Cuántas personas compraron carpas en total?* Pídales que escriban los números y que dibujen el contorno de las fichas para mostrar el número de personas que compraron carpas.

Ver y mostrar

PRÁCTICAS matemáticas

Para hallar el **total,** debes **sumar** las **partes.**

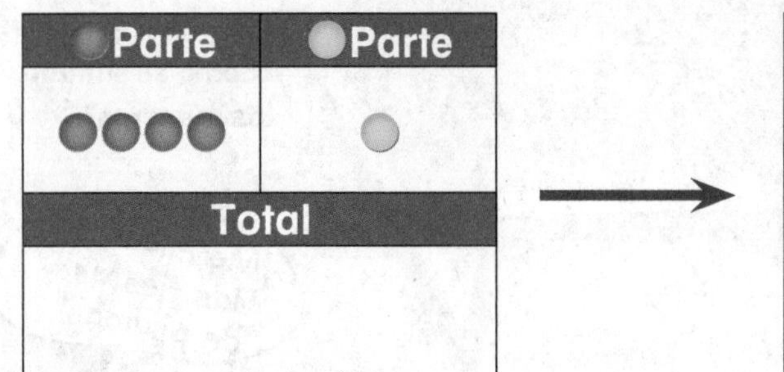

Parte	Parte
●●●●	●
Total	
●●●●●	

Parte	Parte
4	1
Total	

→

Parte	Parte
4	1
Total	
5	

Usa el tablero de trabajo 3 y ●● para sumar.

1.

Parte	Parte
2	1
Total	
____	

2.

Parte	Parte
5	3
Total	
____	

3.

Parte	Parte
4	3
Total	
____	

4.

Parte	Parte
2	4
Total	
____	

Habla de las mates ¿Cómo usas  para sumar 7 y 1?

CCSS

Nombre

Por mi cuenta

Usa el tablero de trabajo 3 y para sumar.

5.

Parte	Parte
3	2
Total	
____	

6.

Parte	Parte
4	5
Total	
____	

7.

Parte	Parte
6	2
Total	
____	

8.

Parte	Parte
5	2
Total	
____	

9.

Parte	Parte
1	3
Total	
____	

10.

Parte	Parte
4	2
Total	
____	

11.

Parte	Parte
1	2
Total	
____	

12.

Parte	Parte
3	3
Total	
____	

Resolución de problemas

Si es necesario, usa el tablero de trabajo 3 y ●●.

13. Cristian vio 6 venados en un campo. Camila vio 2 venados en el bosque. ¿Cuántos venados vieron en total?

_______ venados

14. Erin recoge 6 flores. Claudia recoge 3 flores y se las da a Erin. ¿Cuántas flores tiene Erin ahora?

_______ flores

Las mates en palabras ¿Cómo hallas el total? Explica tu respuesta.

Nombre

Mi tarea

Lección 2
Representar la suma

Asistente de tareas

¿Necesitas ayuda? connectED.mcgraw-hill.com

Para hallar el total, suma las partes.

Parte	Parte
3	4
Total	
7	

Práctica

Usa monedas de 1¢ para sumar. Escribe el número.

1.

Parte	Parte
8	1
Total	
____	

2.

Parte	Parte
5	2
Total	
____	

3.

Parte	Parte
2	3
Total	
____	

4.

Parte	Parte
3	5
Total	
____	

Usa monedas de 1¢ para sumar. Escribe el número.

5.

Parte	Parte
1	4
Total	
____	

6.

Parte	Parte
5	1
Total	
____	

7. Sandra pescó 4 peces en la mañana.
En la tarde, pescó 3 peces más.
¿Cuántos peces pescó Sandra en total?

____ peces

Comprobación del vocabulario

Completa la oración.

en total **parte**

8. Puedes sumar los números de cada ____________
para hallar el total.

Las mates en casa Coloque en la mesa 2 círculos de papel rojo y 4 círculos de papel amarillo. Pida a su niño o niña que cuente los círculos. Pídale que identifique todas las maneras de formar 6.

Nombre ....

Enunciados de suma

Lección 3

PREGUNTA IMPORTANTE
¿Cómo se suman los números?

Explorar y explicar

Instrucciones para el maestro: Pida a los niños que usen [cubo] para representar. Diga: *Hay 4 niños jugando a las escondidas. Se unen 2 niños más al grupo.* Pregunte: *¿Cuántos niños en total están jugando a las escondidas?* Pídales que dibujen el contorno de los cubos y escriban el enunciado de suma.

Ver y mostrar

PRÁCTICAS matemáticas

Puedes escribir un enunciado de suma.

Mira

Di 3 **más** 2 **es igual a** 5

suma

Escribe 3 + 2 = 5

3 + 2 = 5 es un **enunciado de suma**.

Escribe un enunciado de suma.

1. 

___ ◯ ___ ◯ ___

2. 

___ ◯ ___ ◯ ___

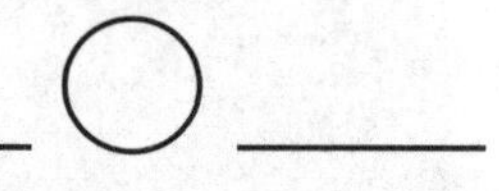

3. 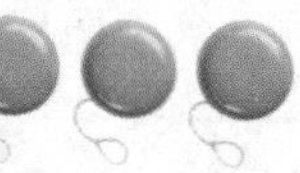 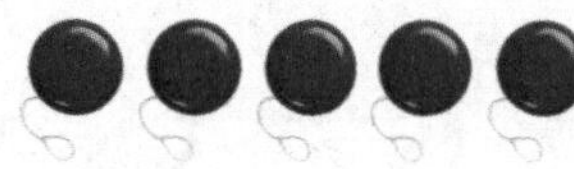 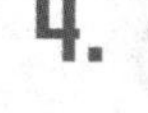 

___ ◯ ___ ◯ ___

4. 

___ ◯ ___ ◯ ___

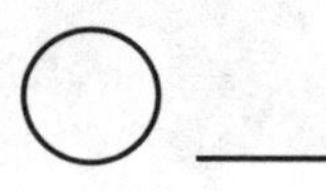

Habla de las mates ¿Qué significa el signo +?

Nombre ....

CCSS

Por mi cuenta

Escribe un enunciado de suma.

5.   

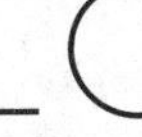 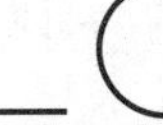 

6.    

  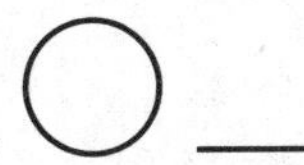

7.  

8. 

  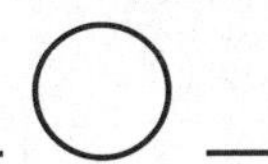

9.  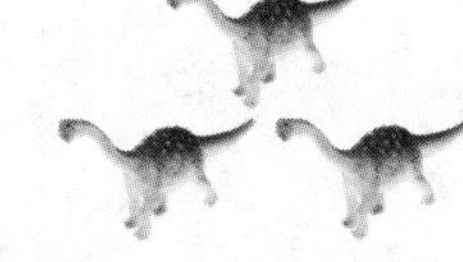

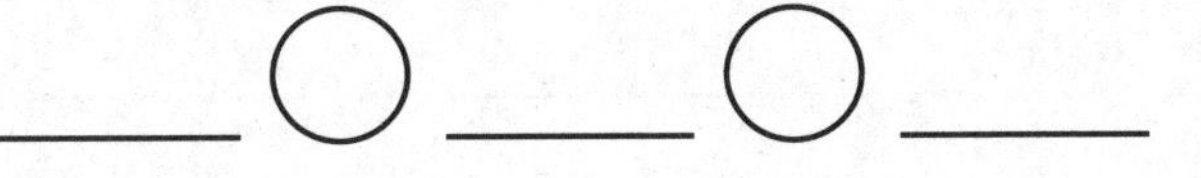

10. 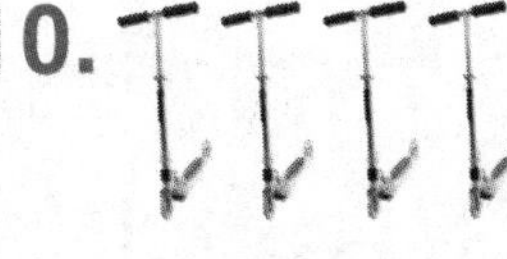 

 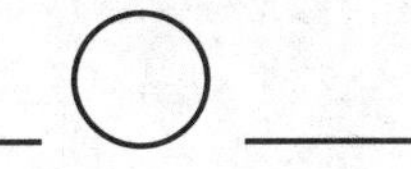

11. 

12.   

Resolución de problemas

13. Hay 2 perros jugando. Llegan 3 perros más. ¿Cuántos perros están jugando en total?

_____ ◯ _____ ◯ _____ perros

14. Suzy ve 2 abejas volando alrededor de una flor. Ve 4 abejas más sobre la flor. ¿Cuántas abejas hay en total?

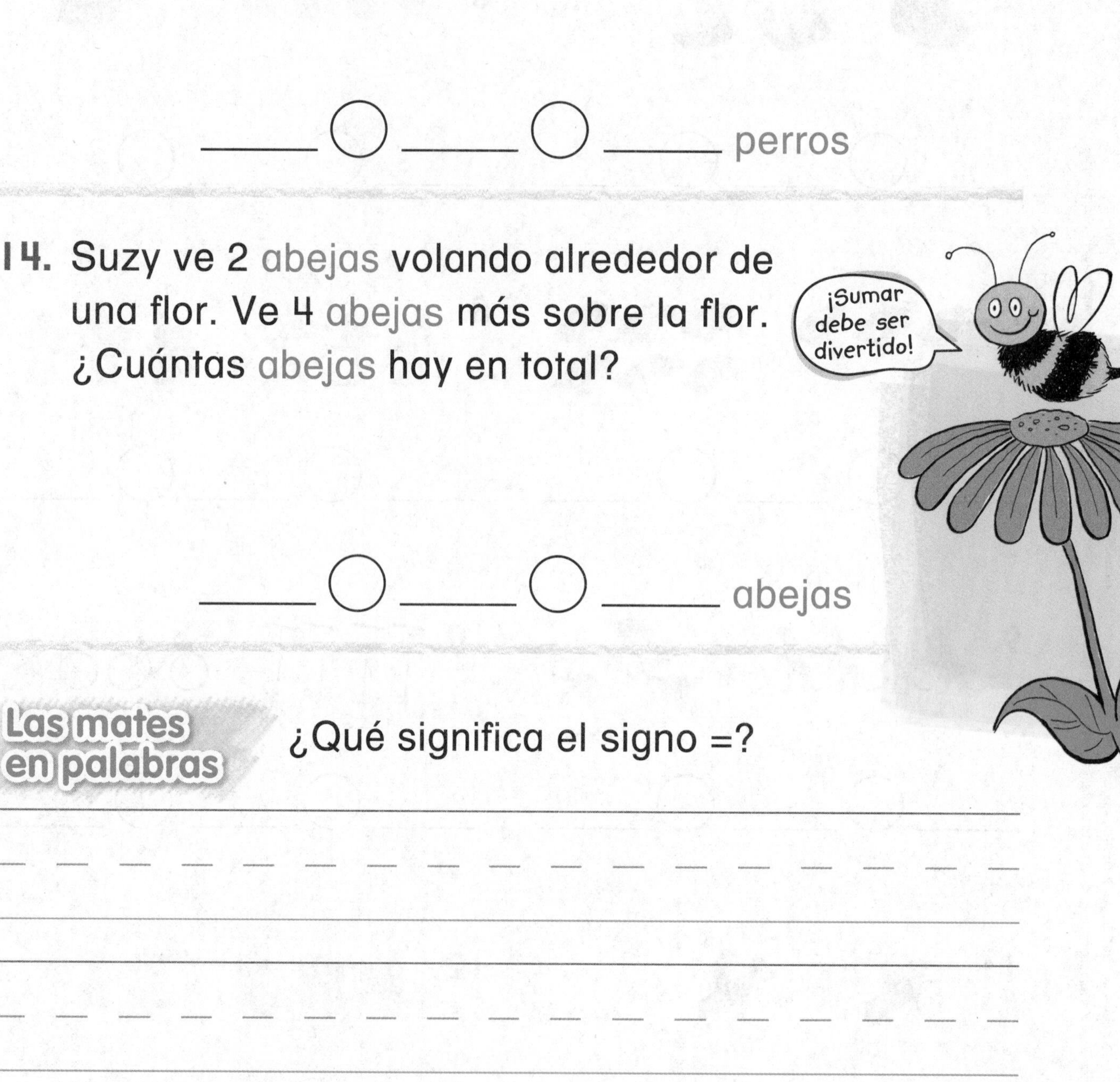

_____ ◯ _____ ◯ _____ abejas

Las mates en palabras ¿Qué significa el signo =?

Nombre ....

Mi tarea

Lección 3
Enunciados de suma

Asistente de tareas

Ayuda en línea ¿Necesitas ayuda? connectED.mcgraw-hill.com

Puedes escribir un enunciado de suma.

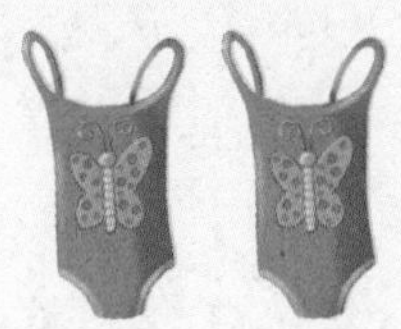

2 + 4 = 6

Práctica

Escribe un enunciado de suma.

1.

_____ ◯ _____ ◯ _____

2.

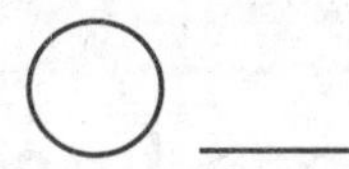

_____ ◯ _____ ◯ _____

3.

_____ ◯ _____ ◯ _____

4.

_____ ◯ _____ ◯ _____

Escribe un enunciado de suma.

5. 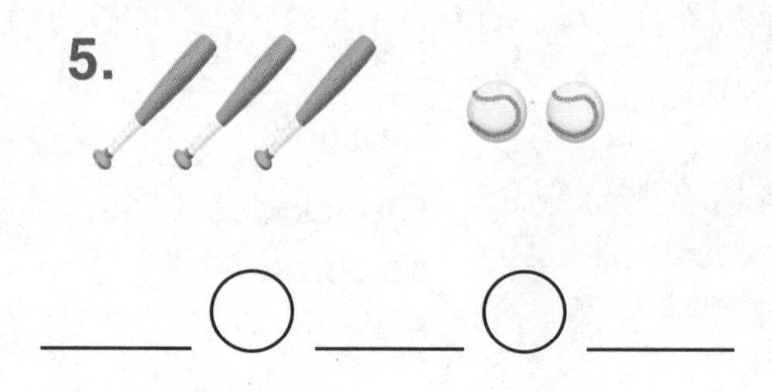

____ ◯ ____ ◯ ____

6. 

____ ◯ ____ ◯ ____

7. Hay 5 gatos en el parque.
Llegan 2 más. ¿Cuántos gatos
hay en total?

____ ◯ ____ ◯ ____ gatos

8. Hay 4 ardillas en un árbol.
Llegan 2 ardillas más. ¿Cuántas
ardillas hay en total?

Comprobación del vocabulario 

Traza líneas para relacionar.

9. **enunciado de suma** — Resultado de la operación de sumar.

10. **suma** — $4 + 5 = 9$

Las mates en casa Invente cuentos de suma usando latas de frutas o vegetales. Pida a su niño o niña que escriba enunciados de suma para los cuentos.

Nombre

Sumar 0

Lección 4

PREGUNTA IMPORTANTE
¿Cómo se suman los números?

Explorar y explicar

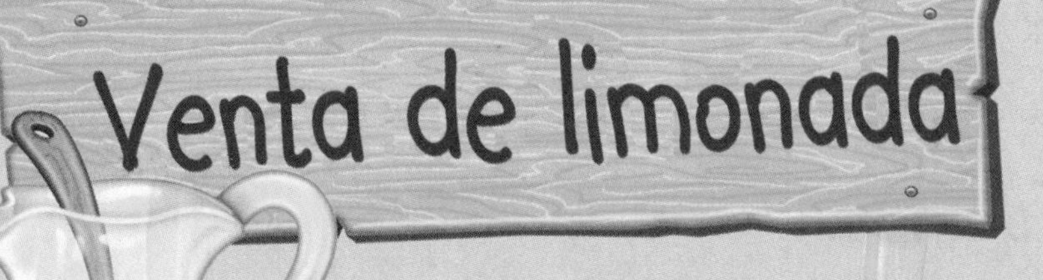

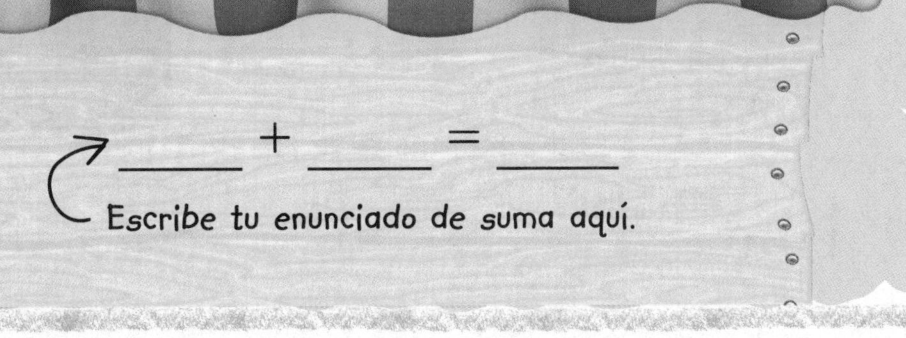

___ + ___ = ___

Escribe tu enunciado de suma aquí.

Instrucciones para el maestro: Pida a los niños que usen [cubos] para representar. Diga: *En la tarde, 7 personas compraron un vaso de limonada. En la noche, 0 personas compraron un vaso de limonada.* Pregunte: *¿Cuántos vasos de limonada se vendieron en total?* Pídales que escriban el enunciado de suma.

Ver y mostrar

PRÁCTICAS matemáticas

Cuando sumas **cero** a un número, la suma es igual al número.

4 + **0** = 4
suma

Cuando sumas un número a cero, la suma es igual al número.

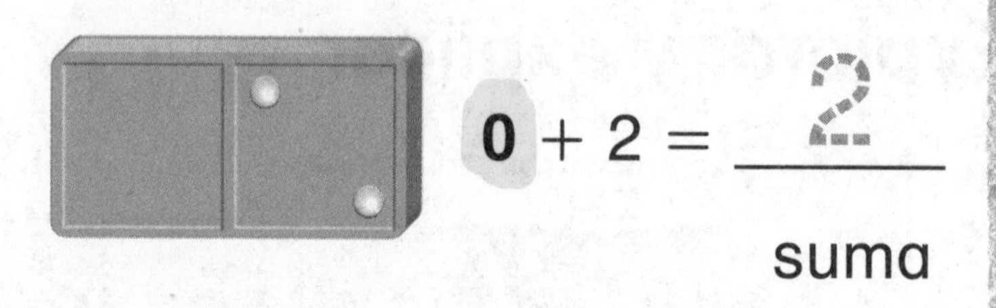

0 + 2 = 2
suma

Halla las sumas.

1.

0 + 8 = ______

2.

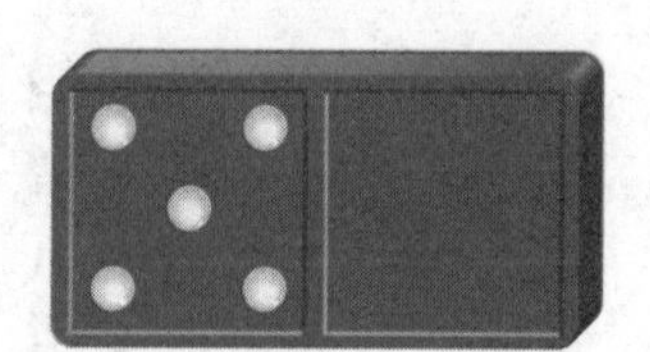

5 + 0 = ______

3.

1 + 0 = ______

4.

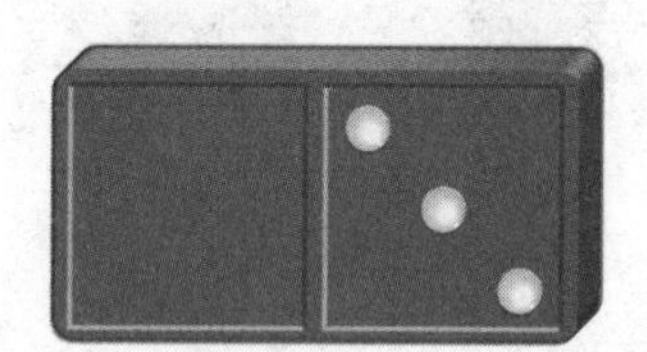

0 + 3 = ______

Habla de las mates ¿Qué sucede cuando sumas cero a un número? Explica tu respuesta.

CCSS

Nombre

Por mi cuenta

Halla las sumas.

5. 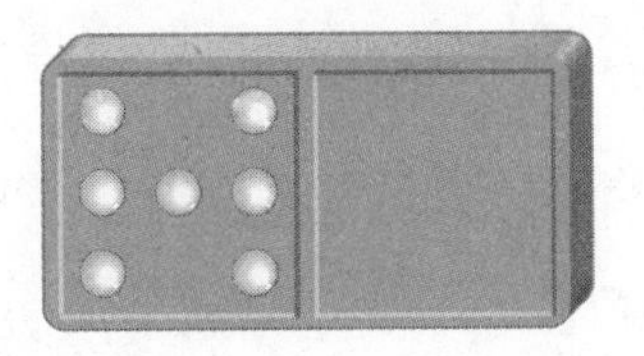

7 + 0 = ______

6. 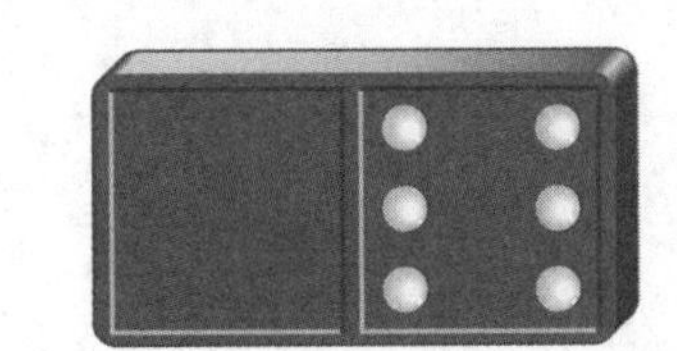

0 + 6 = ______

7. 3 + 1 = ______

8. 8 + 0 = ______

9. 3 + 0 = ______

10. 2 + 3 = ______

11. 0 + 9 = ______

12. 0 + 5 = ______

13. 1 + 3 = ______

14. 0 + 2 = ______

15. 4 + 2 = ______

¡Muéstrame cómo!

Resolución de problemas

16. Jack tiene 4 remos de canoa. Iván tiene 0 remos. ¿Cuántos remos tienen entre los dos?

_____ remos

17. Gabriel se comió 2 perros calientes. Sus amigos se comieron 4 perros calientes. ¿Cuántos perros calientes se comieron entre todos?

_____ perros calientes

Problema S.O.S. Adrián suma $6 + 0$ así. Di por qué Adrián está equivocado. Corrígelo.

$6 + 0 = 0$

____

____

____

Nombre ....

Mi tarea

Lección 4
Sumar 0

Asistente de tareas

¿Necesitas ayuda? connectED.mcgraw-hill.com

Cuando sumas cero, no sumas nada.

0 + 8 = 8

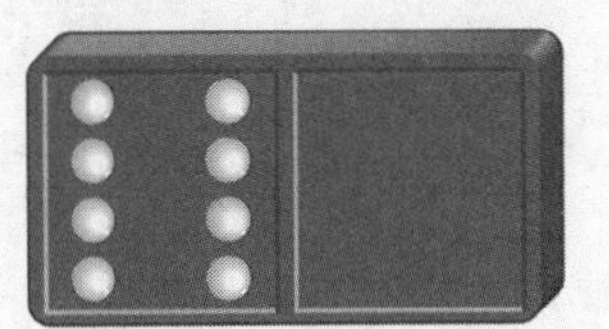

8 + 0 = 8

Práctica

Halla las sumas.

1. 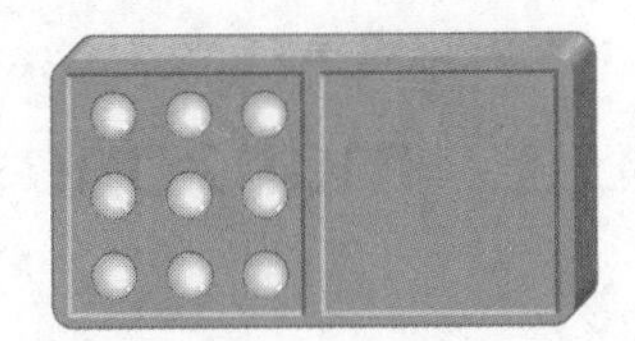

9 + 0 = ______

2. 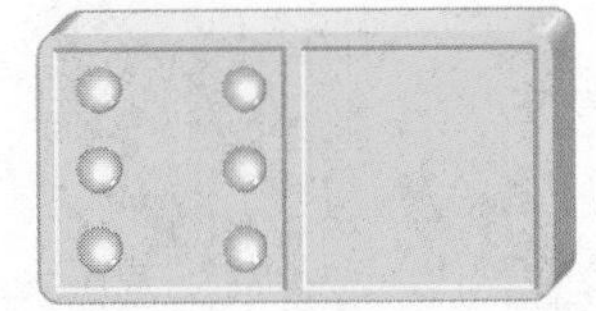

6 + 0 = ______

3. 

0 + 4 = ______

4. 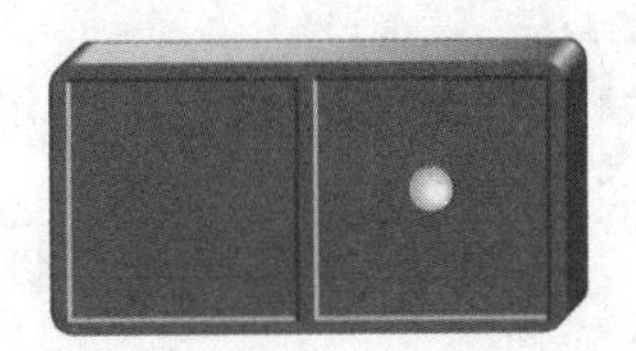

0 + 1 = ______

Halla las sumas.

5. $0 + 5 =$ ______

6. $3 + 5 =$ ______

7. $2 + 2 =$ ______

8. $0 + 9 =$ ______

9. Hay 8 canoas en el lago.
Hay 0 canoas en tierra.
¿Cuántas canoas hay en total?

______ canoas

10. Hay 5 manzanas en una bolsa.
Hay 0 manzanas en otra bolsa.
¿Cuántas manzanas hay en total?

______ manzanas

Comprobación del vocabulario

Encierra en un círculo el número correcto.

11. **cero** 1 6 0

Las mates en casa Tome un poco de cereal en una mano. No tome cereal en la otra mano. Muestre las dos manos a su niño o niña. Pídale que le diga cuál mano tiene cero hojuelas de cereal. Pídale que sume el cereal en cada mano y que diga cuántas hojuelas de cereal hay en total.

Nombre

Compruebo mi progreso

Comprobación del vocabulario 

Traza líneas para relacionar.

1. $=$ **enunciado de suma**

2. $+$ **igual**

3. $2 + 3 = 5$ **más**

4. 0 **cero**

Encierra en un círculo la respuesta correcta.

5. Al _____ números, hallas la suma.

cero **sumar**

6. Puedes hallar el total sumando las _____.

partes **suma**

7. Suma dos partes para hallar el _____.

total **igual**

Comprobación del concepto

Suma. Escribe el número.

8.

Parte	Parte
2	4
Total	
____	

9.

Parte	Parte
3	5
Total	
____	

Escribe un enunciado de suma.

10.       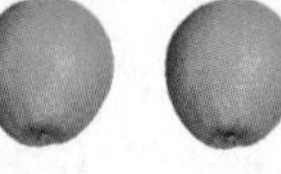

____ ○ ____ ○ ____

11. Hay 4 manzanas rojas y 2 manzanas verdes en una bolsa. ¿Cuántas manzanas hay en total?

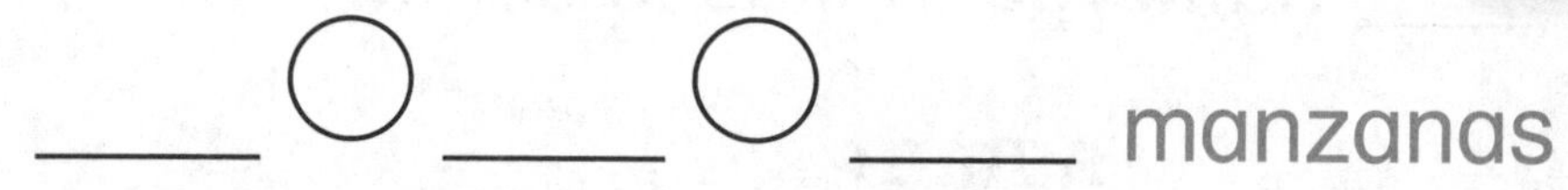

____ ○ ____ ○ ____ manzanas

Práctica para la prueba

12. Halla el enunciado de suma que se relaciona.

$5 + 2 = 7$	$5 + 1 = 6$	$4 + 2 = 6$	$4 + 3 = 7$
○	○	○	○

Nombre

Suma vertical

Lección 5

PREGUNTA IMPORTANTE
¿Cómo se suman los números?

¡Acampar es fantástico!

Explorar y explicar

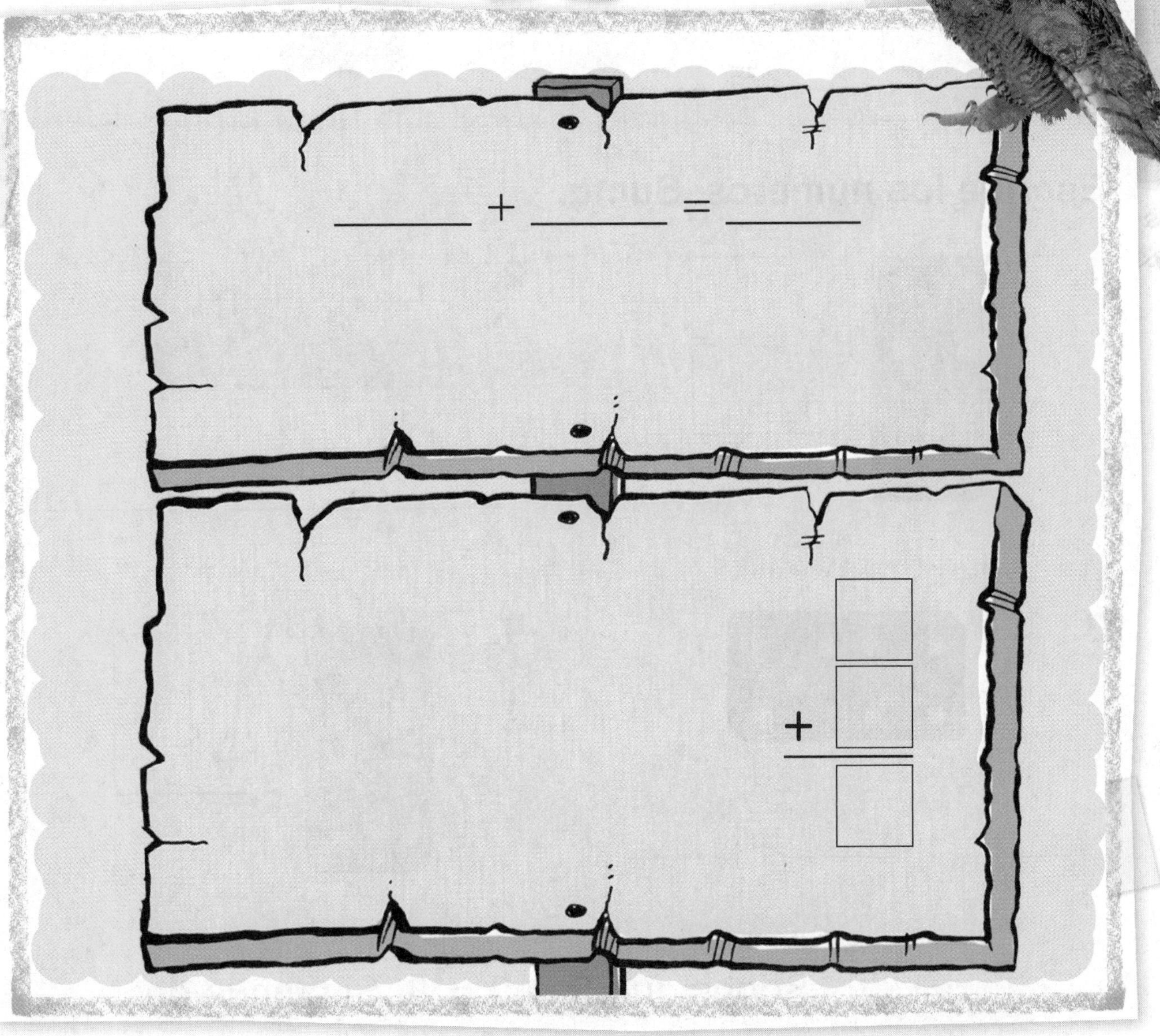

Instrucciones para el maestro: Pida a los niños que usen para representar. Diga: *Muestren* 2 + 1 *en cada aviso. Dibujen el contorno de las fichas y escriban los enunciados de suma.*

Ver y mostrar

PRÁCTICAS matemáticas

Puedes sumar de forma horizontal. Puedes sumar de forma vertical. La suma es igual si se suman los mismos números.

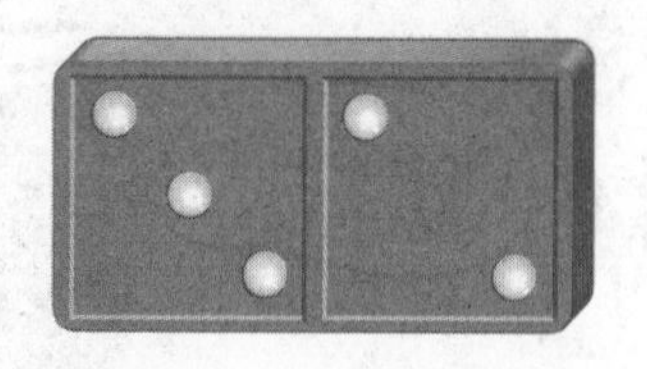

3 + 2 = 5

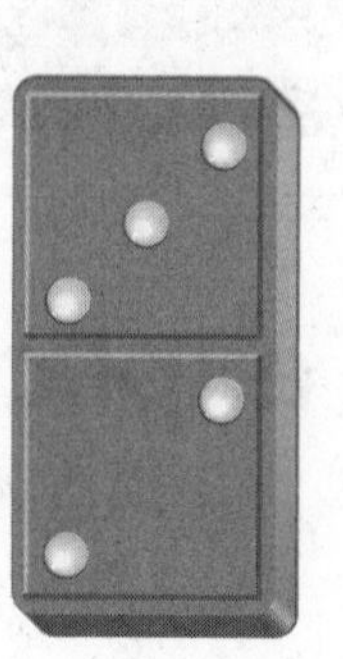

	3
+	2
	5

Escribe los números. Suma.

1\.

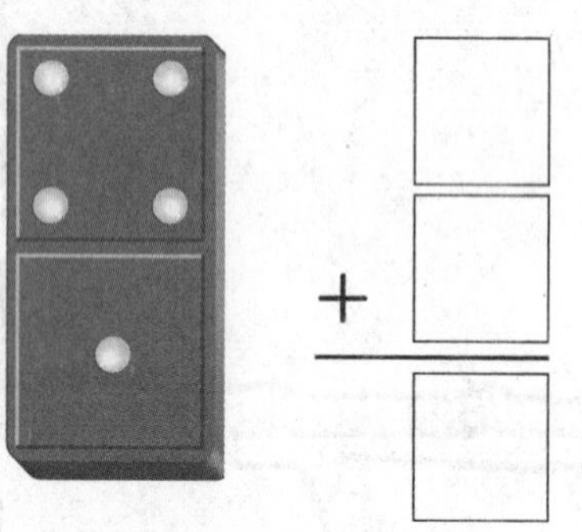

	☐
+	☐
	☐

2\.

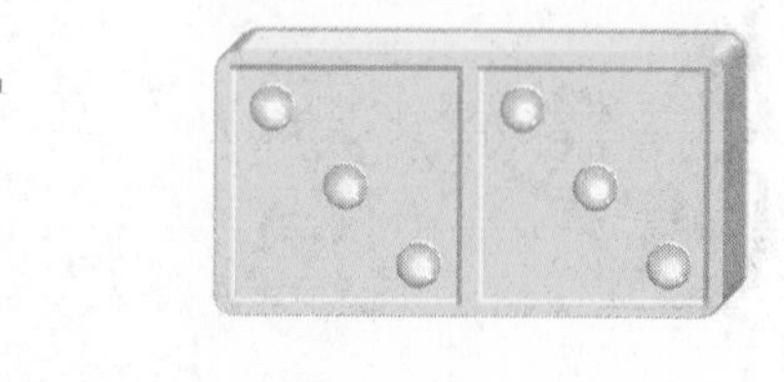

____ + ____ = ____

3\.

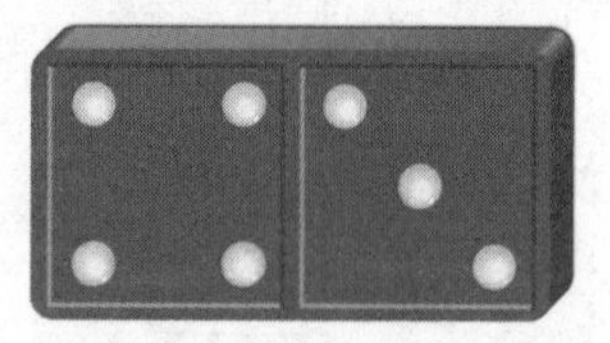

____ + ____ = ____

4\.

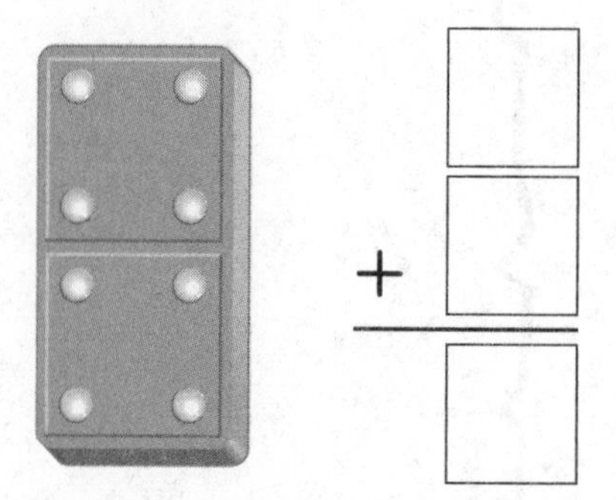

	☐
+	☐
	☐

Sabes que $5 + 3 = 8$. Si sumas de forma vertical, ¿cuál es la suma? Explica tu respuesta.

CCSS

Nombre ....

Por mi cuenta

Escribe los números. Suma.

5.

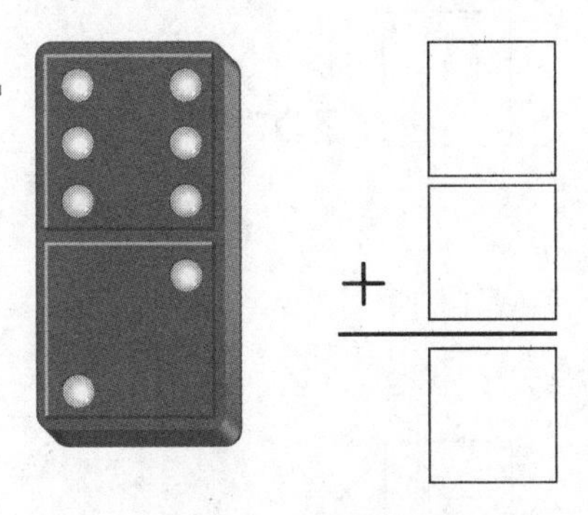

6.

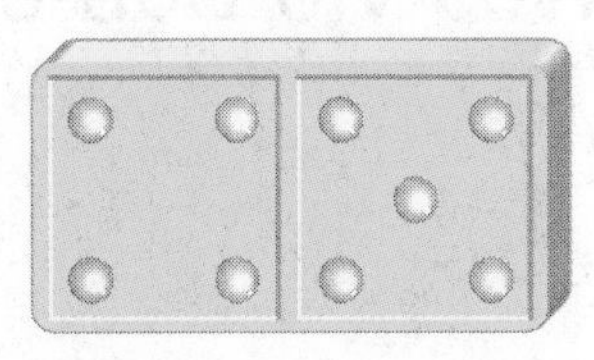

_____ + _____ = _____

7.

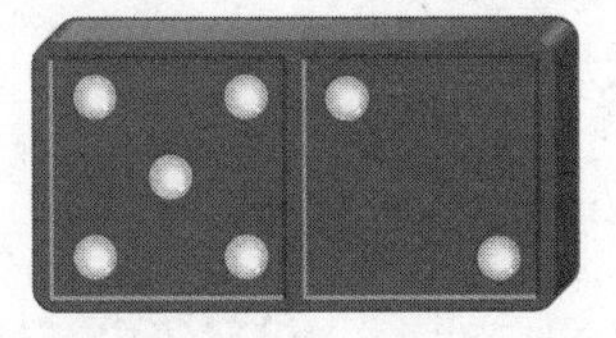

_____ + _____ = _____

8.

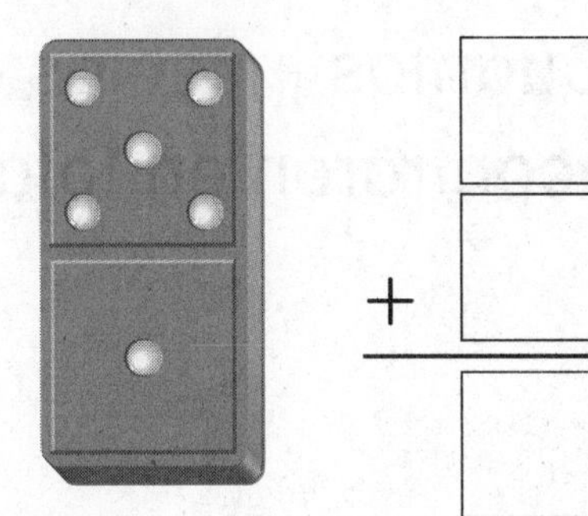

9.

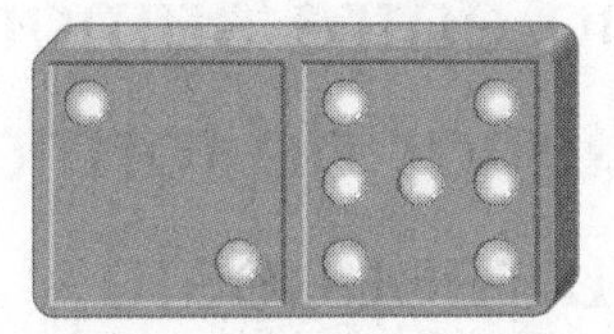

_____ + _____ = _____

10.

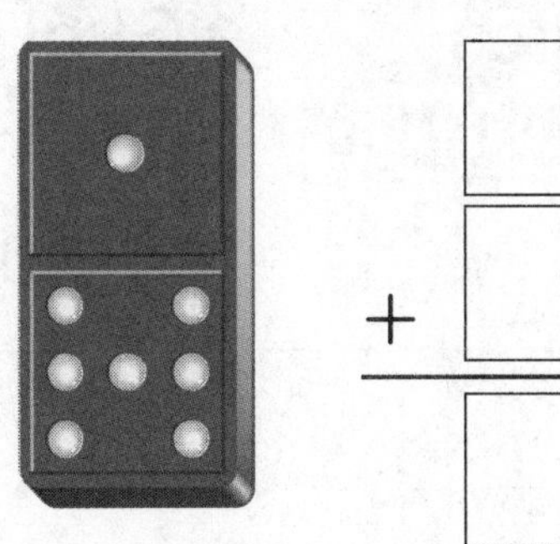

Suma.

11. 2 + 6 = _____

12.

$$\begin{array}{r} 4 \\ +\ 5 \\ \hline \end{array}$$

13. 1 + 3 = _____

Resolución de problemas

14. Bob vio 5 zorros en un campo. Vio 3 zorros más en el bosque. ¿Cuántos zorros vio Bob en total?

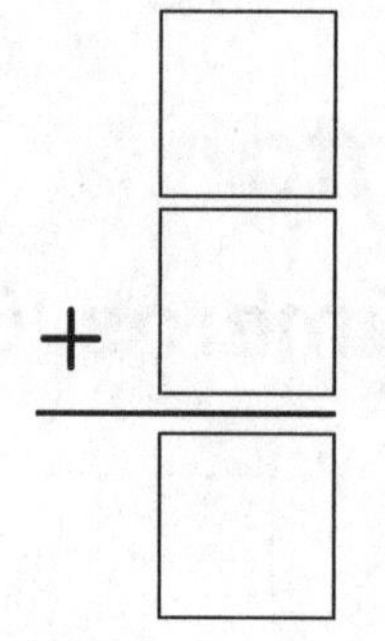

zorros

15. Nick encontró 3 insectos. Pablo encontró 2 insectos. ¿Cuántos insectos encontraron en total?

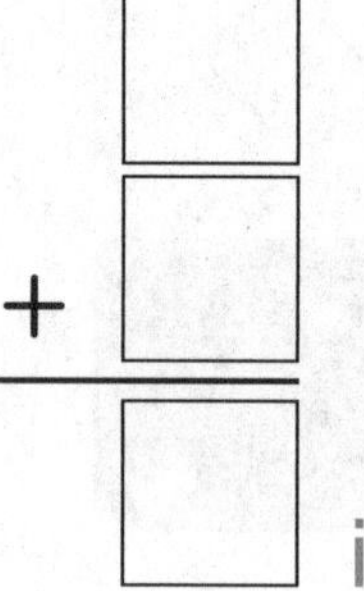

insectos

Las mates en palabras ¿Cuál es la diferencia entre sumar de forma vertical y sumar de forma horizontal? Explica tu respuesta.

Nombre ....

Mi tarea

Lección 5
Suma vertical

Asistente de tareas

¿Necesitas ayuda? connectED.mcgraw-hill.com

Puedes sumar de forma horizontal o de forma vertical.

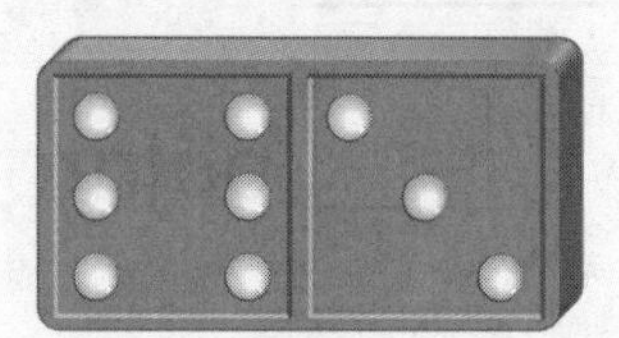

$6 + 3 = 9$

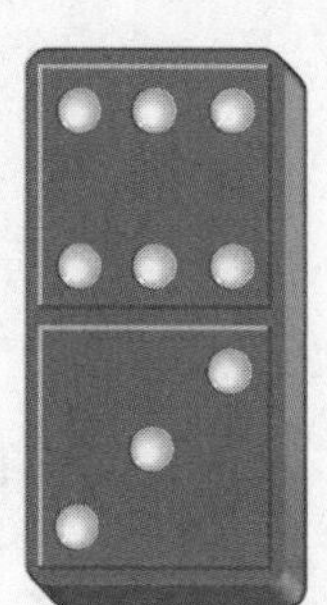

$$\begin{array}{r} 6 \\ +\ 3 \\ \hline 9 \end{array}$$

Práctica

Escribe los números. Suma.

1\.

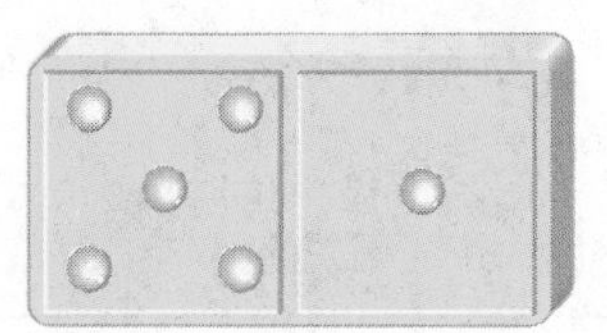

____ + ____ = ____

2\.

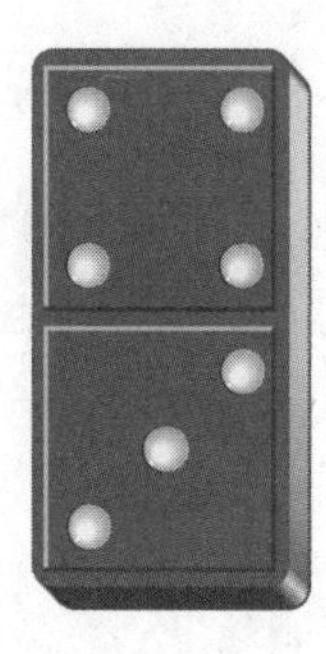

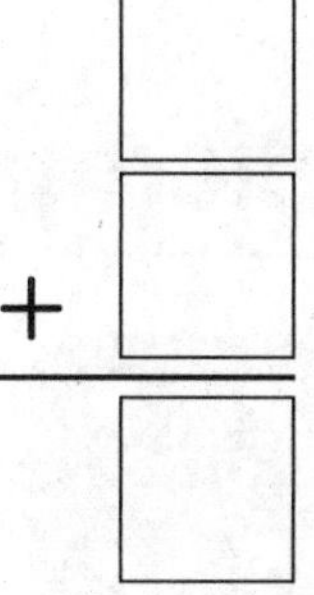

Suma.

3\. $2 + 6 =$ ____

4\. $2 + 2 =$ ____

5\. $1 + 4 =$ ____

Suma.

6. $\begin{array}{r} 2 \\ +\ 7 \\ \hline \end{array}$

7. $2 + 3 =$ ____

8. $\begin{array}{r} 1 \\ +\ 6 \\ \hline \end{array}$

9. Hay 2 pájaros en un nido. Vuelan al nido 2 pájaros más. ¿Cuántos pájaros hay en total?

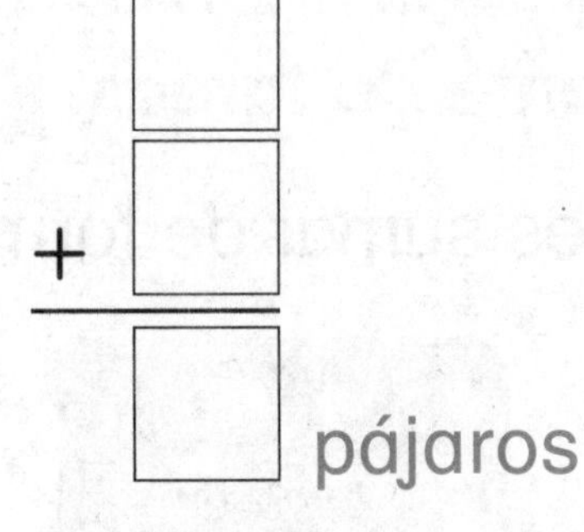

10. Hay 5 niños de excursión. Llegan 3 niños más. ¿Cuántos niños en total están de excursión?

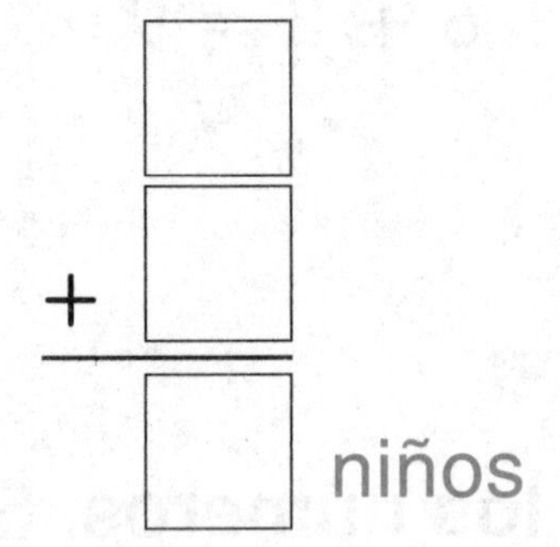

Práctica para la prueba

11. 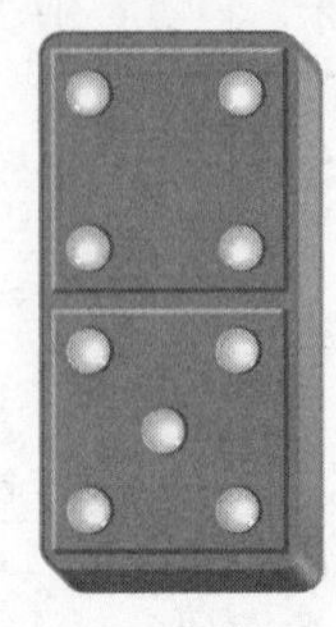

$\begin{array}{r} 4 \\ +\ 5 \\ \hline \end{array}$ ☐

○ 1 ○ 3 ○ 8 ○ 9

Las mates en casa Dé a su niño o niña un enunciado de suma. Pídale que muestre cómo se suma de forma horizontal y de forma vertical.

Nombre ....

Resolución de problemas

ESTRATEGIA: Escribir un enunciado numérico

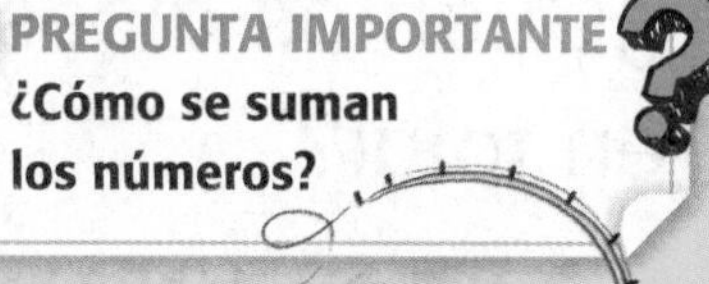

Lección 6

PREGUNTA IMPORTANTE
¿Cómo se suman los números?

Hay 2 niños pescando.
Llegan 4 niños más.
¿Cuántos niños están pescando en total?

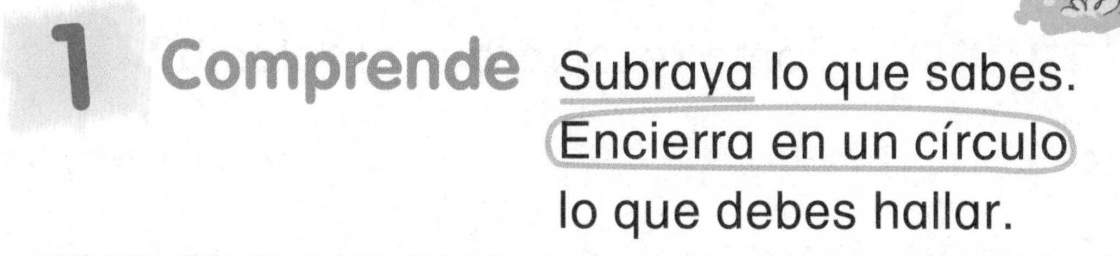

1 Comprende Subraya lo que sabes. Encierra en un círculo lo que debes hallar.

2 Planea ¿Cómo resolveré el problema?

3 Resuelve Voy a escribir un enunciado numérico.

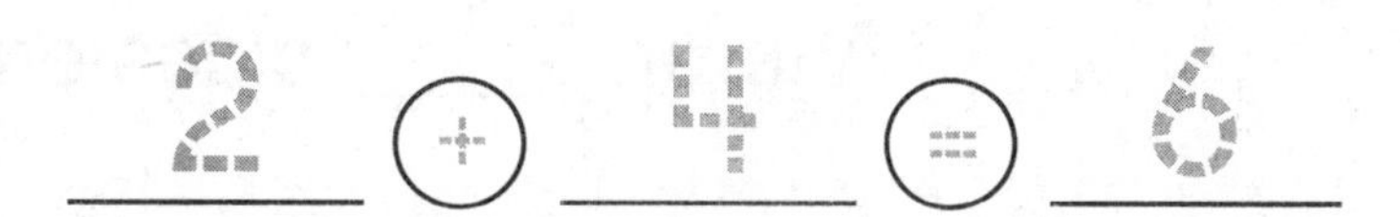

2 + 4 = 6

6 niños están pescando en total.

4 Comprueba ¿Es razonable mi respuesta? ¿Por qué?

Practica la estrategia

Carol vio 2 alces en un campo. Marta vio 5 alces en el bosque. ¿Cuántos alces vieron en total?

1 Comprende Subraya lo que sabes. Encierra en un círculo lo que debes hallar.

2 Planea ¿Cómo resolveré el problema?

3 Resuelve Voy a...

____ ○ ____ ○ ____

Vieron _____ alces en total.

4 Comprueba ¿Es razonable mi respuesta? ¿Por qué?

Aplica la estrategia

Escribe un enunciado de suma para resolver.

1. Leo tiene 5 tarjetas. Trey tiene 4 tarjetas. ¿Cuántas tarjetas tienen en total?

2. Nicki tiene 6 adhesivos. Le regalaron 2 adhesivos más. ¿Cuántos adhesivos tiene ahora?

____ ◯ ____ ◯ ____ adhesivos

3. Susan vio 6 carros bajando por la calle. Jamal vio 3 carros. ¿Cuántos carros vieron Susan y Jamal?

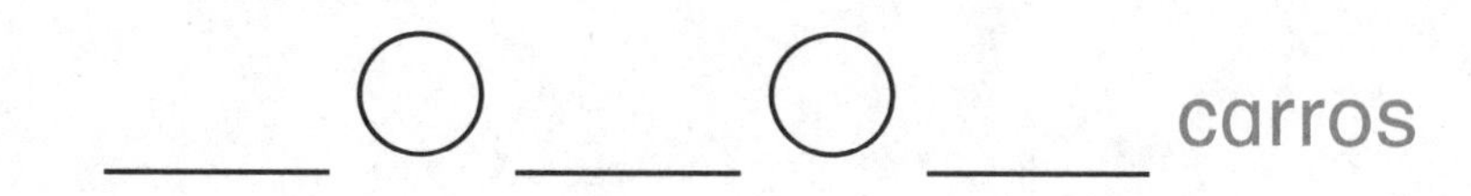

Repasa las estrategias

Escoge una estrategia

- Escribir un enunciado numérico.
- Hacer una tabla.
- Representar.

4. Jayla y Will tienen 4 peces cada uno. ¿Cuántos peces en total tienen Jayla y Will?

_____ peces

5. Deon tiene 4 cuerdas de saltar. Karen tiene 3 cuerdas de saltar. ¿Cuántas cuerdas de saltar tienen en total?

_____ cuerdas de saltar

6. Hay 5 cuentas amarillas y 4 cuentas rojas en un collar. ¿Cuántas cuentas hay en total en el collar?

_____ cuentas

Nombre ....

Mi tarea

Lección 6

Resolución de problemas: Escribir un enunciado numérico

Asistente de tareas

¿Necesitas ayuda? connectED.mcgraw-hill.com

Hay 2 pájaros cantando.
Comienzan a cantar 4 pájaros más.
¿Cuántos pájaros están cantando en total?

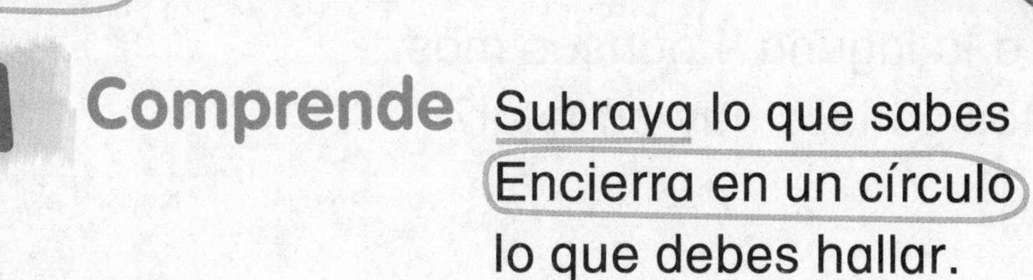

1 Comprende Subraya lo que sabes
Encierra en un círculo
lo que debes hallar.

2 Planea ¿Cómo resolveré el problema?

3 Resuelve Voy a escribir un enunciado numérico.

2 + 4 = 6 pájaros

4 Comprueba ¿Es razonable mi respuesta?

Resolución de problemas

Subraya lo que sabes. Encierra en un círculo lo que debes hallar. Escribe un enunciado de suma.

1. Andrew vio 3 conejos. Tila vio 6 conejos. ¿Cuántos conejos vieron en total?

____ ◯ ____ ◯ ____ conejos

2. Hay 2 gansos nadando en una laguna. Entran a la laguna 4 gansos más. ¿Cuántos gansos hay en total?

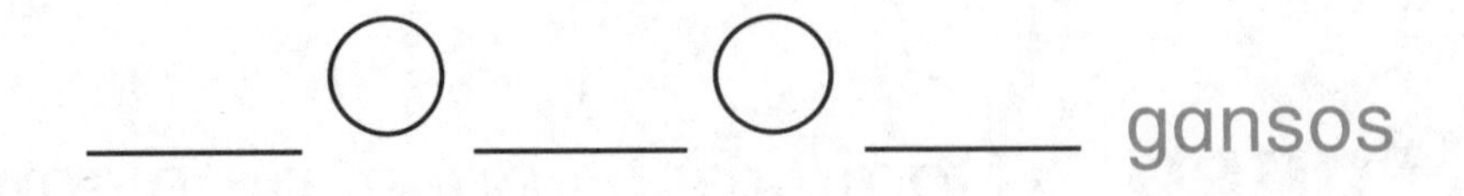

____ ◯ ____ ◯ ____ gansos

3. Ben vio 5 mapaches. Cory vio 2 mapaches. ¿Cuántos mapaches vieron en total?

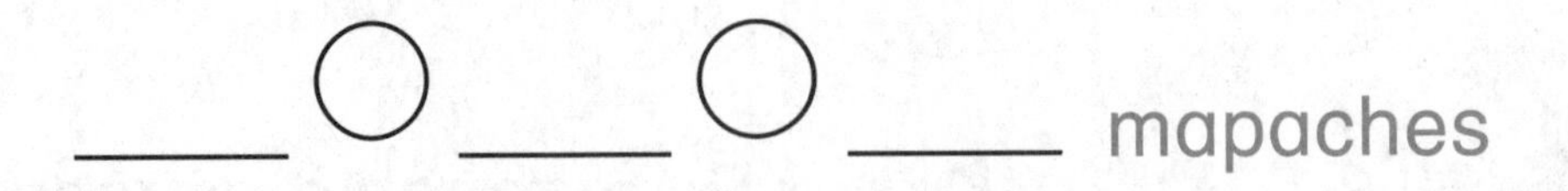

____ ◯ ____ ◯ ____ mapaches

Las mates en casa Aproveche oportunidades para la resolución de problemas durante las rutinas diarias, como los viajes en carro, la hora de dormir, el lavado de la ropa, guardar los víveres, planear horarios, etc.

Nombre ....

Maneras de formar 4 y 5

Lección 7

PREGUNTA IMPORTANTE
¿Cómo se suman los números?

Explorar y explicar

¡Mmm!

Instrucciones para el maestro: Pida a los niños que usen para representar. Diga: *El papá de María colocó un trozo de madera en el fuego. Luego, colocó 3 trozos más.* Pregunte: *¿Cuántos trozos de madera en total hay en el fuego?* Pídales que dibujen el contorno de las fichas que usaron y que escriban el enunciado de suma.

Ver y mostrar

PRÁCTICAS matemáticas

Hay muchas maneras de formar una suma de 4 y 5.

2 + 2 = 4

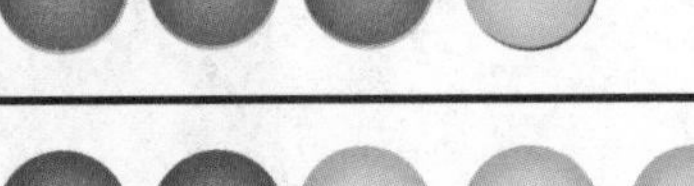

3 + 1 = 4

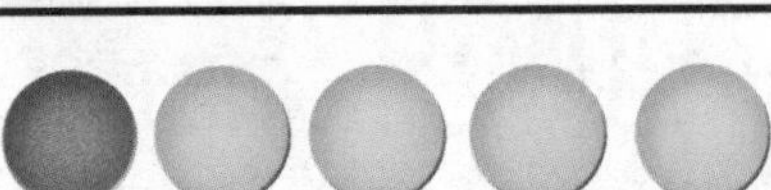

2 + 3 = 5

1 + 4 = 5

Usa el tablero de trabajo 3 y ⬤⬤ para mostrar diferentes maneras de formar una suma de 4. Colorea los ◯. Escribe los números.

Maneras de formar 4

1. 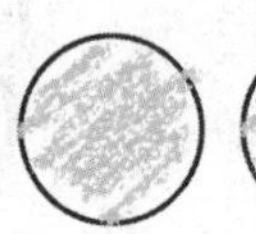 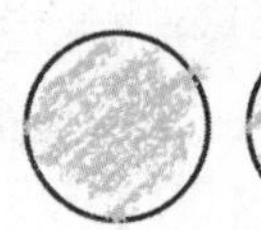 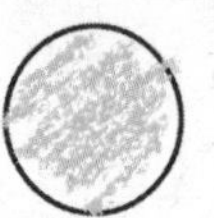
   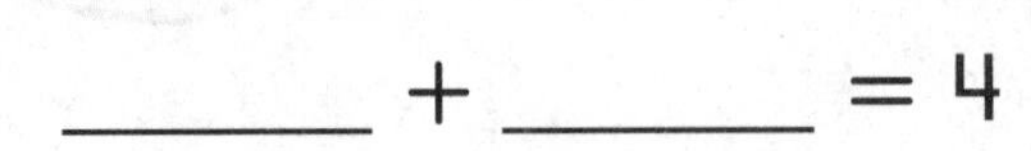
   _____ + _____ = 4

2. 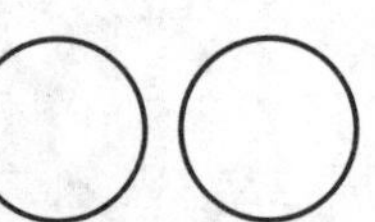 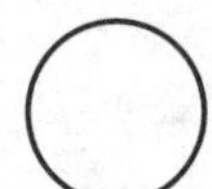 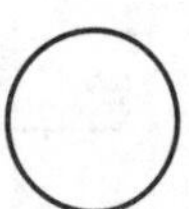
   _____ + _____ = 4

3. 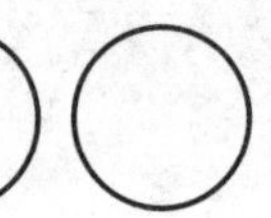  
   _____ + _____ = 4

Habla de las mates ¿Cuál es otra manera de formar 4?

Nombre ____________________

GCSS

Por mi cuenta

Usa el tablero de trabajo 3 y ●● para mostrar diferentes maneras de formar una suma de 5. Colorea los ◯. Escribe los números.

Maneras de formar 5

4. ◯◯◯◯◯ ____ + ____ = 5

5. ◯◯◯◯◯ ____ + ____ = 5

6. ◯◯◯◯◯ ____ + ____ = 5

7. ◯◯◯◯◯ ____ + ____ = 5

Suma.

8. 1 + 4 = ____

9. 3 + 1 = ____

10. 3 + 2 = ____

11. 2 + 2 = ____

12. $\begin{array}{r} 1 \\ +\ 4 \\ \hline \end{array}$

13. $\begin{array}{r} 4 \\ +\ 0 \\ \hline \end{array}$

14. $\begin{array}{r} 0 \\ +\ 5 \\ \hline \end{array}$

Resolución de problemas

Escribe un enunciado de suma.

15. Judy tiene 3 mapas. Taye tiene 2 mapas. ¿Cuántos mapas tienen en total?

_____ + _____ = _____ mapas

16. Kate vio 1 pavo. Malik vio 3 pavos. ¿Cuántos pavos vieron en total?

_____ + _____ = _____ pavos

Las mates en palabras ¿Hay más de una manera de formar 5? Explica tu respuesta.

Nombre ....

Mi tarea

Lección 7
Maneras de formar 4 y 5

Asistente de tareas

¿Necesitas ayuda? connectED.mcgraw-hill.com

Hay diferentes maneras de formar una suma de 4 y 5.

$2 + 2 = 4$

$1 + 3 = 4$

$3 + 2 = 5$

$4 + 1 = 5$

Práctica

Escribe diferentes maneras de formar 4.

1. ______ + ______ = 4

2. ______ + ______ = 4

3. ______ + ______ = 4

4. ______ + ______ = 4

Escribe diferentes maneras de formar 5.

5.  ______ + ______ = 5

6. ______ + ______ = 5

7. ______ + ______ = 5

8. ______ + ______ = 5

9. ______ + ______ = 5

¡Salta!

10. José vio 3 ranas verdes y 1 rana roja.
¿Cuántas ranas vio en total?

______ ranas

Práctica para la prueba

11. ¿Cuántos arcoíris hay en total?

3 ○ 4 ○ 5 ○ 6 ○

Las mates en casa Dé cinco objetos a su niño o niña. Pídale que muestre diferentes maneras de formar 5.

Nombre ....

Maneras de formar 6 y 7

Lección 8

PREGUNTA IMPORTANTE
¿Cómo se suman los números?

¡Me fascina acampar!

Explorar y explicar

Instrucciones para el maestro: Pida a los niños que usen ●● para representar. Diga: *Hallen todas las maneras que puedan de formar 6 y 7. Dibujen el contorno de las fichas sobre la carpa para mostrar una de esas maneras y escriban el enunciado de suma.*

Ver y mostrar

PRÁCTICAS matemáticas

Hay muchas maneras de formar una suma de 6 y 7.

$1 + 5 =$ 6

$2 + 4 =$ 6

$3 + 4 =$ 7

$5 + 2 =$ 7

Usa el tablero de trabajo 3 y ●● para mostrar diferentes maneras de formar una suma de 6. Escribe los números.

Maneras de formar 6

1. ______ + ______ = 6

2. ______ + ______ = 6

3. ______ + ______ = 6

4. ______ + ______ = 6

Pista
Piensa en todas las maneras de formar 6.

¿Es $5 + 1$ lo mismo que $4 + 2$? Explica tu respuesta.

Nombre ....

CCSS

Por mi cuenta

Usa el tablero de trabajo 3 y ●● para mostrar diferentes maneras de formar una suma de 7. Escribe los números.

Maneras de formar 7

5. ____ + ____ = 7

6. ____ + ____ = 7

7. ____ + ____ = 7

8. ____ + ____ = 7

9. ____ + ____ = 7

10. ____ + ____ = 7

Suma.

11. 4 + 2 = ____

12. 3 + 4 = ____

13. 7 + 0 = ____

14. 3 + 3 = ____

15. 4 + 3 = ____

16. 5 + 1 = ____

17. $\begin{array}{r} 1 \\ +\ 6 \\ \hline \end{array}$

18. $\begin{array}{r} 0 \\ +\ 6 \\ \hline \end{array}$

19. $\begin{array}{r} 5 \\ +\ 2 \\ \hline \end{array}$

Resolución de problemas

Escribe un enunciado de suma.

20. Victoria pescó 5 peces.
Su hermano pescó 2 peces.
¿Cuántos peces pescaron en total?

_____ + _____ = _____ peces

21. Hay 4 perros nadando en una laguna.
Entran en la laguna 3 perros más.
¿Cuántos perros están nadando en total?

_____ + _____ = _____ perros

Problema S.O.S. Marlon sumó 3 + 3 así.
Di por qué Marlon está equivocado.
Corrígelo.

$3 + 3 = 7$

Nombre ....

Mi tarea

Lección 8
Maneras de formar 6 y 7

Asistente de tareas ¿Necesitas ayuda? connectED.mcgraw-hill.com

Hay muchas maneras de formar sumas de 6 y 7.

4 + 2 = 6

5 + 2 = 7

3 + 3 = 6

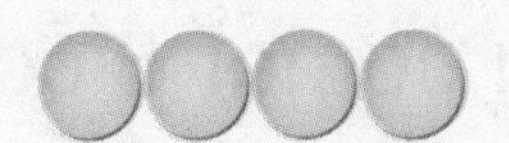

3 + 4 = 7

Práctica

Escribe diferentes maneras de formar 6 y 7.

Maneras de formar 6 y 7

1. ______ + ______ = 6
2. ______ + ______ = 6
3. ______ + ______ = 6
4. ______ + ______ = 6
5. ______ + ______ = 7
6. ______ + ______ = 7
7. ______ + ______ = 7
8. ______ + ______ = 7

Suma.

9. $6 + 0$	10. $5 + 2$	11. $4 + 3$
12. $1 + 6$	13. $3 + 3$	14. $2 + 4$

15. Hay 2 conejos comiendo. Llegan a comer 5 conejos más. ¿Cuántos conejos hay comiendo en total?

_____ + _____ = _____ conejos

Práctica para la prueba

16. ¿Cuántos árboles hay en total?

4 ○ 5 ○ 6 ○ 7 ○

Las mates en casa Dé 7 objetos a su niño o niña. Luego, pídale que muestre diferentes maneras de formar dos grupos que representen 7 en total.

Nombre ....

Maneras de formar 8

Lección 9

PREGUNTA IMPORTANTE
¿Cómo se suman los números?

¡Salta!

Explorar y explicar

_____ + _____ = _____

Escribe tu enunciado de suma aquí.

Instrucciones para el maestro: Pida a los niños que usen [fichas] para representar. Diga: *Hay 5 personas nadando. Llegan 3 personas más.* Pregunte: *¿Cuántas personas están nadando en total?* Pídales que escriban el enunciado de suma.

Ver y mostrar

PRÁCTICAS matemáticas

Hay muchas maneras de formar sumas de 8.

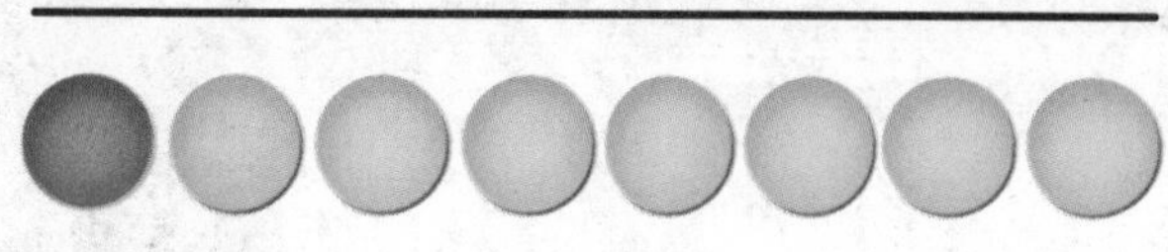

3 + 5 = 8

1 + 7 = 8

Usa el tablero de trabajo 3 y ●● para mostrar diferentes maneras de formar una suma de 8. Escribe los números.

Maneras de formar 8

1. ______ + ______ = 8
2. ______ + ______ = 8
3. ______ + ______ = 8
4. ______ + ______ = 8
5. ______ + ______ = 8
6. ______ + ______ = 8

Suma.

7. 4 + 4 = ______
8. 6 + 2 = ______
9. 8 + 0 = ______
10. 7 + 1 = ______

Habla de las mates ¿Cómo podrías usar cubos para mostrar maneras de formar 8?

Nombre ....

Por mi cuenta

Usa el tablero de trabajo 3 y ●●. Suma.

11. $6 + 2 =$ ______

12. $0 + 3 =$ ______

13. $2 + 5 =$ ______

14. $2 + 6 =$ ______

15. $4 + 4 =$ ______

16. $0 + 7 =$ ______

17. $1 + 7 =$ ______

18. $3 + 5 =$ ______

19. $2 + 6 =$ ______

20. $8 + 0 =$ ______

21. $4 + 2 =$ ______

22. $7 + 1 =$ ______

23. $\begin{array}{r} 4 \\ +\ 3 \\ \hline \end{array}$

24. $\begin{array}{r} 4 \\ +\ 4 \\ \hline \end{array}$

25. $\begin{array}{r} 3 \\ +\ 1 \\ \hline \end{array}$

26. $\begin{array}{r} 2 \\ +\ 3 \\ \hline \end{array}$

27. $\begin{array}{r} 6 \\ +\ 1 \\ \hline \end{array}$

28. $\begin{array}{r} 5 \\ +\ 3 \\ \hline \end{array}$

Resolución de problemas

Escribe un enunciado de suma.

29. Brice vio 5 zorros. Su amigo vio 3 zorros. ¿Cuántos zorros vieron en total?

_____ + _____ = _____ zorros

30. Hay 4 ardillas en un árbol. Llegan al árbol 4 ardillas más. ¿Cuántas ardillas hay ahora en el árbol?

_____ + _____ = _____ ardillas

Problema S.O.S. Una panadera vendió 4 pastelitos en la mañana. Ese día vendió 2 pastelitos más tarde. La respuesta es 6 pastelitos. ¿Cuál es la pregunta?

Nombre ....

Mi tarea

Lección 9
Maneras de formar 8

Asistente de tareas

¿Necesitas ayuda? connectED.mcgraw-hill.com

Hay muchas maneras de formar una suma de 8.

$5 + 3 = 8$

$2 + 6 = 8$

Práctica

Escribe diferentes maneras de formar 8.

1. ____ + ____ = 8
2. ____ + ____ = 8
3. ____ + ____ = 8
4. ____ + ____ = 8
5. ____ + ____ = 8
6. ____ + ____ = 8

Suma.

7. 3 + 5 = ____
8. 8 + 0 = ____

Suma.

9. $\begin{array}{r} 6 \\ +\ 2 \\ \hline \end{array}$	10. $\begin{array}{r} 3 \\ +\ 5 \\ \hline \end{array}$	11. $\begin{array}{r} 4 \\ +\ 3 \\ \hline \end{array}$
12. $\begin{array}{r} 4 \\ +\ 4 \\ \hline \end{array}$	13. $\begin{array}{r} 6 \\ +\ 1 \\ \hline \end{array}$	14. $\begin{array}{r} 1 \\ +\ 7 \\ \hline \end{array}$

15. Fueron a practicar canotaje 5 personas. Se unieron al grupo 2 personas más. ¿Cuántas personas fueron a practicar canotaje en total?

_____ + _____ = _____ personas

Práctica para la prueba

16. ¿Cuál suma 8?

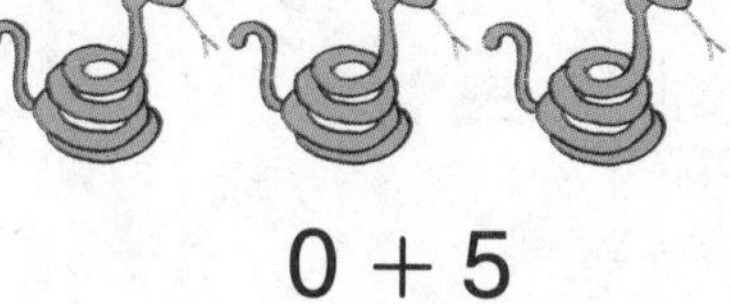
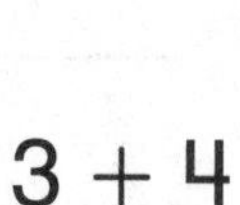

6 + 1	3 + 4	0 + 5	3 + 5
○	○	○	○

Las mates en casa Dé 8 objetos a su niño o niña. Luego, pídale que muestre diferentes maneras de formar una suma de 8.

Nombre ....

Compruebo mi progreso

Comprobación del vocabulario

Encierra en un círculo la respuesta correcta.

enunciado de suma **suma** **sumar**

1. Una __________ es el resultado de la operación de sumar.

Comprobación del concepto

Suma. Escribe los números.

2.

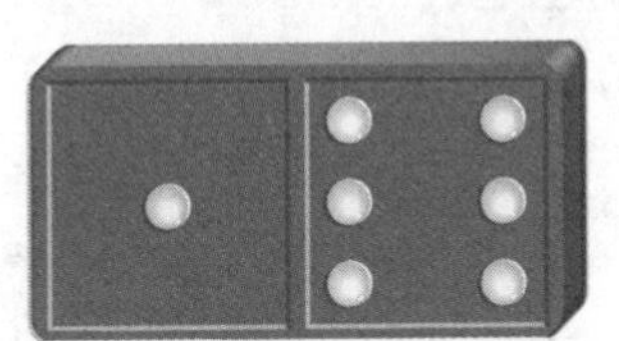

_____ + _____ = _____

3.

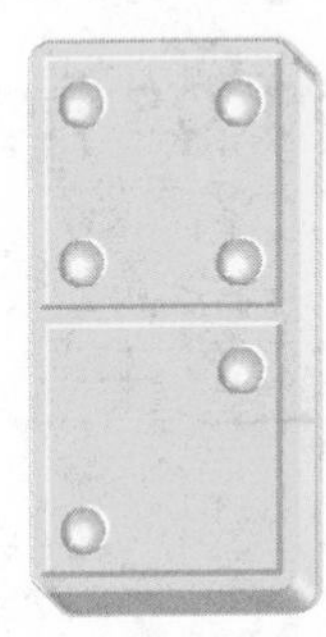

$\square$
$+ \square$
$\square$

4.

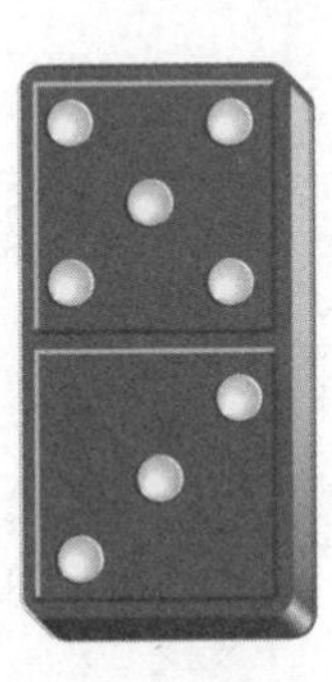

$\square$
$+ \square$
$\square$

5.

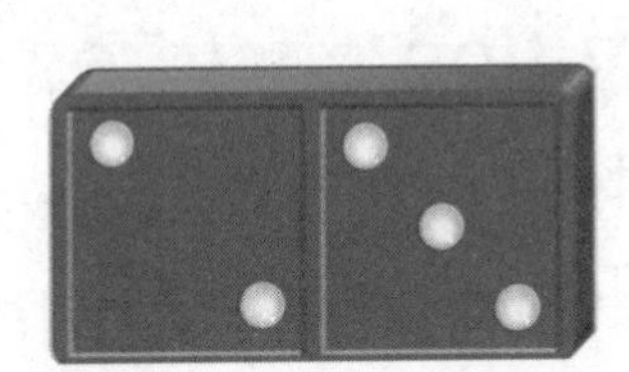

_____ + _____ = _____

Suma.

6. $2 + 3 =$ ______

7. $2 + 2 =$ ______

8. $\begin{array}{r} 5 \\ +\ 3 \\ \hline \end{array}$

9. $\begin{array}{r} 6 \\ +\ 2 \\ \hline \end{array}$

10. $\begin{array}{r} 1 \\ +\ 5 \\ \hline \end{array}$

11. $\begin{array}{r} 3 \\ +\ 4 \\ \hline \end{array}$

12. $\begin{array}{r} 1 \\ +\ 7 \\ \hline \end{array}$

13. $\begin{array}{r} 1 \\ +\ 3 \\ \hline \end{array}$

Escribe un enunciado de suma para resolver.

14. Hay 6 pájaros volando juntos.
Hay 1 pájaro en la rama de un árbol.
¿Cuántos pájaros hay en total?

______ + ______ = ______ pájaros

Práctica para la prueba

15. Hay dos castores nadando en un río.
Entran al río 2 castores más. ¿Cuántos castores hay en total?

3 castores ○

4 castores 

5 castores 

6 castores 

Nombre ....

Maneras de formar 9

Lección 10

PREGUNTA IMPORTANTE
¿Cómo se suman los números?

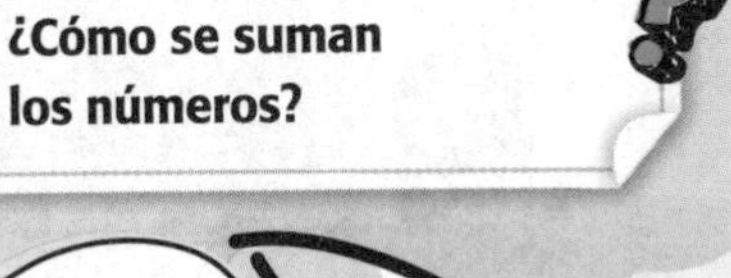

¡Es una linda noche!

Explorar y explicar

Instrucciones para el maestro: Pida a los niños que usen dos crayones para colorear las estrellas y mostrar una manera de formar 9. Pídales que escriban el enunciado de suma.

Ver y mostrar

PRÁCTICAS matemáticas

Hay muchas maneras de formar una suma de 9.

1 + 8 = 9

2 + 7 = 9

3 + 6 = 9

Usa el tablero de trabajo 3 y para mostrar diferentes maneras de formar una suma de 9. Escribe los números.

Maneras de formar 9

1. ____ + ____ = 9	2. ____ + ____ = 9
3. ____ + ____ = 9	4. ____ + ____ = 9
5. ____ + ____ = 9	6. ____ + ____ = 9
7. ____ + ____ = 9	8. ____ + ____ = 9

Habla de las mates ¿Por qué obtienes la misma suma cuando sumas 6 + 3 y 7 + 2?

Nombre ....

¡Tu turno!

CCSS

Por mi cuenta

Usa el tablero de trabajo 3 y ●●. Suma.

9. 5 + 4 = _____

10. 2 + 5 = _____

11. 4 + 2 = _____

12. 5 + 3 = _____

13. 2 + 7 = _____

14. 4 + 3 = _____

15. 3 + 6 = _____

16. 4 + 4 = _____

17. 8 + 1 = _____

18. 6 + 1 = _____

19. 1 + 4 = _____

20. 2 + 6 = _____

21. $\begin{array}{r} 7 \\ +\ 1 \\ \hline \end{array}$

22. $\begin{array}{r} 0 \\ +\ 9 \\ \hline \end{array}$

23. $\begin{array}{r} 1 \\ +\ 8 \\ \hline \end{array}$

24. $\begin{array}{r} 4 \\ +\ 2 \\ \hline \end{array}$

25. $\begin{array}{r} 9 \\ +\ 0 \\ \hline \end{array}$

26. $\begin{array}{r} 6 \\ +\ 3 \\ \hline \end{array}$

Resolución de problemas

PRÁCTICAS matemáticas

Escribe un enunciado de suma.

27. Hay 3 peces amarillos y 6 peces rojos en un estanque. ¿Cuántos peces hay en total?

_____ + _____ = _____ peces

28. Hay 4 tortugas en una laguna. Caminan hacia la laguna 5 tortugas. ¿Cuántas tortugas hay en total?

_____ + _____ = _____ tortugas

Las mates en palabras ¿Hay más de una manera de formar 9? Explica tu respuesta.

Nombre ....

Mi tarea

Lección 10
Maneras de formar 9

Asistente de tareas 

¿Necesitas ayuda? connectED.mcgraw-hill.com

Hay muchas maneras de formar una suma de 9.

$3 + 6 = 9$

$2 + 7 = 9$

Práctica

Escribe diferentes maneras de formar 9.

Maneras de formar 9

1. ______ + ______ = 9
2. ______ + ______ = 9
3. ______ + ______ = 9
4. ______ + ______ = 9
5. ______ + ______ = 9
6. ______ + ______ = 9

Suma.

7. 4 + 5 = ______
8. 2 + 7 = ______

Suma.

9. $\begin{array}{r} 6 \\ +\ 3 \\ \hline \end{array}$

10. $\begin{array}{r} 5 \\ +\ 1 \\ \hline \end{array}$

11. $\begin{array}{r} 9 \\ +\ 0 \\ \hline \end{array}$

12. $\begin{array}{r} 4 \\ +\ 3 \\ \hline \end{array}$

13. $\begin{array}{r} 7 \\ +\ 2 \\ \hline \end{array}$

14. $\begin{array}{r} 5 \\ +\ 3 \\ \hline \end{array}$

15. Hay 5 búhos en un árbol. Hay 4 búhos volando. ¿Cuántos búhos hay en total?

_____ búhos

Práctica para la prueba

16. ¿Cuál no es una manera de formar una suma de 9?

$5 + 4$	$1 + 8$	$8 + 0$	$6 + 3$
 ○	○	○	○

Las mates en casa Dé 9 objetos a su niño o niña. Pídale que muestre diferentes maneras de hacer dos grupos para formar 9.

Nombre ....

Maneras de formar 10

Lección 11

PREGUNTA IMPORTANTE
¿Cómo se suman los números?

Explorar y explicar

_____ + _____ = 10

Instrucciones para el maestro: Pida a los niños que usen ⚫⚪ para representar. Diga: *Hallen diferentes maneras de formar 10. Dibujen el contorno de las fichas y coloréenlas para mostrar una de las maneras. Escriban los números.*

Ver y mostrar

PRÁCTICAS matemáticas

Hay muchas maneras de formar 10.

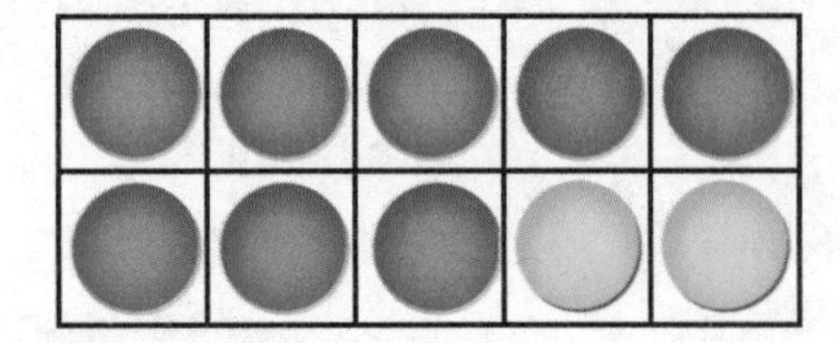

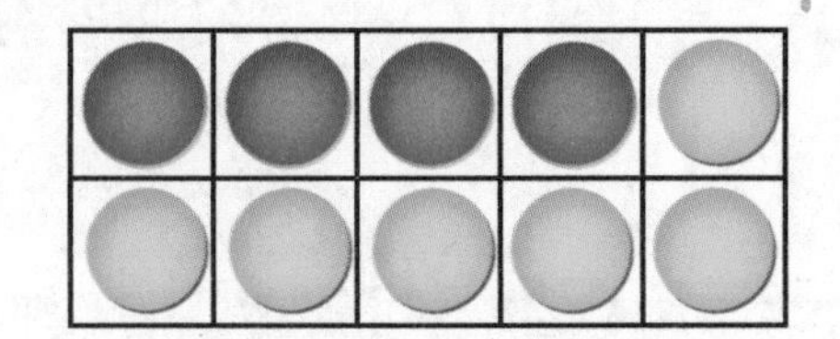

8 + 2 = 10   4 + 6 = 10

Escribe los números que forman 10.

1.

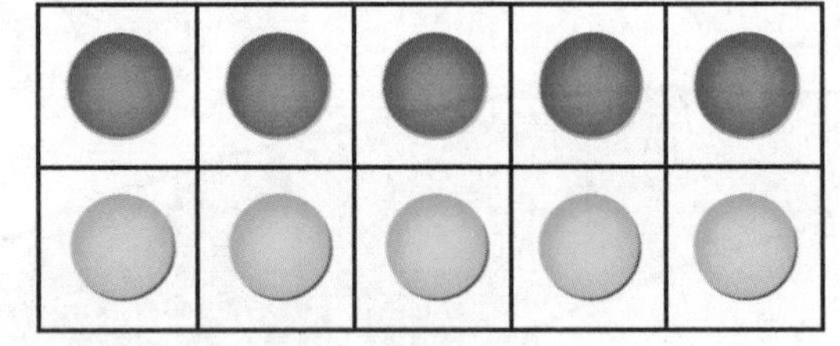

____ + ____ = 10

2.

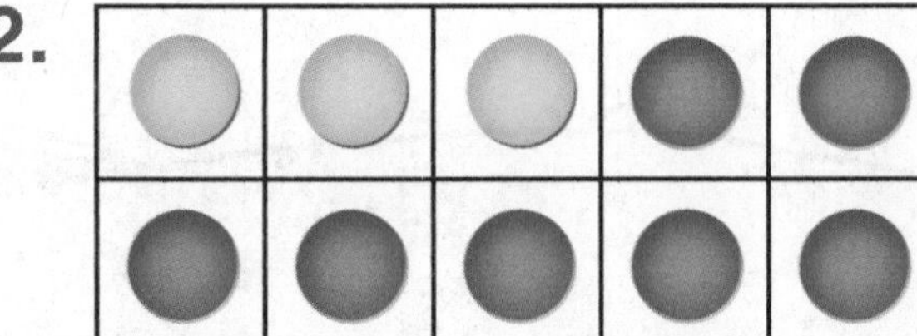

____ + ____ = 10

3.

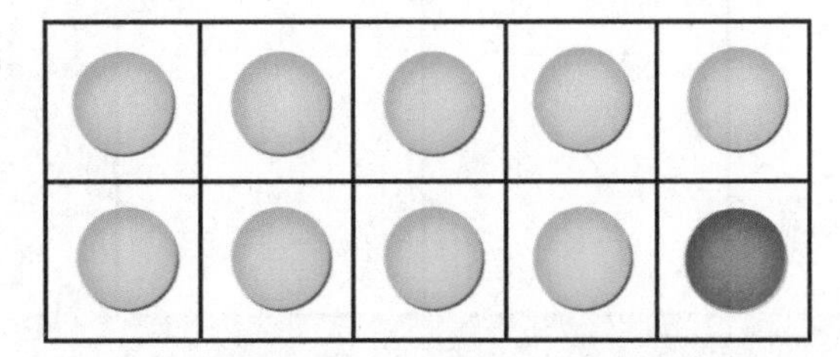

____ + ____ = 10

4.

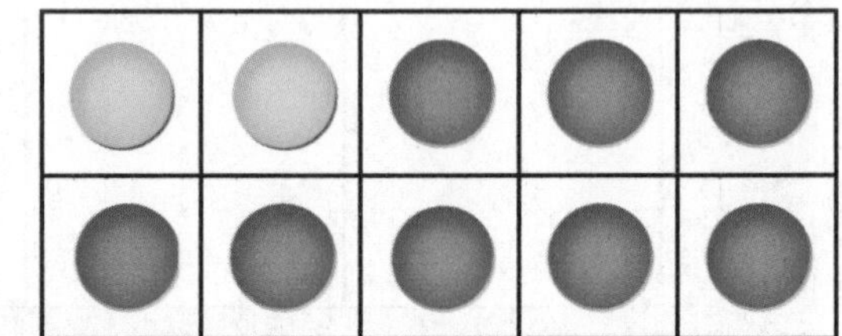

____ + ____ = 10

Menciona todas las maneras de formar 10 en un marco de diez usando 2 números.

Nombre ______________________

CCSS

Por mi cuenta

Escribe los números que forman 10.

5.

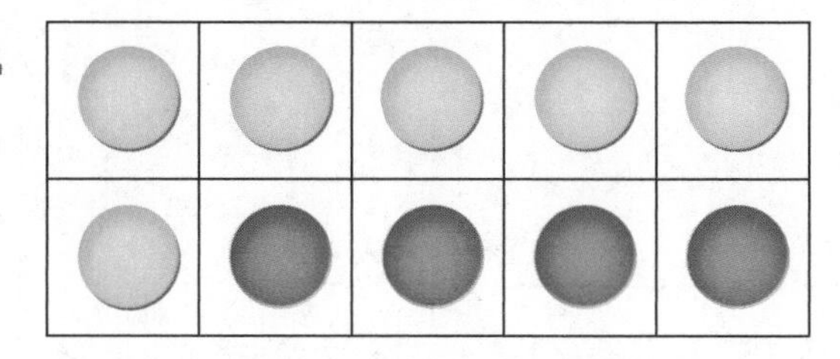

_____ + _____ = 10

6.

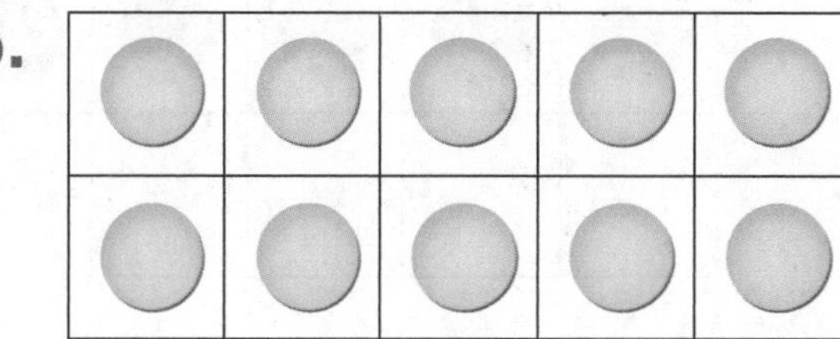

_____ + _____ = 10

7.

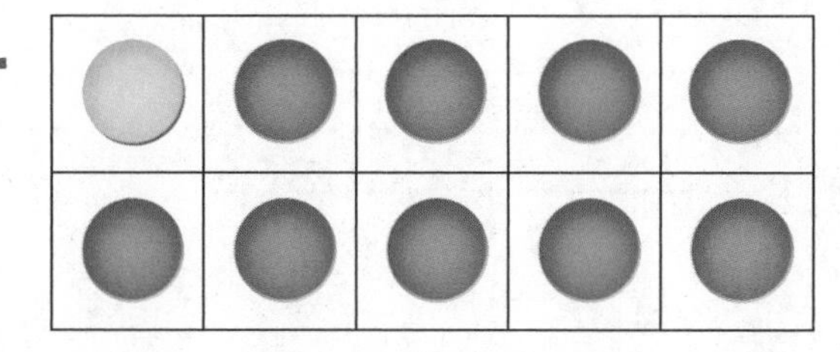

_____ + _____ = 10

8.

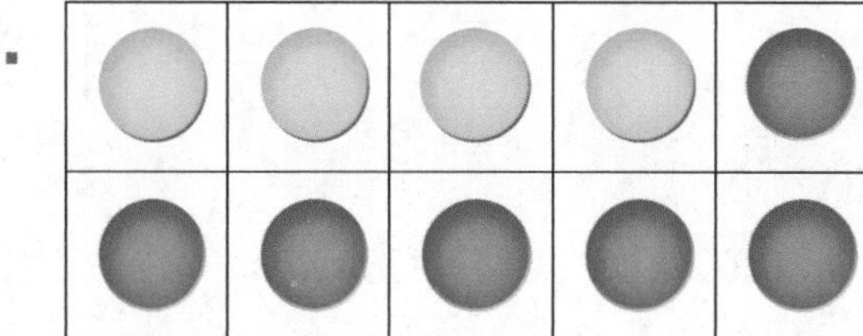

_____ + _____ = 10

Dibuja y colorea una manera de formar 10 usando dos números. Escribe los números.

9.

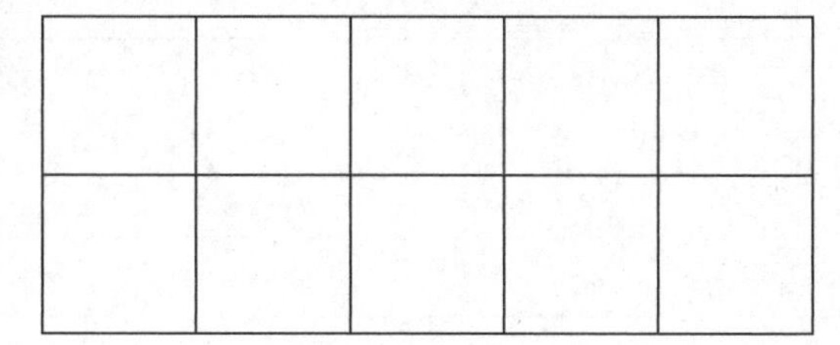

_____ + _____ = 10

10.

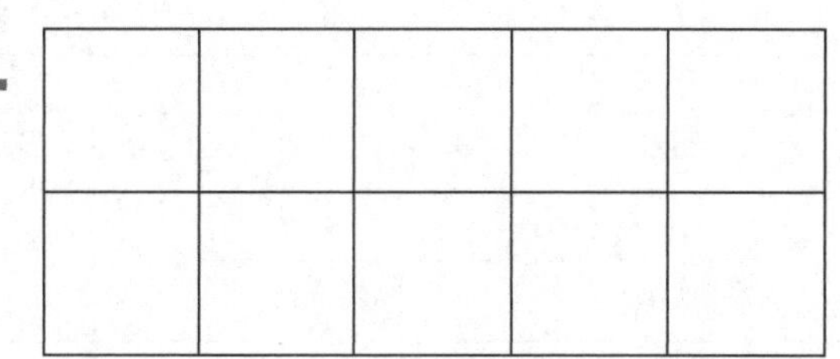

_____ + _____ = 10

Resolución de problemas

PRÁCTICAS matemáticas

11. Hay 5 fichas rojas. ¿Cuántas fichas amarillas formarán 10 en este marco de diez? Dibuja y colorea las fichas.

●	●	●	●	●

_____ fichas

12. Joe vio 2 gansos. ¿Cuántos gansos más necesita ver para que vea 10 gansos en total?

_____ gansos

Problema S.O.S. Robin escribió esto en el pizarrón. Di por qué Robin está equivocado. Corrígelo.

$6 + 5 = 10$

Nombre ....

Mi tarea

Lección 11
Maneras de formar 10

Asistente de tareas

¿Necesitas ayuda? connectED.mcgraw-hill.com

Hay muchas maneras de formar 10.

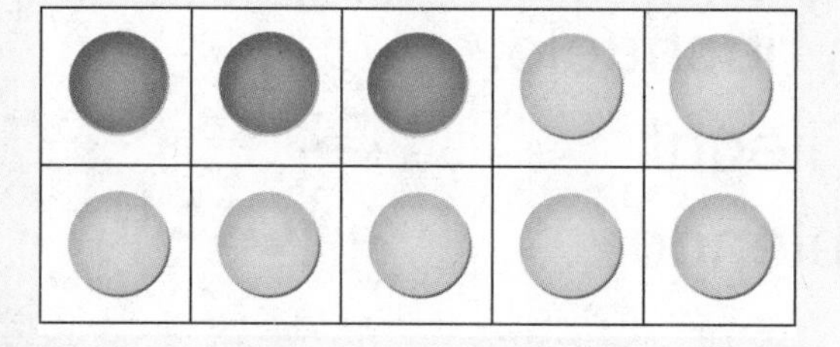

3 + 7 = 10

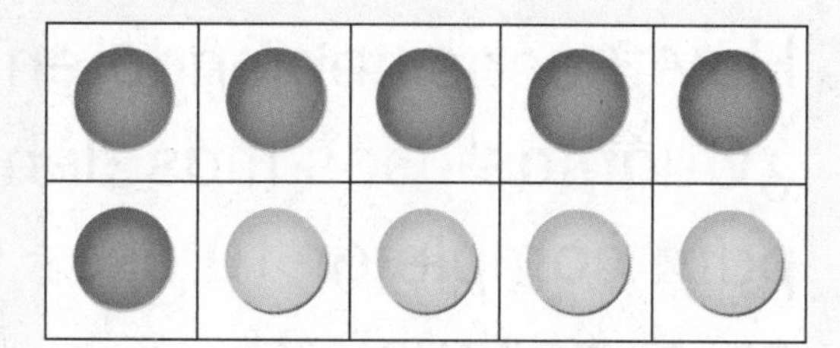

6 + 4 = 10

Práctica

Escribe los números que forman 10.

1. 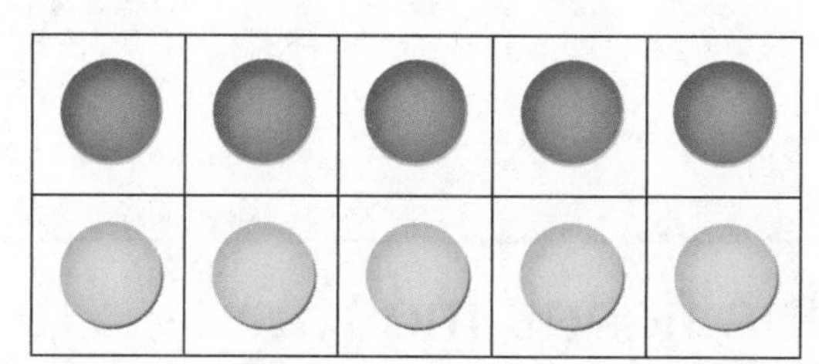

_____ + _____ = 10

2. 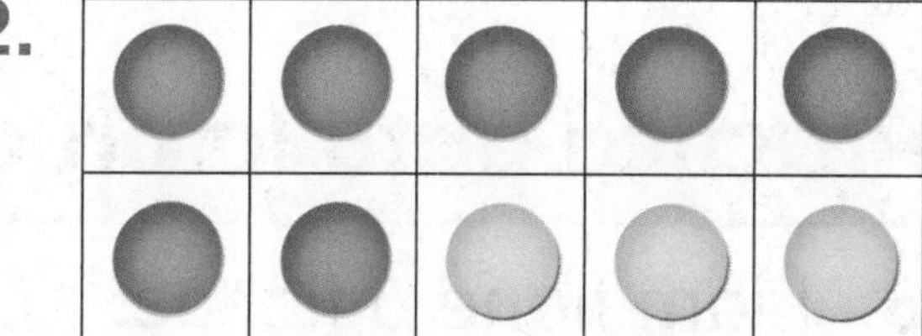

_____ + _____ = 10

3. 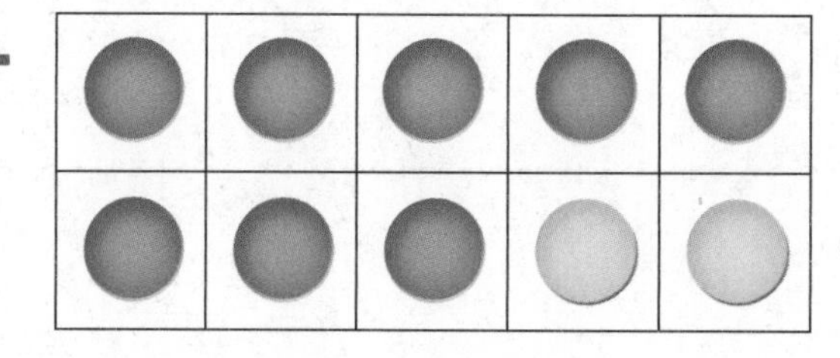

_____ + _____ = 10

4. 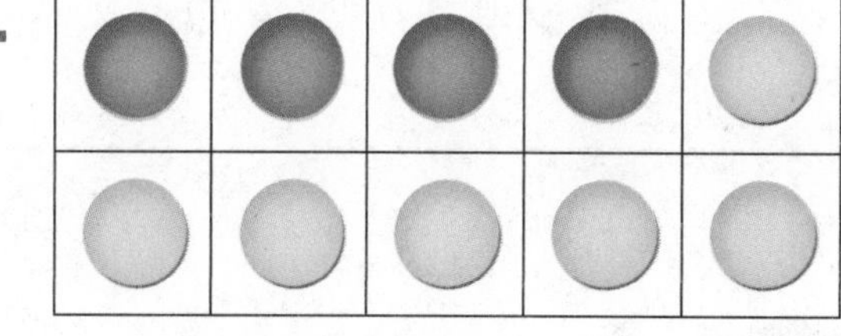

_____ + _____ = 10

Dibuja y colorea una manera de formar 10 usando dos números. Escribe los números.

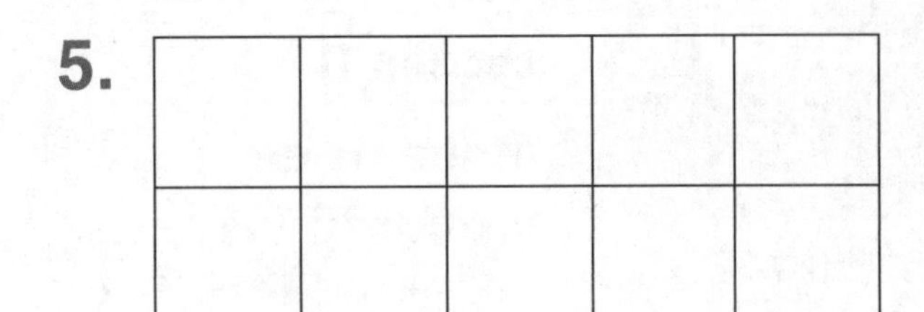

5. ____ + ____ = 10

6. ____ + ____ = 10

7. Hay 3 osos bebiendo en un riachuelo. ¿Cuántos osos más deben llegar para completar 10 osos bebiendo en el riachuelo?

____ osos

Práctica para la prueba

8. Liam tiene 6 fichas. ¿Cuántas fichas más necesita para formar 10 fichas?

4 fichas ○ 5 fichas ○ 6 fichas ○ 16 fichas ○

Las mates en casa Dé 10 crayones a su niño o niña. Pídale que coloque los crayones en dos grupos que muestren una manera de formar 10. Pídale que muestre otra manera de formar 10.

Nombre

Hallar partes que faltan de 10

Lección 12

PREGUNTA IMPORTANTE
¿Cómo se suman los números?

Explorar y explicar

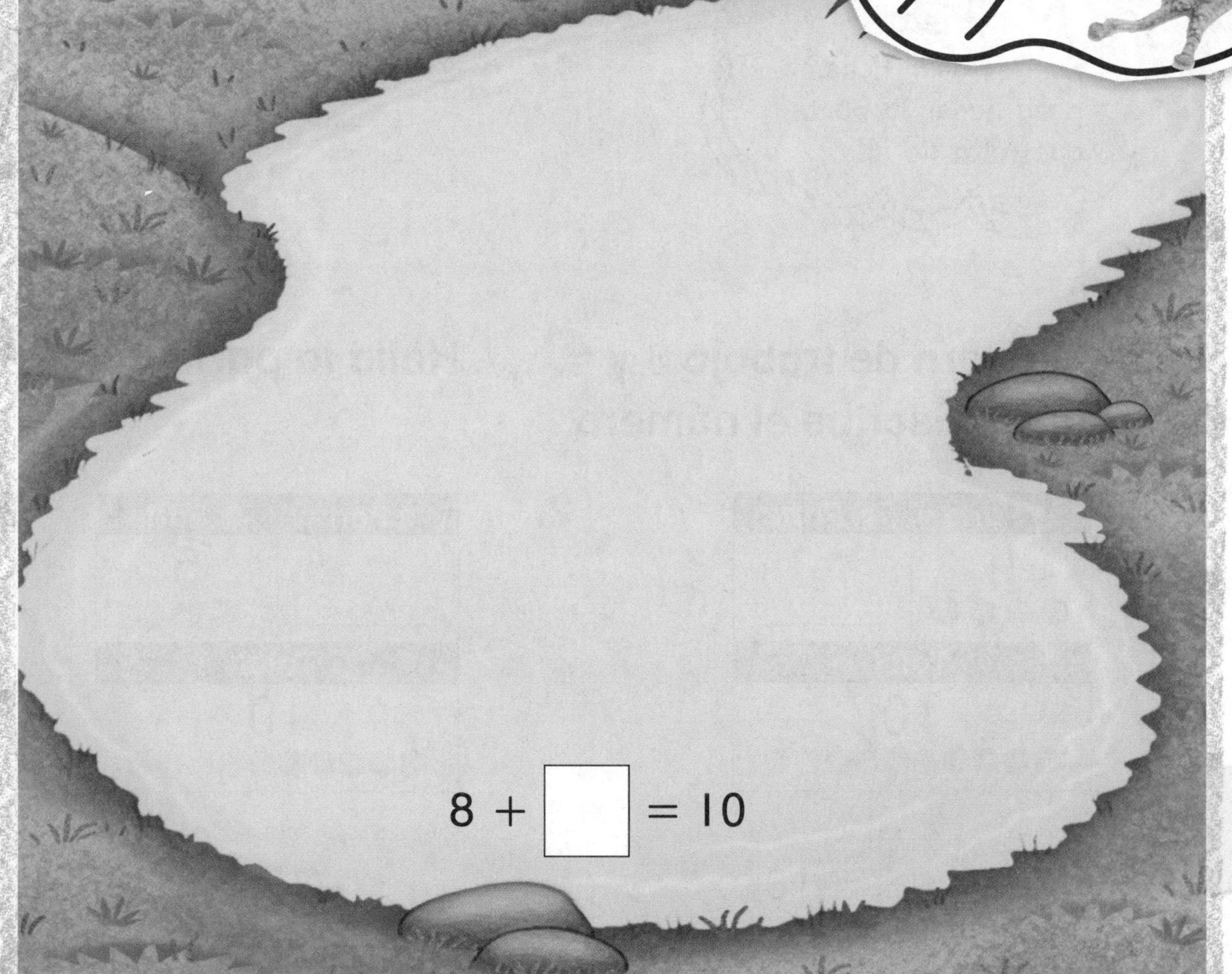

$8 + \square = 10$

Instrucciones para el maestro: Pida a los niños que usen ●● para representar. Diga: *Hay 10 ranas en total. En la laguna hay 8 ranas. El resto está en el césped.* Pregunte: *¿Cuántas ranas hay en el césped?* Pídales que escriban la parte que falta.

Ver y mostrar

PRÁCTICAS matemáticas

El total es 10. Una parte es 3.
¿Cuál es la otra parte?

Parte	Parte
●●●	____
Total	
●●●●●●●●●●	

Parte	Parte
3	____
Total	
10	

Pista
Puedes usar fichas para hallar la parte que falta de 10.

$3 + \boxed{7} = 10$

Usa el tablero de trabajo 3 y ●●. Halla la parte que falta de 10. Escribe el número.

1.

Parte	Parte
4 ●●●●	____
Total	
10 ●●●●●●●●●●	

$4 + \square = 10$

2.

Parte	Parte
____	5 ●●●●●
Total	
10 ●●●●●●●●●●	

$\square + 5 = 10$

Habla de las mates Conoces una de las partes y el total. ¿Cómo hallas la otra parte?

Nombre

Por mi cuenta

Usa el tablero de trabajo 3 y ●●. Halla la parte que falta de 10. Escribe el número.

3.

Parte	Parte
7	____
Total	
10	

7 + ☐ = 10

4.

Parte	Parte
____	5
Total	
10	

☐ + 5 = 10

5.

Parte	Parte
____	8
Total	
10	

☐ + 8 = 10

6.

Parte	Parte
1	____
Total	
10	

1 + ☐ = 10

7.

Parte	Parte
3	____
Total	
10	

3 + ☐ = 10

8.

Parte	Parte
____	6
Total	
10	

☐ + 6 = 10

Resolución de problemas

PRÁCTICAS matemáticas

9. Hay 10 manzanas. De estas, 3 manzanas son verdes. El resto de las manzanas son rojas. ¿Cuántas manzanas son rojas?

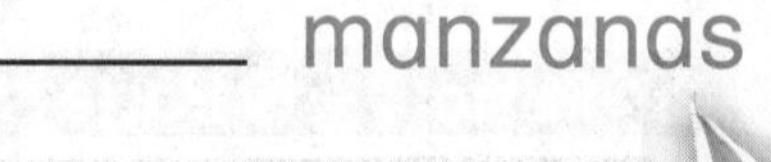

______ manzanas

10. Javier tiene 10 hojas. De estas, 2 hojas son anaranjadas. El resto son amarillas. ¿Cuántas hojas amarillas tiene Javier?

______ hojas

Problema S.O.S. Ángelo escribió la parte que falta. Di por qué Ángelo está equivocado. Corrígelo.

Parte	Parte
2	7
Total	
10	

Nombre ....

Mi tarea

Lección 12
Hallar partes que faltan de 10

Asistente de tareas

¿Necesitas ayuda? connectED.mcgraw-hill.com

Puedes hallar la parte que falta de 10.

Parte	Parte
6	___
Total	
10	

$6 + 4 = 10$

Parte	Parte
8	___
Total	
10	

$8 + 2 = 10$

Práctica

Halla la parte que falta de 10. Escribe el número.

1.

Parte	Parte
3	___
Total	
10	

3 + ☐ = 10

2.

Parte	Parte
___	5
Total	
10	

☐ + 5 = 10

Halla la parte que falta de 10. Escribe el número.

3.

Parte	Parte
6	____
Total	
10	

$6 + \square = 10$

4.

Parte	Parte
____	1
Total	
10	

$\square + 1 = 10$

5. Amaya ve 10 insectos en un tronco. De estos, 8 son negros. El resto de los insectos son rojos. ¿Cuántos insectos son rojos?

____ insectos

Práctica para la prueba

6. Carter ve 10 águilas. 5 águilas están volando. El resto de las águilas están en su nido. ¿Cuántas águilas están en su nido?

○ 15 águilas

○ 9 águilas

○ 10 águilas

○ 5 águilas

Las mates en casa Haga tarjetas con números de 0 a 10. Muestre una tarjeta numerada. Pida a su niño o niña que halle la otra tarjeta numerada que se necesita para formar 10.

Nombre

Enunciados verdaderos y falsos

Lección 13

PREGUNTA IMPORTANTE
¿Cómo se suman los números?

Explorar y explicar

¿Vuelas aquí con frecuencia?

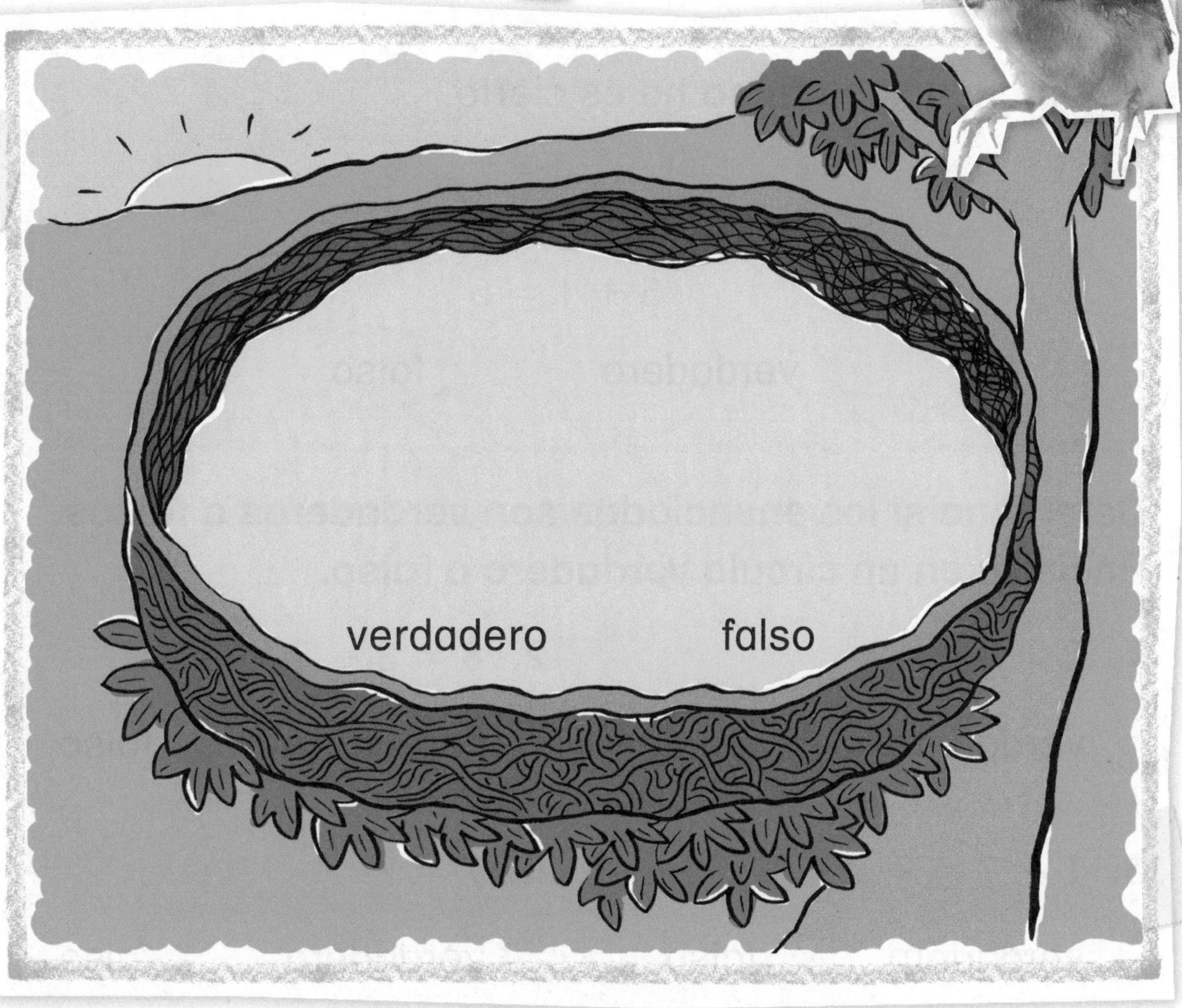

Instrucciones para el maestro: Pida a los niños que usen ● ● para representar. Diga: *En un nido hay 3 huevos amarillos y 3 huevos rojos. Hay 7 huevos en total.* Pregunte: *¿Es esto verdadero o falso?* Pídales que encierren en un círculo la palabra y que dibujen el contorno de las fichas que usaron para mostrar el problema.

Ver y mostrar

PRÁCTICAS matemáticas

Los enunciados pueden ser verdaderos o falsos.

Un enunciado **verdadero** es cierto.

$5 + 1 = 6$

falso

Un enunciado **falso** no es cierto.

$5 + 1 = 5$

verdadero

Determina si los enunciados son verdaderos o falsos. Encierra en un círculo verdadero o falso.

1. $2 + 4 = 6$

verdadero falso

2. $8 = 3 + 5$

verdadero falso

3. $1 + 7 = 9$

verdadero falso

4. $7 = 7$

verdadero falso

Habla de las mates Di tu propio enunciado de suma falso a un compañero o una compañera.

CCSS

Nombre

Por mi cuenta

Determina si los enunciados son verdaderos o falsos. Encierra en un círculo verdadero o falso.

5. $1 + 3 = 5$

verdadero falso

6. $5 + 5 = 10$

verdadero falso

7. $3 + 5 = 7$

verdadero falso

8. $9 = 9 + 0$

verdadero falso

9. $6 + 2 = 8$

verdadero falso

10. $5 + 2 = 4$

verdadero falso

11. $3 = 3$

verdadero falso

12. $4 + 2 = 7$

verdadero falso

13. $9 = 8 + 2$

verdadero falso

14. $2 + 5 = 7$

verdadero falso

15.

$$\begin{array}{r} 4 \\ +\ 4 \\ \hline 8 \end{array}$$

verdadero falso

16.

$$\begin{array}{r} 6 \\ +\ 1 \\ \hline 5 \end{array}$$

verdadero falso

Resolución de problemas

Determina si el problema es verdadero o falso. Encierra en un círculo verdadero o falso.

17. Hay 4 niños observando aves. Llegan 3 niños más. Hay 7 niños en total observando aves.

verdadero   falso

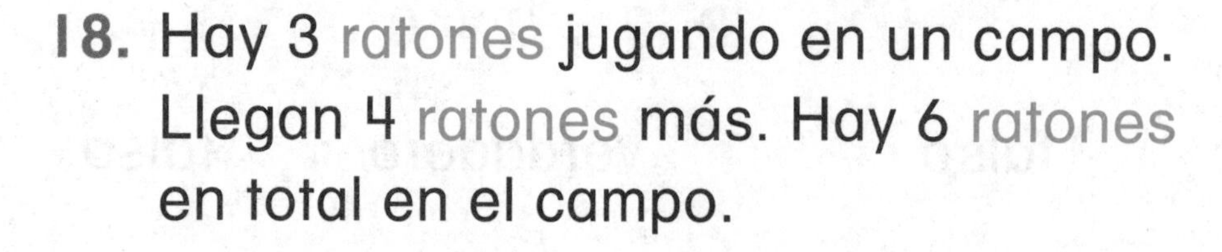

18. Hay 3 ratones jugando en un campo. Llegan 4 ratones más. Hay 6 ratones en total en el campo.

verdadero   falso

Las mates en palabras ¿Es $6 + 2 = 3 + 6$ un enunciado matemático verdadero o falso? Explica tu respuesta.

Nombre

Mi tarea

Lección 13
Enunciados verdaderos y falsos

Asistente de tareas

¿Necesitas ayuda? connectED.mcgraw-hill.com

Los enunciados matemáticos son verdaderos o falsos.

5 + 1 = 4

verdadero **falso** (encerrado)

3 + 2 = 5

verdadero (encerrado) falso

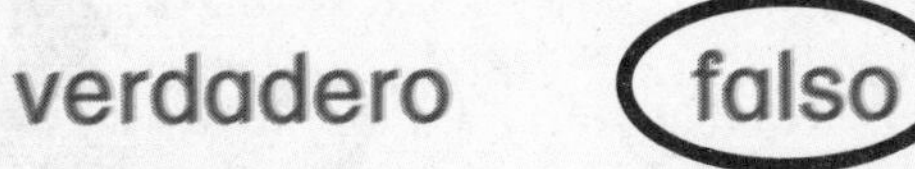

Práctica

Determina si los enunciados son verdaderos o falsos. Encierra en un círculo verdadero o falso.

1. 3 + 1 = 4

   verdadero falso

2. 0 = 4 + 0

   verdadero falso

3. 5 + 4 = 9

   verdadero falso

4. 10 = 6 + 4

   verdadero falso

5. 3 + 6 = 10

   verdadero falso

6. 4 + 1 = 5

   verdadero falso

Determina si los enunciados son verdaderos o falsos. Encierra en un círculo verdadero o falso.

7. $9 = 8 + 1$

verdadero falso

8. $6 + 2 = 3 + 6$

verdadero falso

9.

$$\begin{array}{r} 1 \\ +\ 0 \\ \hline 0 \end{array}$$

verdadero falso

10.

$$\begin{array}{r} 3 \\ +\ 3 \\ \hline 6 \end{array}$$

verdadero falso

11. Hay 1 perro en el parque. Llegan al parque 4 perros más. Hay 6 perros en total en el parque.

verdadero falso

Comprobación del vocabulario

Traza líneas para relacionar.

12. verdadero Algo que no es cierto.

13. falso Algo que es cierto.

Las mates en casa Diga a su niño o niña un enunciado de suma falso. Pregúntele si es verdadero o falso. Pídale que lo convierta en verdadero.

Nombre

Práctica de fluidez

Suma.

1. $4 + 6 =$ ______
2. $5 + 4 =$ ______
3. $3 + 2 =$ ______
4. $2 + 6 =$ ______
5. $2 + 5 =$ ______
6. $1 + 3 =$ ______
7. $7 + 1 =$ ______
8. $0 + 9 =$ ______
9. $1 + 1 =$ ______
10. $3 + 7 =$ ______
11. $4 + 4 =$ ______
12. $5 + 1 =$ ______
13. $7 + 3 =$ ______
14. $2 + 7 =$ ______
15. $4 + 3 =$ ______
16. $3 + 0 =$ ______
17. $0 + 5 =$ ______
18. $8 + 2 =$ ______
19. $5 + 3 =$ ______
20. $9 + 1 =$ ______
21. $4 + 5 =$ ______
22. $1 + 2 =$ ______
23. $7 + 0 =$ ______
24. $3 + 5 =$ ______

Práctica de fluidez

Suma.

1. $7 + 2$
2. $4 + 3$
3. $6 + 2$
4. $1 + 8$
5. $2 + 4$
6. $4 + 5$
7. $2 + 2$
8. $5 + 1$
9. $4 + 6$
10. $2 + 7$
11. $3 + 3$
12. $5 + 3$
13. $6 + 1$
14. $2 + 8$
15. $0 + 6$
16. $1 + 9$
17. $0 + 4$
18. $7 + 3$
19. $3 + 5$
20. $10 + 0$

Nombre ....

Mi repaso

Capítulo 1
Conceptos de suma

Comprobación del vocabulario

Completa las oraciones.

parte **suma** **sumar** **total**

1. Unir dos partes forma un ________________.
2. Una ________________ es uno de los grupos que se unen al sumar.
3. Al ________________ dos números, obtienes la suma.
4. El resultado de la operación de sumar se llama ________________.

Comprobación del concepto

Escribe el enunciado de suma.

5.

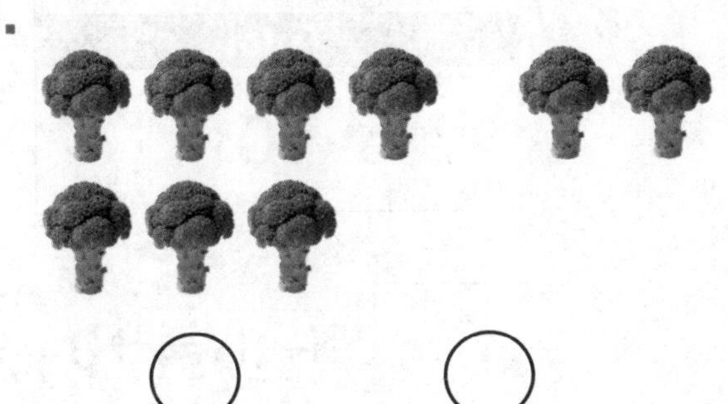

_____ ◯ _____ ◯ _____

6.

_____ ◯ _____ ◯ _____

Suma.

7. $1 + 6 =$ ____

8. $8 + 0 =$ ____

9. $3 + 2 =$ ____

10. $4 + 4 =$ ____

11. $\begin{array}{r} 4 \\ +\ 0 \\ \hline \end{array}$

12. $\begin{array}{r} 3 \\ +\ 1 \\ \hline \end{array}$

13. $\begin{array}{r} 5 \\ +\ 4 \\ \hline \end{array}$

14. $\begin{array}{r} 2 \\ +\ 6 \\ \hline \end{array}$

Muestra una manera de hacer la suma. Colorea los ◯. Escribe los números.

15. ◯◯◯◯◯◯ ____ + ____ = 6

16. ◯◯◯◯◯ ____ + ____ = 5

Halla la parte que falta de diez. Escribe el número.

17.

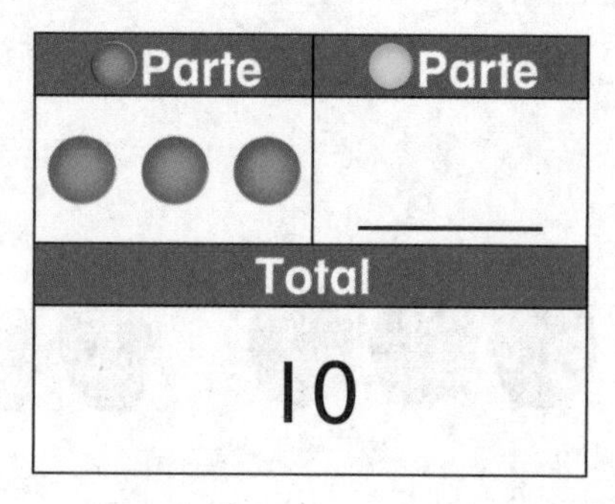

$3 + \square = 10$

18.

Parte	Parte
____	●
Total	
10	

$\square + 1 = 10$

Nombre ....

Resolución de problemas

Escribe un enunciado de suma.

19. Liliana encuentra 3 ramas. Enrique encuentra 2 ramas. ¿Cuántas ramas encuentran en total?

_____ + _____ = _____ ramas

Determina si el enunciado es verdadero o falso. Encierra en un círculo verdadero o falso.

20. Hay 3 osos bostezando. Comienzan a bostezar 4 osos más. Hay 8 osos bostezando en total.

verdadero falso

Práctica para la prueba

21. Miranda ve 6 estrellas en el cielo. Madison ve 3 estrellas en el cielo. ¿Cuántas estrellas ven en total?

2 estrellas ○ 3 estrellas  9 estrellas  10 estrellas 

Pienso

Capítulo 1

Respuesta a la pregunta importante

Muestra las maneras de responder.

Hallar el total.

Parte	Parte
3	5
Total	
____	

Escribir un enunciado de suma.

____ + ____ = ____

PREGUNTA IMPORTANTE

¿Cómo se suman los números?

Sumar.

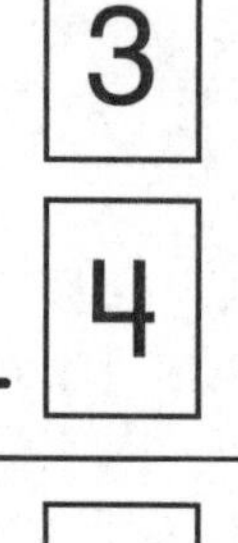

Sumar cero.

$0 + 9 =$ ____

¡Ahora ya sé!

Capítulo

Conceptos de resta

PREGUNTA IMPORTANTE

¿Cómo se restan los números?

¡Vamos de safari!

¡Mira el video!

Mis estándares estatales

Operaciones y razonamiento algebraico

1.OA.1 Realizar operaciones de suma y de resta hasta el 20 para resolver problemas contextualizados que involucren situaciones en las que algo se agrega o se quita, o en las que se reúnen, se separan o se comparan cosas, con incógnitas en todas las posiciones (por ejemplo, usando objetos, dibujos y ecuaciones con un símbolo en el lugar del número desconocido para representar el problema).

1.OA.3 Aplicar las propiedades de las operaciones como estrategias para sumar y restar.

1.OA.4 Comprender la resta como un problema de sumando desconocido.

1.OA.6 Sumar y restar hasta el 20, demostrando fluidez para la suma y la resta hasta el 10. Usar estrategias como seguir contando, formar diez, descomponer un número para formar diez, usar la relación entre la suma y la resta y crear sumas equivalentes pero más fáciles o conocidas.

1.OA.7 Comprender el significado del signo igual e identificar ecuaciones de suma y de resta como verdaderas o falsas.

Estándares para las
PRÁCTICAS matemáticas

1. Entender los problemas y perseverar en la búsqueda de una solución.
2. Razonar de manera abstracta y cuantitativa.
3. Construir argumentos viables y hacer un análisis del razonamiento de los demás.
4. Representar con matemáticas.
5. Usar estratégicamente las herramientas apropiadas.
6. Prestar atención a la precisión.
7. Buscar una estructura y usarla.
8. Buscar y expresar regularidad en el razonamiento repetido.

= Se trabaja en este capítulo.

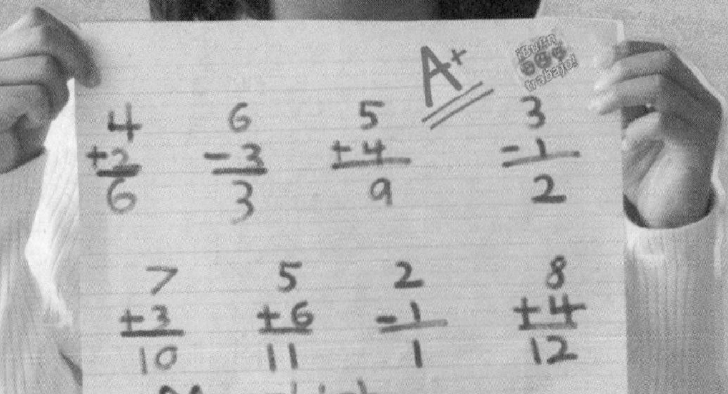

Nombre ....

Antes de seguir...

Conéctate para hacer la prueba de preparación.

Escribe cuántos hay.

1. ______

2. ______

Dibuja círculos para mostrar los números.

3. 

4. 

Coloca una X en 2 ranas. Escribe cuántas quedan.

5. 

______ ranas

¿Cómo me fue?

Sombrea las casillas para mostrar los problemas que respondiste correctamente.

1	2	3	4	5

Nombre

Las palabras de mis mates

Repaso del vocabulario

igual   se van   unir

Escribe las palabras. Luego, haz un dibujo en el recuadro que muestre el significado de la palabra.

Palabra	Mi ejemplo
igual	
unir	
se van	

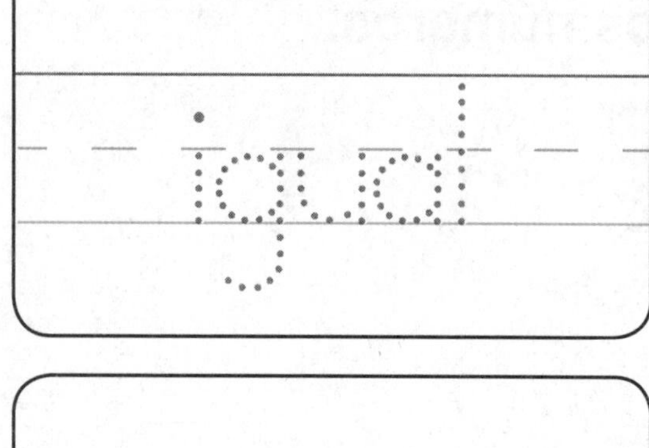

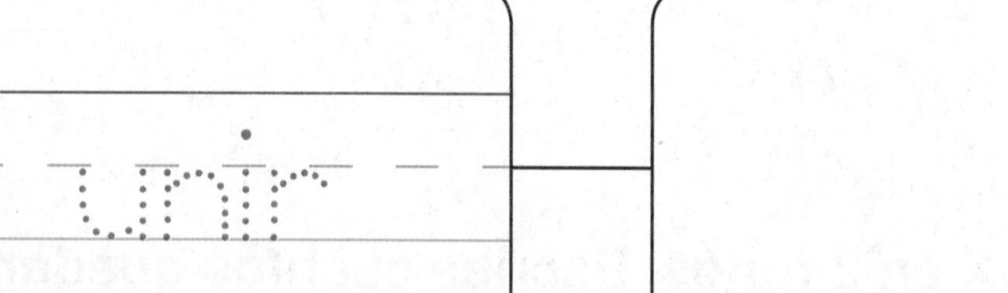

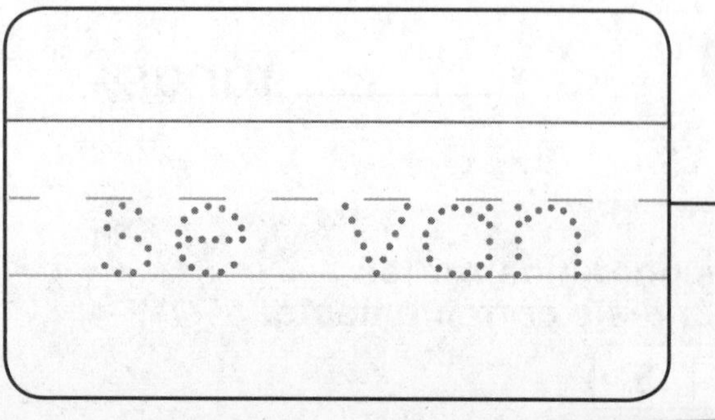

Mis tarjetas de vocabulario

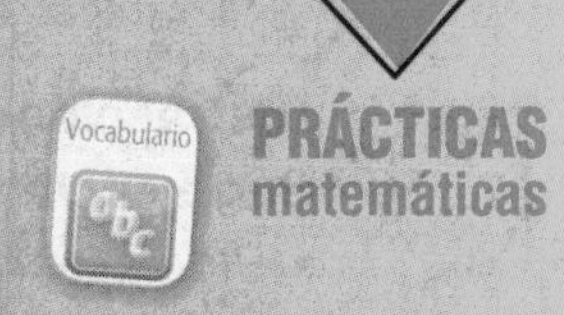

Lección 2-7

comparar

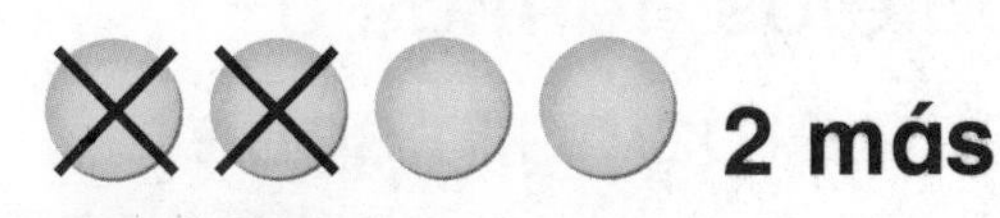

2 más

2 menos

Lección 2-3

diferencia

$4 - 1 = 3$

Lección 2-3

enunciado de resta

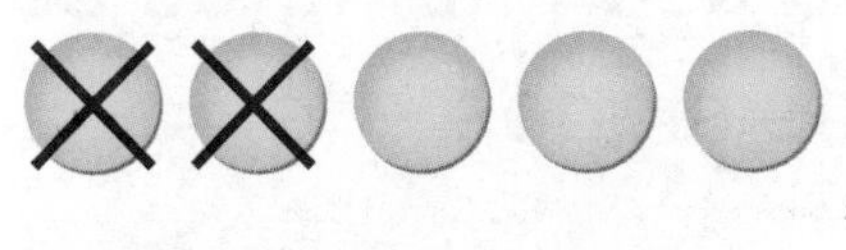

$5 - 2 = 3$

Lección 2-3

menos (–)

$6 - 2 = 4$

Lección 2-13

operaciones relacionadas

$1 + 2 = 3$ $3 - 1 = 2$

$2 + 1 = 3$ $3 - 2 = 1$

Lección 2-2

restar

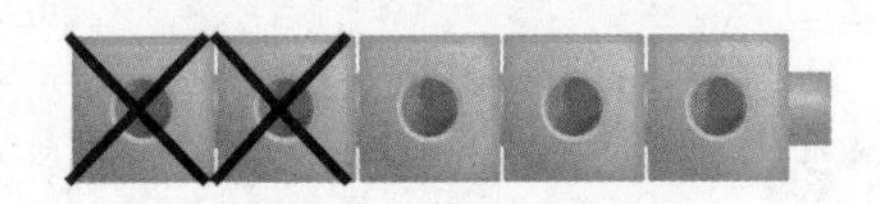

$5 - 2 = 3$

Instrucciones para el maestro: Sugerencias

- Pida a los estudiantes que dibujen diferentes ejemplos para cada tarjeta.
- Pida a los estudiantes que organicen las tarjetas para mostrar palabras que tienen un significado similar. Pídales que expliquen el significado de su agrupación.

Resultado de un problema de resta.

Observar grupos de objetos, formas o números para saber en qué se parecen y en qué se diferencian.

Signo que indica resta.

Expresión en la cual se usan números con los signos − e =.

Quitar.

Operaciones básicas en las cuales se usan los mismos números.

Mis tarjetas de vocabulario

Instrucciones para el maestro:
Más sugerencias

- Pida a los estudiantes que usen las tarjetas en blanco para escribir sus propias palabras de vocabulario.
- Pida a los estudiantes que hagan dibujos en las tarjetas en blanco para mostrar el significado de cada palabra nueva de vocabulario.

Mi modelo de papel

FOLDABLES® Sigue los pasos que aparecen en el reverso para hacer tu modelo de papel.

$4 - 0$

$4 - 1$

$4 - 2$

$4 - 3$

$4 - 4$

FOLDABLES
Ayudas de estudio

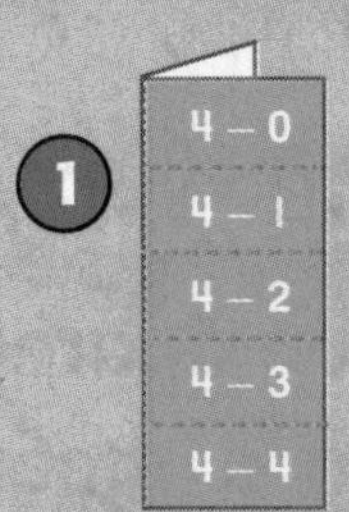
1
4 – 0
4 – 1
4 – 2
4 – 3
4 – 4

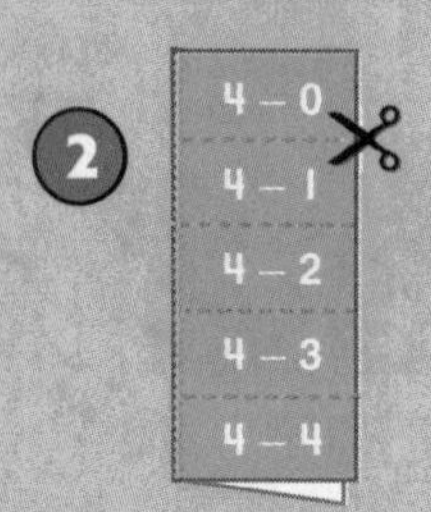
2
4 – 0
4 – 1
4 – 2
4 – 3
4 – 4

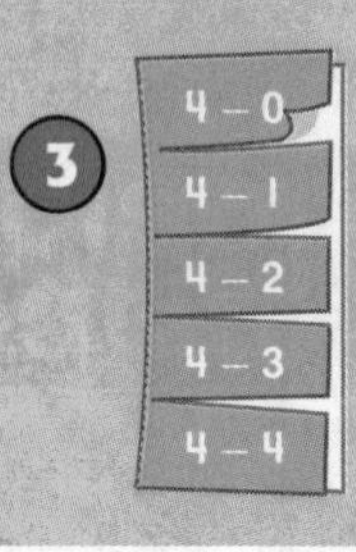
3
4 – 0
4 – 1
4 – 2
4 – 3
4 – 4

 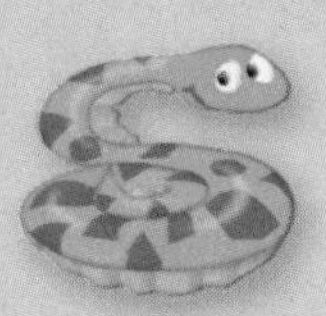 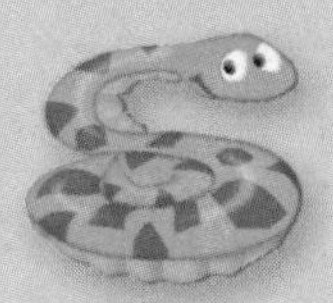 

______

______

______

______

______

Nombre ....

Cuentos de resta

Lección 1

PREGUNTA IMPORTANTE
¿Cómo se restan los números?

Explorar y explicar

¡Psst! ¡Aquí!

_____ libélulas

Instrucciones para el maestro: Pida a los niños que usen ●● para representar. Diga: *Hay 7 libélulas posadas sobre una flor. Se van volando 2 de ellas.* Pregunte: *¿Cuántas libélulas quedan en la flor?* Pídales que escriban el número.

Ver y mostrar

Hay 6 gatos en una cerca. Salta 1 gato de la cerca.

¿Cuántos gatos quedan?

____ gatos

Cuenta un cuento de números. Usa ●●.
Escribe cuántos quedan.

1.

¿Cuántas aves quedan en la fuente? ____ aves

2.

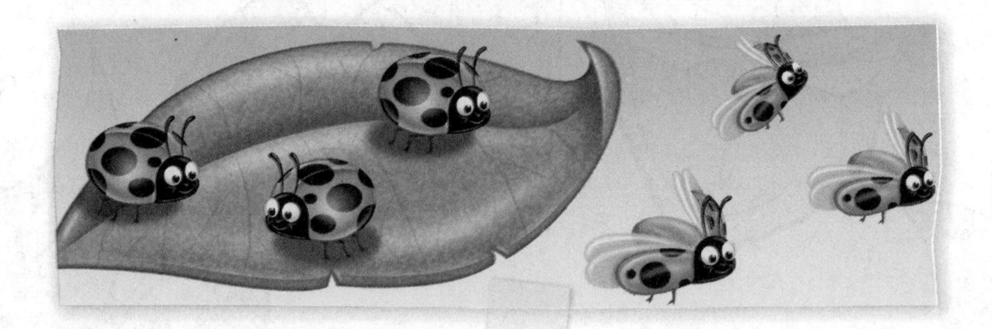

¿Cuántas catarinas quedan en la hoja? ____ catarinas

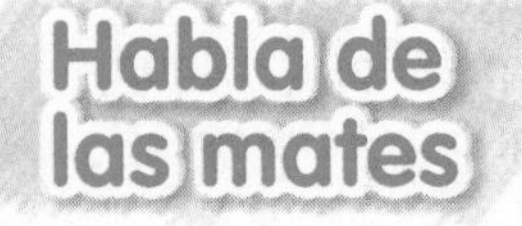

¿En qué se diferencian los cuentos de suma y de resta?

Nombre

Por mi cuenta

Cuenta un cuento de números. Usa ●●.
Escribe cuántos quedan.

3.

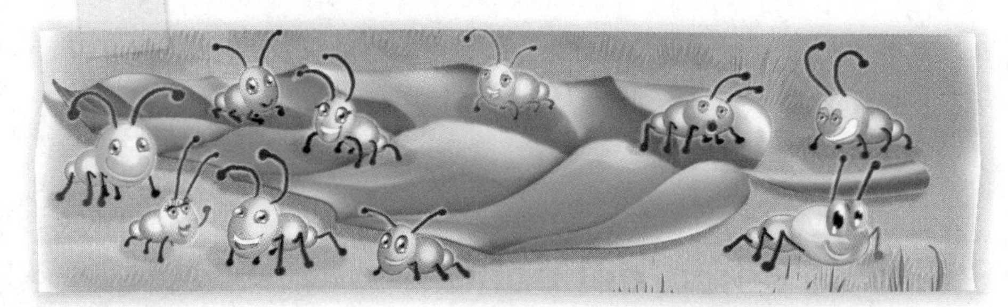

¿Cuántas hormigas quedan en la hoja?

_______ hormigas

4.

¿Cuántas mariposas quedan en el arbusto?

_______ mariposas

5.

¿Cuántos papalotes quedan en el suelo?

_______ papalotes

Resolución de problemas

PRÁCTICAS matemáticas

Usa ●● para resolver.

6. Hay 4 personas caminando por un sendero. Se van a casa 2 personas. ¿Cuántas personas quedan?

_____ personas

7. Hay 8 abejas cerca del panal. Vuelan 3 abejas. ¿Cuántas abejas quedan?

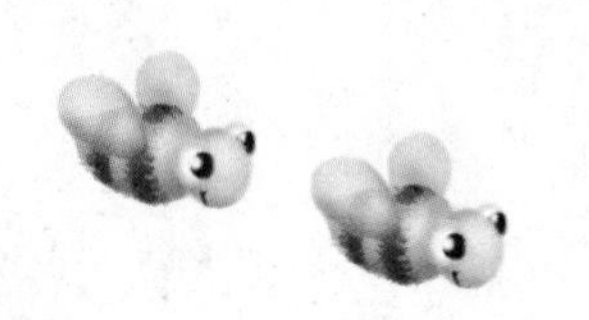

_____ abejas

Problema S.O.S. Hay 6 tigres durmiendo debajo de un árbol. Se despiertan 2 tigres. La respuesta es 4 tigres. ¿Cuál es la pregunta?

____

____

____

Nombre

Mi tarea

Lección 1
Cuentos de resta

Asistente de tareas

¿Necesitas ayuda? connectED.mcgraw-hill.com

Hay 4 conejos jugando juntos.
Se van saltando 2 conejos.

¿Cuántos conejos quedan jugando cerca de las zanahorias?
2 conejos

Práctica

Cuenta un cuento de números. Si es necesario, usa monedas de 1¢ para representar. Escribe cuántos quedan.

1.

¿Cuántos pájaros quedan en la ventana? ______ pájaros

Cuenta un cuento de números. Si es necesario, usa monedas de 1¢ para representar. Escribe cuántos quedan.

2.

¿Cuántos animales siguen tomando agua?

_______ animales

3.

¿Cuántos animales se quedan quietos?

_______ animales

Práctica para la prueba

4. Hay 8 hipopótamos en una laguna. Salen 5 hipopótamos. ¿Cuántos hipopótamos quedan en la laguna?

9	6	3	0
○	○	○	○

Las mates en casa Cuente cuentos de resta a su niño o niña. Pídale que use objetos, como animales de peluche, carros de juguete o crayones, para representar los cuentos.

Nombre ....

Representar la resta

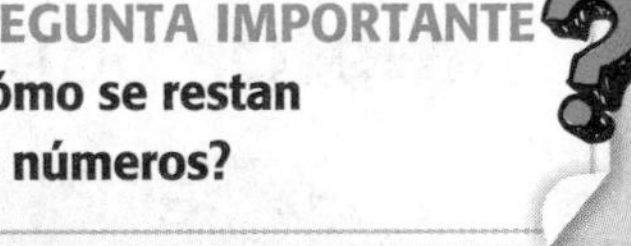

Lección 2

PREGUNTA IMPORTANTE
¿Cómo se restan los números?

Explorar y explicar

Parte	Parte
8	____
Total	
10	

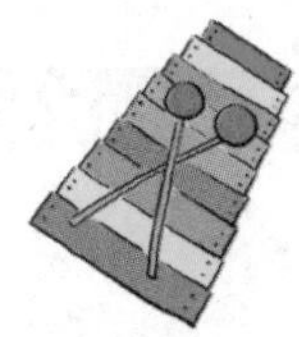
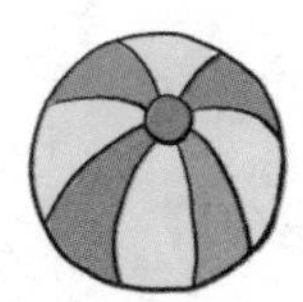

Instrucciones para el maestro: Pida a los niños que usen ●● para representar. Diga: *Hay 10 juguetes en una caja. Marty saca 8 juguetes de la caja.* Pregunte: *¿Cuántos juguetes quedan?* Pídales que escriban el número.

Ver y mostrar

PRÁCTICAS matemáticas

Cuando conoces el total y una parte, puedes **restar** para hallar la otra parte.

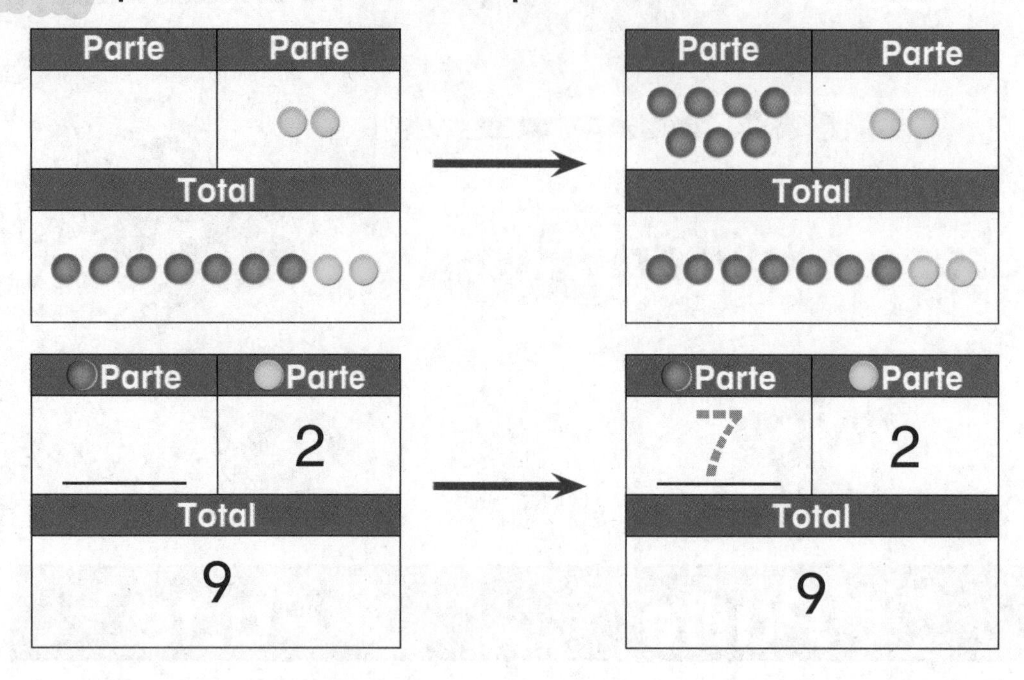

Usa el tablero de trabajo 3 y ●● **para restar.**

1.

Parte	Parte
4	____
Total	
5	

2.

Parte	Parte
____	6
Total	
8	

Habla de las mates Tienes 10 fichas. De estas, 3 son amarillas. Di cómo usarías el tablero parte-parte-total para hallar cuántas son rojas. Explica tu respuesta.

Parte	Parte
	____
Total	

Nombre ....

CCSS

Por mi cuenta

Usa el tablero de trabajo 3 y ●● para restar.

3.

Parte	Parte
3	____
Total	
8	

4.

Parte	Parte
____	3
Total	
7	

5.

Parte	Parte
4	____
Total	
9	

6.

Parte	Parte
____	1
Total	
4	

7.

Parte	Parte
4	____
Total	
6	

8.

Parte	Parte
____	3
Total	
5	

9.

Parte	Parte
____	5
Total	
10	

10.

Parte	Parte
1	____
Total	
7	

Resolución de problemas

PRÁCTICAS matemáticas

Resuelve. Si es necesario, usa el tablero de trabajo 3 y ●●.

11. Clara vio 6 águilas en una rama. Volaron 2 águilas. ¿Cuántas águilas quedaron en la rama?

_____ águilas

12. Hay 10 cocodrilos en una laguna. Salen 3. ¿Cuántos cocodrilos quedan en la laguna?

_____ cocodrilos

Las mates en palabras El total es 10 y una de las partes es 10. ¿Cuál es la otra parte? Explica tu respuesta.

Nombre ....

Mi tarea

Lección 2
Representar la resta

Asistente de tareas

¿Necesitas ayuda? connectED.mcgraw-hill.com

Cuando conoces el total y una de las partes, puedes restar para hallar la otra parte.

Parte	Parte
Total	

→

Parte	Parte
7	1
Total	
8	

Práctica

Usa monedas de 1¢ para restar. Escribe el número.

1.

Parte	Parte
1	____
Total	
5	

2.

Parte	Parte
2	____
Total	
10	

3.

Parte	Parte
1	____
Total	
6	

4.

Parte	Parte
6	____
Total	
9	

Usa monedas de 1¢ para restar. Escribe el número.

5.

Parte	Parte
6	____
Total	
7	

6.

Parte	Parte
4	____
Total	
8	

7. Hay 7 monos colgados de una rama. Se van 3 monos. ¿Cuántos monos quedan en la rama?

____ monos

8. Hay 9 micos comiendo plátanos. Deja de comer 1 mico. ¿Cuántos micos siguen comiendo plátanos?

____ micos

Comprobación del vocabulario

Encierra en un círculo la respuesta correcta.

restar **sumar**

9. Conoces el total y una parte. Puedes ____________ para hallar la otra parte.

Las mates en casa Pida a su niño o niña que use objetos pequeños, como cereal o frijoles, para representar la resta.

Nombre

Enunciados de resta

Lección 3

PREGUNTA IMPORTANTE
¿Cómo se restan los números?

¡Tiempo!

Explorar y explicar

Instrucciones para el maestro: Pida a los niños que usen para representar. Diga: *Hay 7 cebras jugando en un campo. Se meten a la laguna 5 cebras.* Pídales que dibujen una X sobre las cebras que se meten a la laguna. Pregunte: *¿Cuántas cebras siguen jugando en el campo?* Dígales que escriban el enunciado de resta.

Ver y mostrar

PRÁCTICAS matemáticas

Puedes escribir un enunciado de resta.

Mira

Di 5 **menos** 2 es igual a 3.

Escribe   – 2 = 

5 – 2 = 3 es un **enunciado de resta**.

3 es la **diferencia**.

Escribe un enunciado de resta.

1.

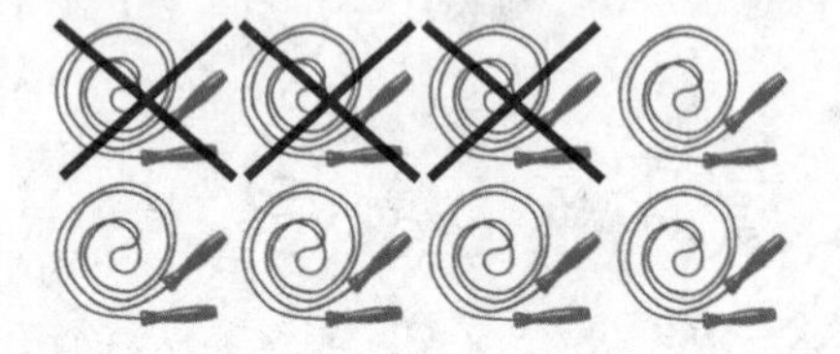

___ ◯ ___ ◯ ___

2.

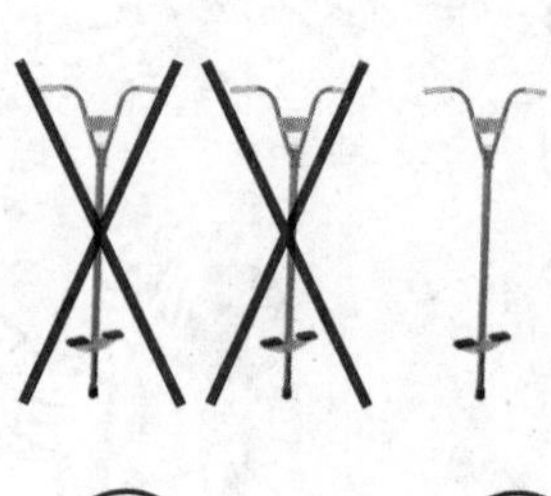

___ ◯ ___ ◯ ___

3.

___ ◯ ___ ◯ ___

4.

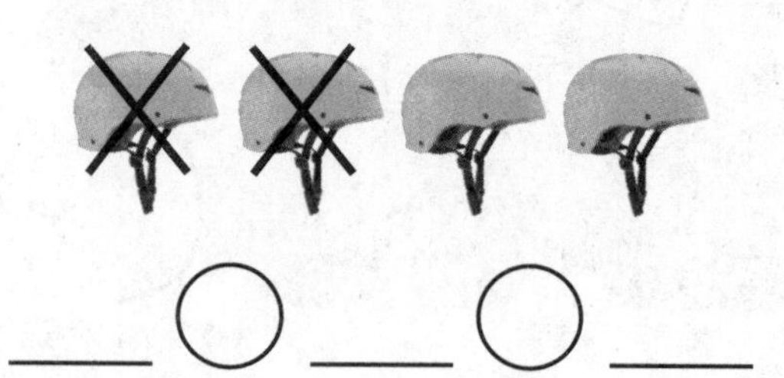

___ ◯ ___ ◯ ___

Habla de las mates ¿Qué significa el signo –?

CCSS

Nombre ....

Por mi cuenta

Escribe un enunciado de resta.

5. ___ ◯ ___ ◯ ___

6. ___ ◯ ___ ◯ ___

7. ___ ◯ ___ ◯ ___

8. ___ ◯ ___ ◯ ___

9. ___ ◯ ___ ◯ ___

10. ___ ◯ ___ ◯ ___

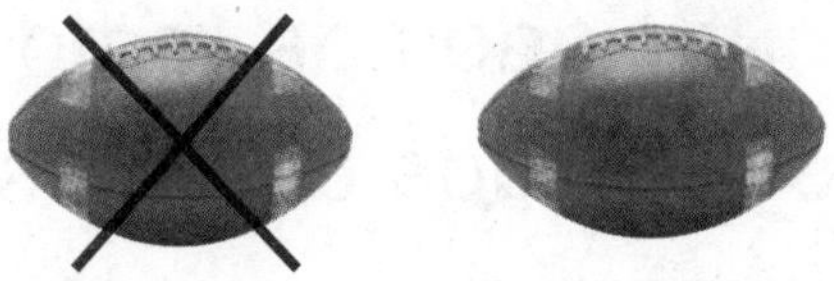

11. ___ ◯ ___ ◯ ___

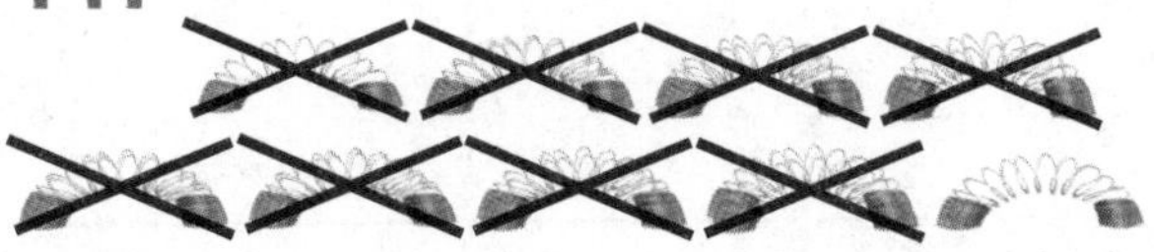

12. ___ ◯ ___ ◯ ___

Resolución de problemas

13. Hay 5 carros corriendo. Se detienen 2 carros. ¿Cuántos carros siguen corriendo?

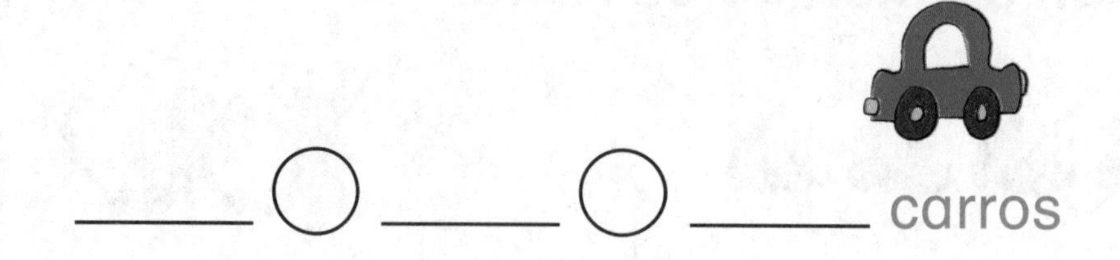

_____ ◯ _____ ◯ _____ carros

14. Carla tiene 4 cohetes. Regala algunos cohetes y le queda 1. ¿Cuántos cohetes regaló?

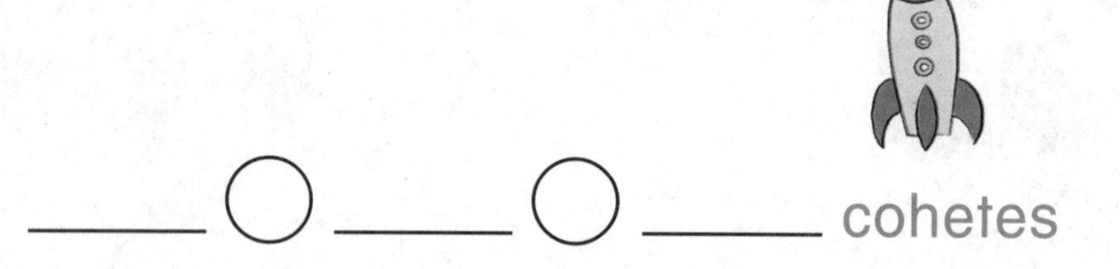

_____ ◯ _____ ◯ _____ cohetes

Problema S.O.S. Escribe todos los enunciados de resta que puedas usando dos de estos números a la vez.

Nombre ....

Mi tarea

Lección 3
Enunciados de resta

Asistente de tareas

¿Necesitas ayuda? connectED.mcgraw-hill.com

Puedes escribir un enunciado de resta.

$8 - 2 = 6$

Práctica

Escribe un enunciado de resta.

1.

____ ○ ____ ○ ____

2.

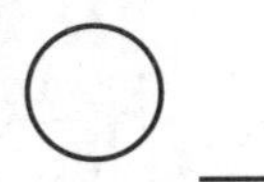

____ ○ ____ ○ ____

3.

____ ○ ____ ○ ____

4.

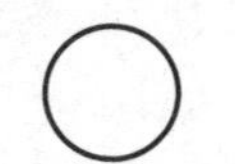

____ ○ ____ ○ ____

Escribe un enunciado de resta.

5.

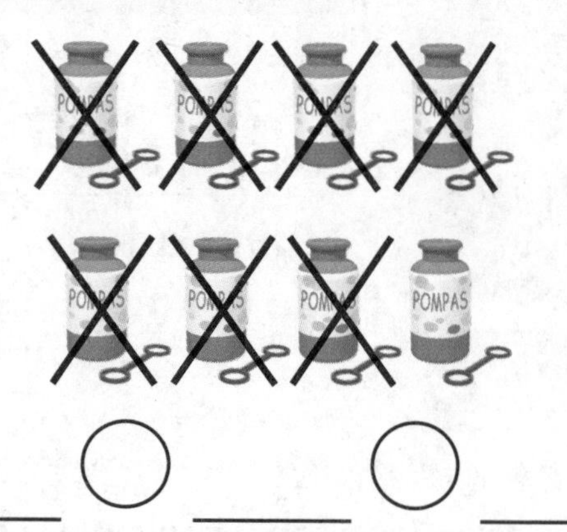

___ ◯ ___ ◯ ___

6.

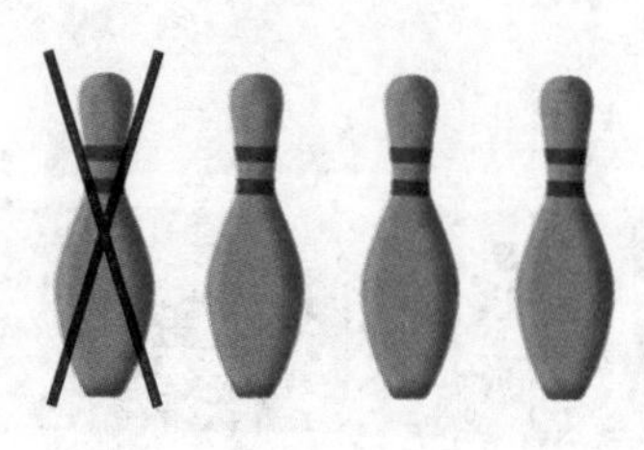

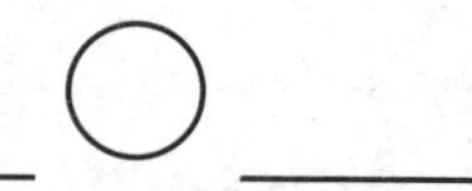

___ ◯ ___ ◯ ___

7. Hay 7 elefantes en una laguna. Salen 3 elefantes. ¿Cuántos elefantes quedan?

___ ◯ ___ ◯ ___ elefantes

Comprobación del vocabulario

Completa las oraciones.

diferencia **enunciado de resta**

8. 6 – 4 = 2 es un ______________________
______________.

9. En 3 – 2 = 1, la ______________________ es 1.

Las mates en casa Pida a su niño o niña que represente cuentos de resta usando botones, frijoles o cereal. Pídale que escriba enunciados de resta para los cuentos.

Nombre

Restar 0 y todo

Lección 4

PREGUNTA IMPORTANTE
¿Cómo se restan los números?

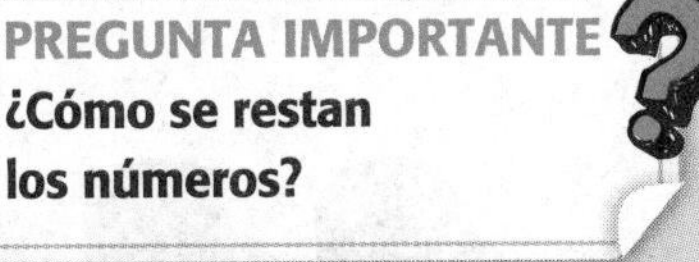

Explorar y explicar

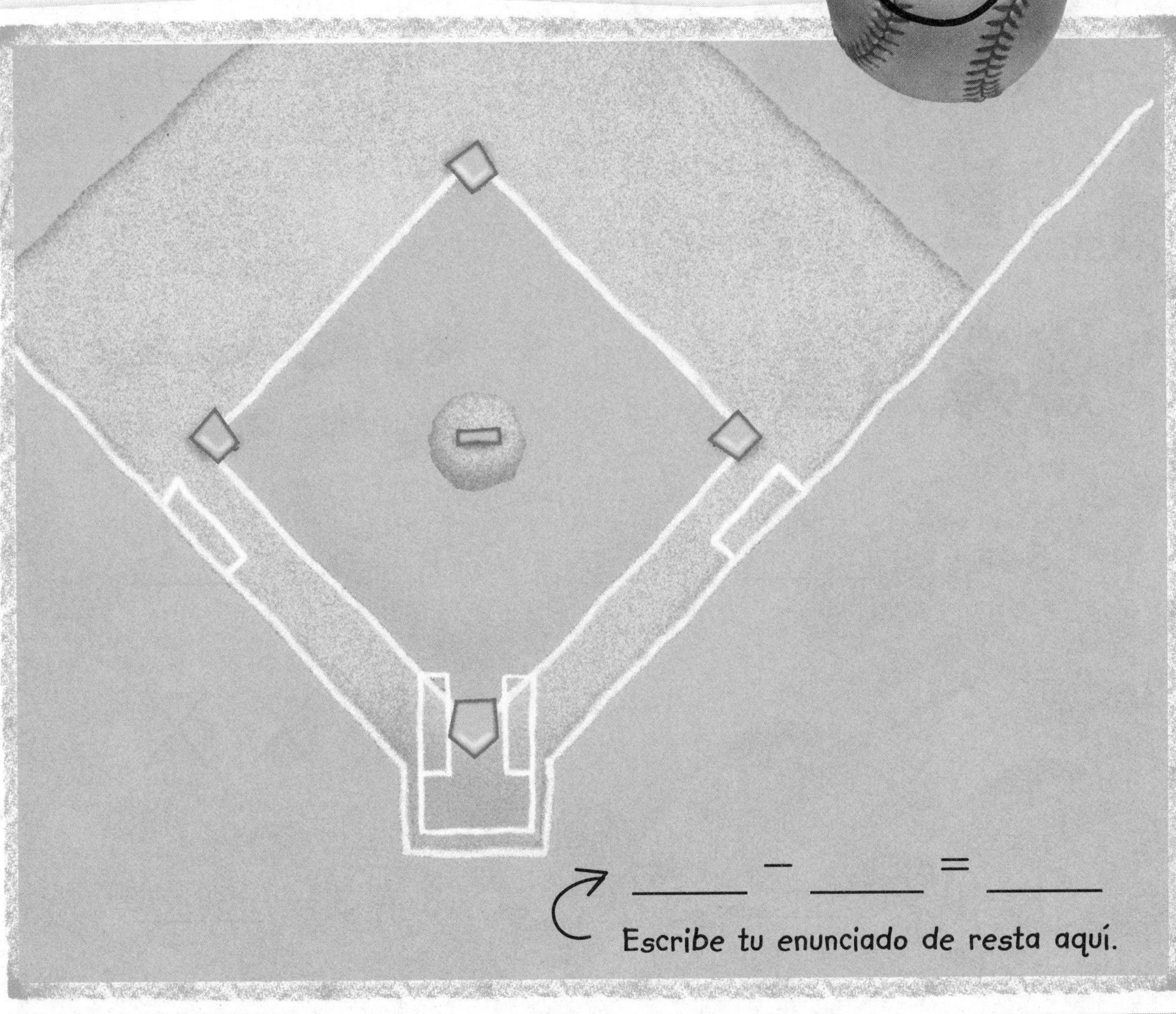

Instrucciones para el maestro: Pida a los niños que usen [fichas] para representar. Diga: *Un equipo tenía 6 pelotas de béisbol en su juego. Perdieron 6 de ellas.* Pregunte: *¿Cuántas pelotas de béisbol quedan?* Pídales que dibujen el contorno de las fichas y que marquen con una X las pelotas de béisbol que se perdieron. Dígales que escriban el enunciado de resta.

Ver y mostrar

PRÁCTICAS matemáticas

Cuando restas 0, te queda el mismo número.

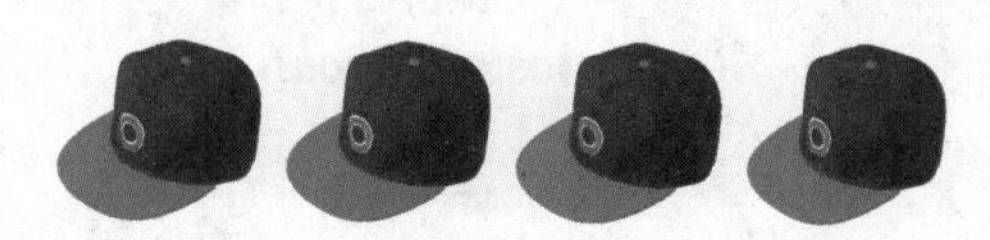

4 – 0 = 4

Cuando restas todo, te queda 0.

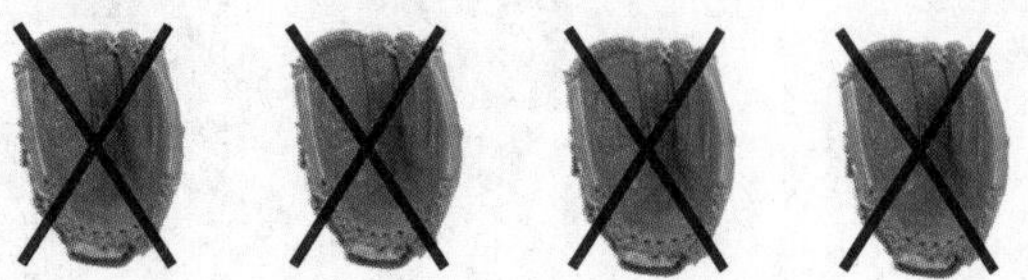

4 – 4 = 0

Resta.

1.

5 – 5 = ______

2.

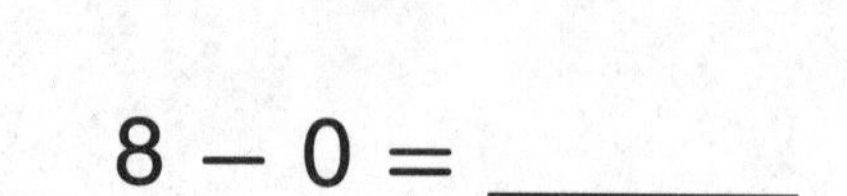

8 – 0 = ______

3.

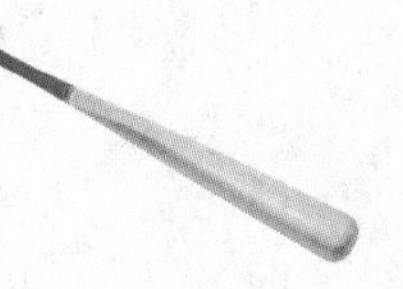

1 – 0 = ______

4.

3 – 3 = ______

Habla de las mates ¿Por qué obtienes cero cuando restas todo? Explica tu respuesta.

Nombre

Por mi cuenta

Resta.

5.   

3 – 0 = ______

6. 

9 – 9 = ______

7. 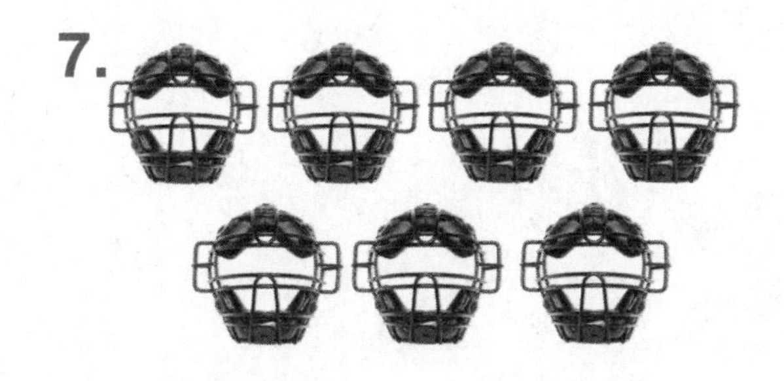

7 – 0 = ______

8. 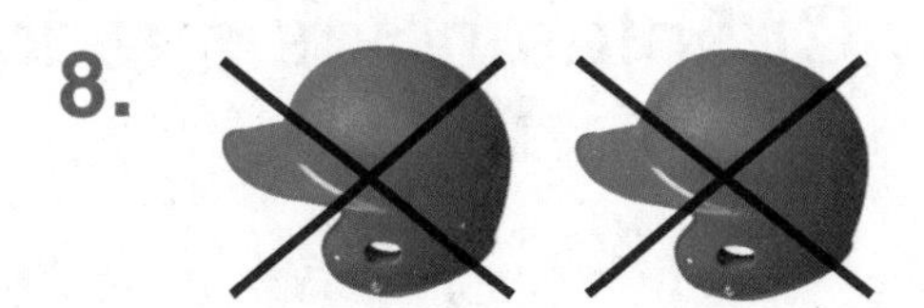

2 – 2 = ______

9. 8 – 0 = ______

10. 3 – 3 = ______

11. 6 – 6 = ______

12. 4 – 0 = ______

13. 7 – 7 = ______

14. 1 – 1 = ______

15. 9 – 0 = ______

16. 5 – 0 = ______

Resolución de problemas

Escribe un enunciado de resta.

17. Hay 9 osos acostados. Se van 0 osos. ¿Cuántos osos siguen acostados?

______ − ______ = ______ osos

18. Un koala encuentra 7 hojas en el suelo. El koala se come 7 hojas. ¿Cuántas hojas quedan?

______ − ______ = ______ hojas

Problema S.O.S. Un loro tiene 6 loritos en un nido. Vuelan 0 loritos. La respuesta es 6 loritos. ¿Cuál es la pregunta?

Nombre ....

Mi tarea

Lección 4
Restar 0 y todo

Asistente de tareas

¿Necesitas ayuda? connectED.mcgraw-hill.com

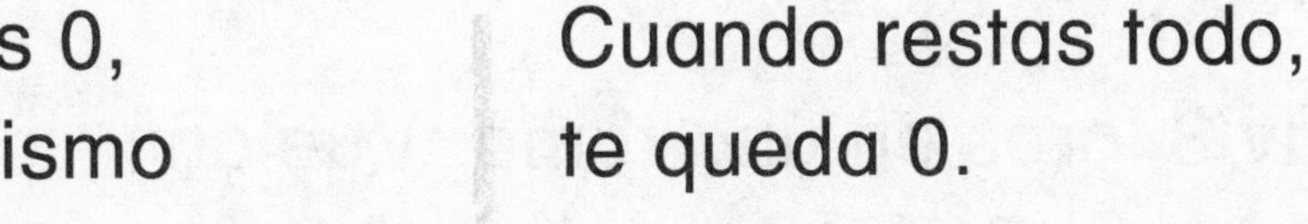

Cuando restas 0, te queda el mismo número.

4 − 0 = 4

Cuando restas todo, te queda 0.

4 − 4 = 0

Práctica

Resta.

1\.

5 − 0 = ______

2\.

6 − 6 = ______

3\.

3 − 3 = ______

4\.

7 − 0 = ______

Resta.

5. $1 - 0 =$ ______

6. $9 - 9 =$ ______

7. $7 - 7 =$ ______

8. $6 - 0 =$ ______

9. $5 - 0 =$ ______

10. $8 - 8 =$ ______

11. Hay 8 loros en una rama. Vuelan 0 loros. ¿Cuántos loros quedan en la rama?

______ loros

Práctica para la prueba

12. Hay 9 lagartijas en una hoja. Se van 9 de ellas. ¿Cuántas lagartijas siguen en la hoja?

18	9	5	0
○	○	○	○

Las mates en casa Dé a su niño o niña 3 objetos. Pídale que use los objetos para mostrar 3 – 0 y 3 – 3.

Nombre ....

Resta vertical

Lección 5

PREGUNTA IMPORTANTE
¿Cómo se restan los números?

Explorar y explicar

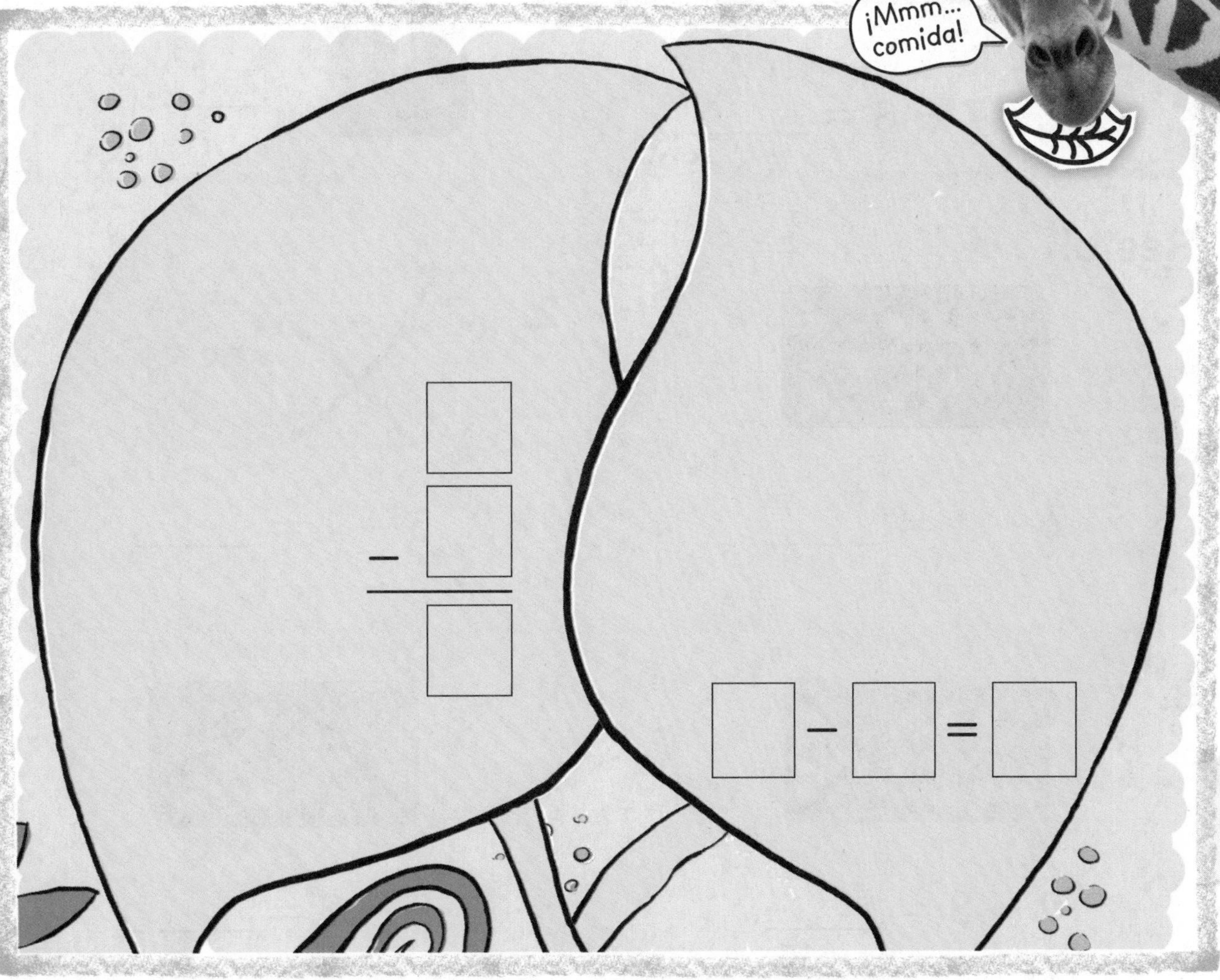

Instrucciones para el maestro: Pida a los niños que usen ●● para representar. Diga: *En cada hoja se posaron 4 insectos. Luego, 3 insectos volaron de cada hoja.* Pregunte: *¿Cuántos insectos quedan en cada hoja?* Pídales que dibujen el contorno de las fichas que usaron y que dibujen una X en las fichas para mostrar los insectos que volaron. Dígales que escriban los enunciados de resta.

Ver y mostrar

PRÁCTICAS matemáticas

Puedes restar de forma horizontal o vertical. Cuando se usan los mismos números, la respuesta es igual.

Pista
Puedes escribir los enunciados de resta de dos formas.

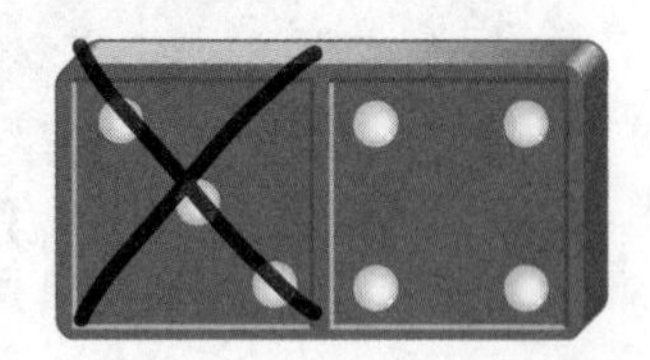

$7 - 3 = $ 4

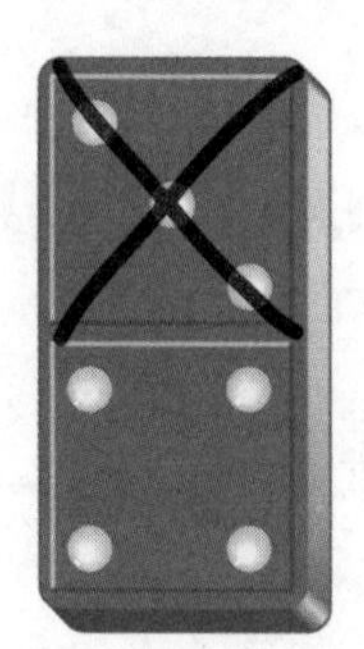

$$\begin{array}{r} 7 \\ -\ 3 \\ \hline \boxed{4} \end{array}$$

Resta.

1. 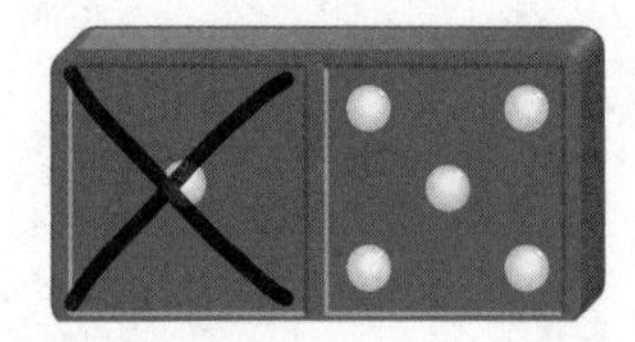

   $6 - 1 = $ _____

2. 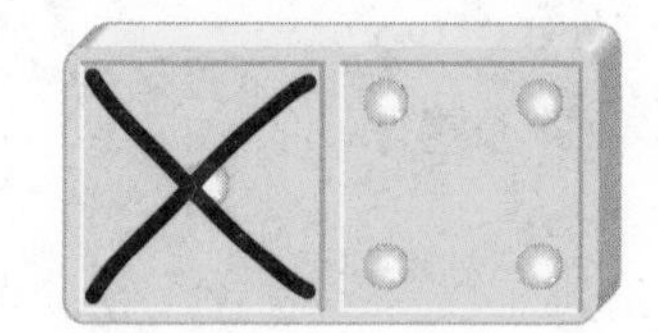

   $5 - 1 = $ _____

3. 

   $9 - 3 = $ _____

4. 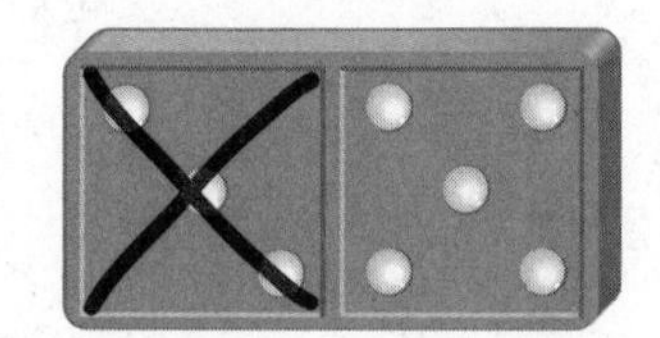

   $8 - 3 = $ _____

Habla de las mates ¿En qué se parecen la resta de forma vertical y la resta de forma horizontal?

Nombre ....

Por mi cuenta

¡Tu turno!

CCSS

Resta.

5.
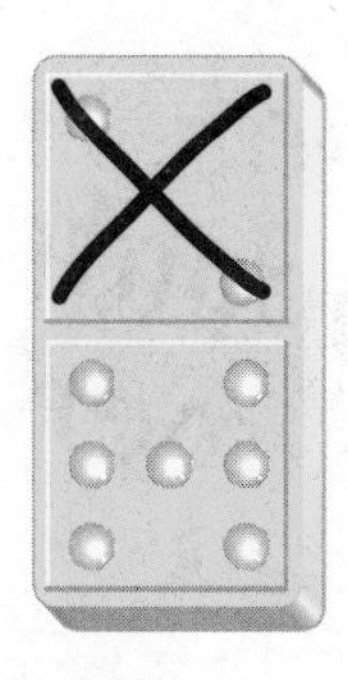

$$\begin{array}{r} 9 \\ -\ 2 \\ \hline \square \end{array}$$

6.

8 − 2 = ______

7.
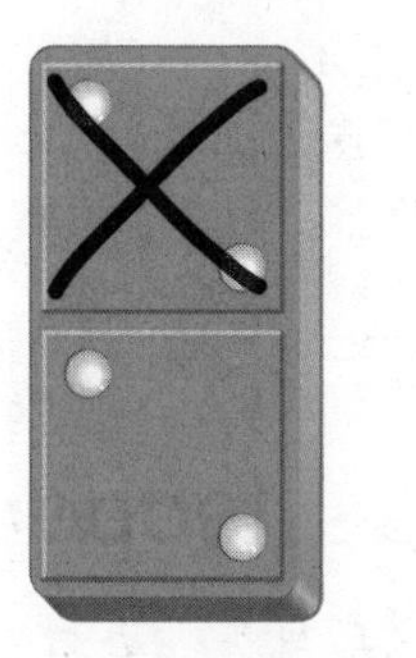

$$\begin{array}{r} 4 \\ -\ 2 \\ \hline \square \end{array}$$

8.

6 − 2 = ______

9.

7 − 5 = ______

10.
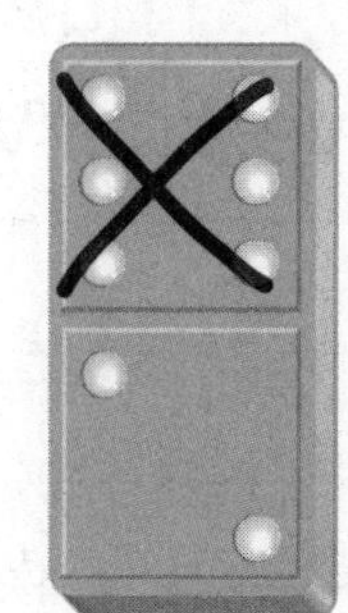

$$\begin{array}{r} 8 \\ -\ 6 \\ \hline \square \end{array}$$

11. 5 − 4 = ______

12. 8 − 5 = ______

13.
$$\begin{array}{r} 9 \\ -\ 1 \\ \hline \square \end{array}$$

14.
$$\begin{array}{r} 6 \\ -\ 6 \\ \hline \square \end{array}$$

Resolución de problemas

PRÁCTICAS matemáticas

Escribe un enunciado de resta.

15. Hay 8 cebras comiendo pasto. Dejan de comer 2 cebras. ¿Cuántas cebras siguen comiendo pasto?

¡Me encanta la merienda!

_____ − _____ = _____ cebras

16. Hay 9 leopardos en un campo. Se van 2 leopardos. ¿Cuántos leopardos siguen en el campo?

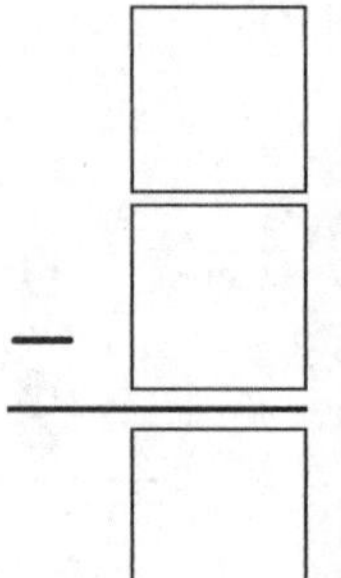

leopardos

Las mates en palabras ¿En qué se diferencian la resta de forma vertical y la resta de forma horizontal?

Nombre ....

Mi tarea

Lección 5
Resta vertical

Asistente de tareas

¿Necesitas ayuda? connectED.mcgraw-hill.com

Puedes restar de forma horizontal o vertical.

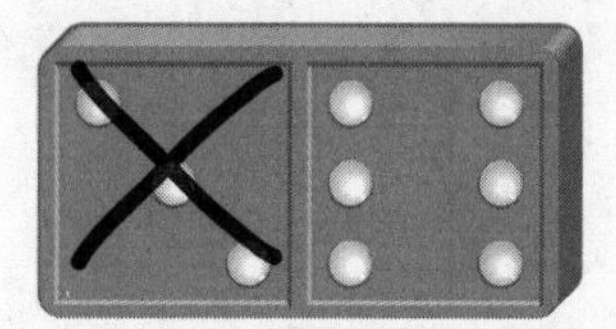

9 − 3 = 6

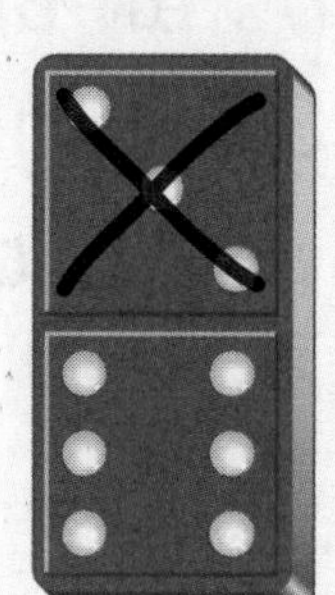

$$\begin{array}{r} 9 \\ -\ 3 \\ \hline 6 \end{array}$$

Práctica

Resta.

1. 

   6 − 2 = ______

2. 

$$\begin{array}{r} 8 \\ -\ 6 \\ \hline \square \end{array}$$

3. 

$$\begin{array}{r} 4 \\ -\ 2 \\ \hline \square \end{array}$$

4. 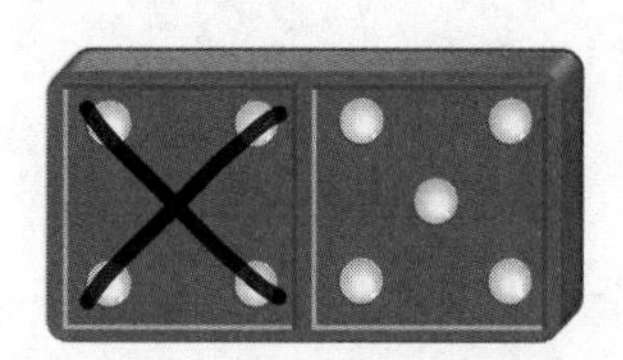

   9 − 4 = ______

Resta.

5. $3 - 1 =$ ______

6. $9 - 6 =$ ______

7. $\begin{array}{r} 7 \\ -\ 2 \\ \hline \end{array}$ ☐

8. $\begin{array}{r} 8 \\ -\ 1 \\ \hline \end{array}$ ☐

9. $\begin{array}{r} 2 \\ -\ 2 \\ \hline \end{array}$ ☐

10. Hay 7 mangos en un árbol. Diego toma 3 mangos. ¿Cuántos mangos quedan en el árbol?

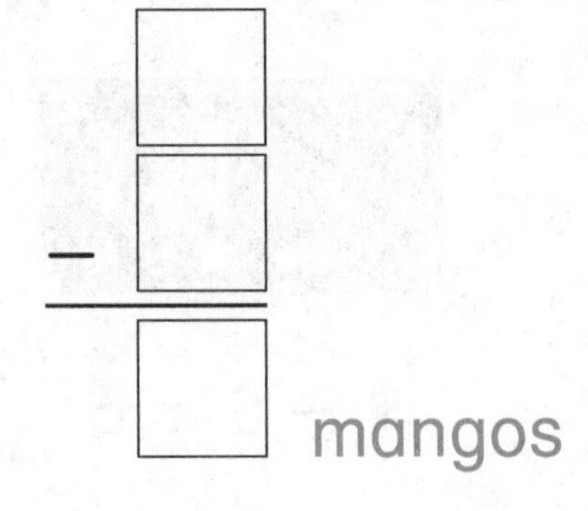

mangos

Práctica para la prueba

11. ¿Cuál enunciado numérico se muestra?

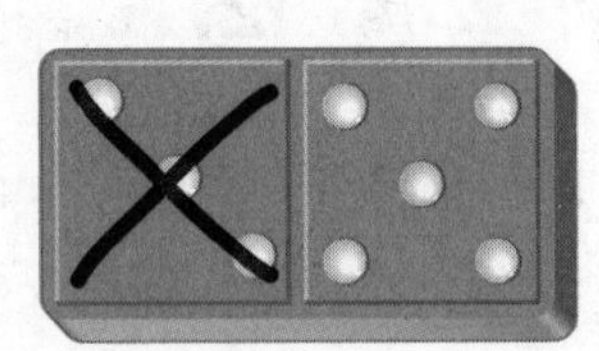

$5 - 3 = 2$	$8 - 3 = 5$	$3 - 3 = 0$	$3 + 5 = 8$
○	○	○	○

Las mates en casa Use 9 objetos pequeños. Muestre la resta quitando algunos de los objetos. Pida a su niño o niña que escriba la resta de forma vertical y horizontal.

Nombre

Compruebo mi progreso

Comprobación del vocabulario

Traza líneas para relacionar.

1. **restar**	–
2. **signo menos**	Quitar parte del total.
3. **enunciado de resta**	Resultado de un problema de resta.
4. **diferencia**	$6 - 5 = 1$

Comprobación del concepto

Cuenta un cuento de números. Escribe cuántos quedan.

5.

¿Cuántos hipopótamos quedan en el agua?

_____ hipopótamos

Escribe un enunciado de resta.

6.     

____ ○ ____ ○ ____

Resta.

7. 

$$\begin{array}{r} 9 \\ -\ 3 \\ \hline \square \end{array}$$

8. 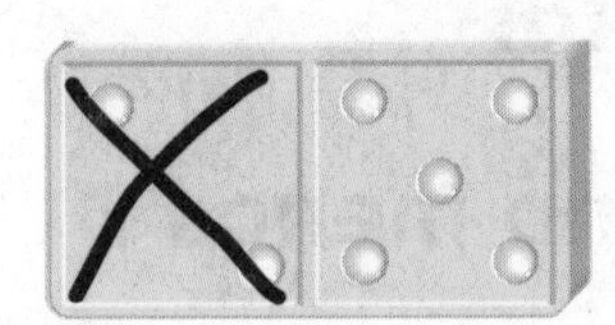

$7 - 2 =$ ____

9. Hay 5 monos en un árbol.
Se van del árbol 0 monos.
¿Cuántos monos quedan?

____ monos

Práctica para la prueba

10. Hay 9 búhos. Se van volando 3 búhos. ¿Cuántos búhos quedan?

6 búhos	11 búhos	7 búhos	12 búhos
○	○	○	○

Nombre ....

Resolución de problemas

ESTRATEGIA: Dibujar un diagrama

Lección 6

PREGUNTA IMPORTANTE
¿Cómo se restan los números?

Abby tiene 5 gomas de borrar. Le regala 2 a Matt. ¿Cuántas gomas de borrar le quedan a Abby?

¡Nosotros limpiaremos!

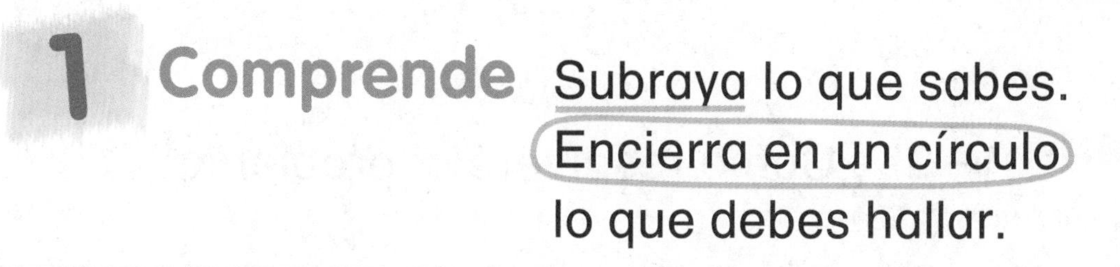

1 Comprende Subraya lo que sabes. Encierra en un círculo lo que debes hallar.

2 Planea ¿Cómo resolveré el problema?

3 Resuelve Voy a dibujar un diagrama.

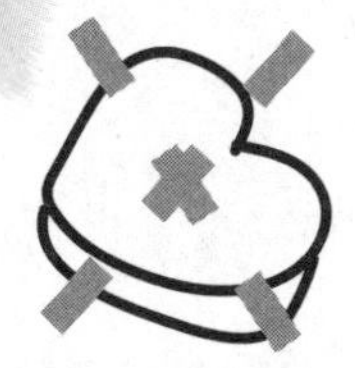    

______ gomas de borrar

4 Comprueba ¿Es razonable mi respuesta? ¿Por qué?

Practica la estrategia

Lila tiene 8 juguetes. Deja que Rex juegue con 3 de ellos. ¿Cuántos juguetes le quedan a Lila?

1 Comprende Subraya lo que sabes. Encierra en un círculo lo que debes hallar.

2 Planea ¿Cómo resolveré el problema?

3 Resuelve Voy a...

_____ juguetes

4 Comprueba ¿Es razonable mi respuesta? ¿Por qué?

Nombre

PRÁCTICAS matemáticas

CCSS

Aplica la estrategia

Dibuja un diagrama para resolver.

1. Nick tiene 6 cerezas. Come 3 cerezas. ¿Cuántas cerezas quedan?

_____ cerezas

2. Alberto compra 7 manzanas. Come 1 manzana. ¿Cuántas manzanas le quedan?

_____ manzanas

3. Hay 7 naranjas. Milo come algunas naranjas. Quedan 5 naranjas. ¿Cuántas naranjas comió Milo?

_____ naranjas

Repasa las estrategias

Escoge una estrategia

- Dibujar un diagrama.
- Representar.
- Escribir un enunciado numérico.

4. Lena tiene 6 libros. Le regala 2 libros a su hermana. ¿Cuántos libros le quedan a Lena?

_____ libros

5. Jessica atrapa 4 ranas. Escapan 3 ranas. ¿Cuántas ranas tiene Jessica ahora?

_____ rana

6. Marcos comió 5 galletas. Shani comió algunas galletas. Juntos comieron 9 galletas. ¿Cuántas galletas comió Shani?

_____ galletas

Nombre ....

Mi tarea

Lección 6

Resolución de problemas: Dibujar un diagrama

Asistente de tareas

¿Necesitas ayuda? connectED.mcgraw-hill.com

Alicia ve 6 pájaros en un árbol. Vuelan 3 pájaros. ¿Cuántos pájaros siguen en el árbol?

1 Comprende Subraya lo que sabes. Encierra en un círculo lo que debes hallar.

2 Planea ¿Cómo resolveré el problema?

3 Resuelve Voy a dibujar un diagrama.

3 pájaros

4 Comprueba ¿Es razonable mi respuesta?

Resolución de problemas

Subraya lo que sabes. Encierra en un círculo lo que debes hallar. Dibuja un diagrama para resolver.

1. Hay 9 ranas en un árbol. Se van saltando 4 de las ranas. ¿Cuántas ranas quedan en el árbol?

_____ ranas

2. Max ve 7 mariposas en una flor. Se van volando 5 de ellas. ¿Cuántas mariposas quedan?

_____ mariposas

3. Hay 8 pandas sentados cerca de un árbol. Se van 4 de ellos. ¿Cuántos pandas siguen cerca del árbol?

_____ pandas

Las mates en casa Dé a su niño o niña un problema de resta sencillo y pídale que lo resuelva con un dibujo.

Nombre ....

Comparar grupos

Lección 7

PREGUNTA IMPORTANTE
¿Cómo se restan los números?

¡Puedo ayudar!

Explorar y explicar

Instrucciones para el maestro: Diga a los niños: *Miren el dibujo. Coloquen un* [cubo] *sobre cada pájaro. Coloquen un* [cubo] *sobre cada mono. Cuenten y escriban cuántos animales hay de cada uno. Encierren en un círculo el número que sea mayor.*

Ver y mostrar

PRÁCTICAS matemáticas

Puedes restar para **comparar** grupos.

Hay 6 cebras. Hay 2 elefantes.
¿Cuántas cebras más que elefantes hay?

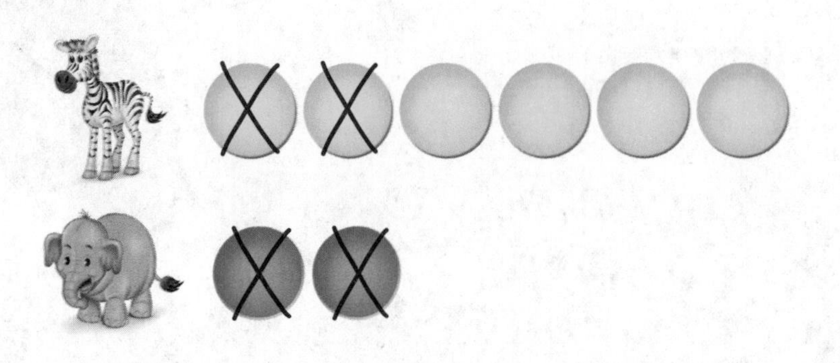

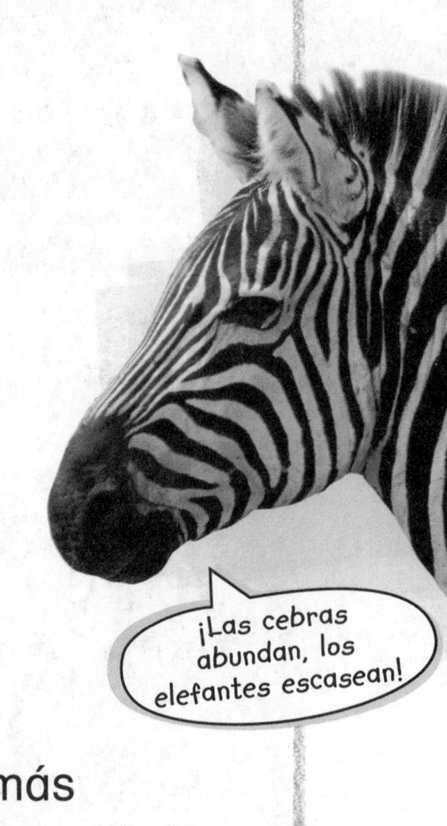

6 – 2 = 4 cebras más

4 elefantes menos

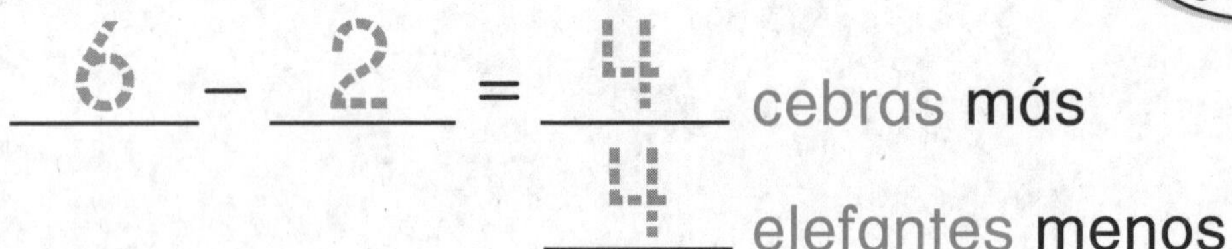

Usa ●●. Escribe un enunciado de resta. Escribe cuántos más o menos hay.

1. Hay 7 jirafas. Hay 2 rinocerontes.
   ¿Cuántas jirafas más que rinocerontes hay?

   ______ – ______ = ______ jirafas más

Habla de las mates ¿Qué sucede cuando comparas grupos iguales?

Nombre

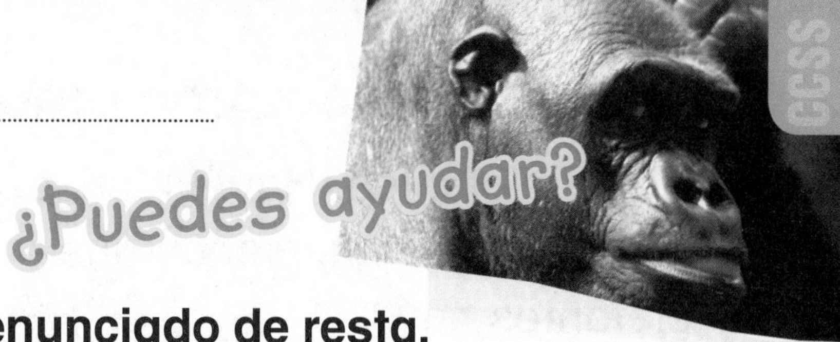

Por mi cuenta

Usa ●●. Escribe el enunciado de resta.
Escribe cuántos más o menos hay.

2. Hay 5 leopardos. Hay 3 gorilas.
¿Cuántos gorilas menos que leopardos hay?

_____ − _____ = _____ gorilas menos

3. Hay 9 mariposas negras. Hay 5 mariposas amarillas. ¿Cuántas mariposas amarillas menos que negras hay?

_____ − _____ = _____ mariposas amarillas menos

4. Hay 6 tigres. Hay 2 chitas.
¿Cuántos tigres más que chitas hay?

_____ − _____ = _____ tigres más

Resolución de problemas

5. Hay 8 elefantes. Hay 4 leones. ¿Cuántos leones menos que elefantes hay?

______ leones menos

6. Hay 9 monos y 8 loros en un árbol. ¿Cuántos monos más que loros hay?

______ mono más

Las mates en palabras ¿Cómo puedes usar la resta para comparar grupos?

Nombre ....

Mi tarea

Lección 7
Comparar grupos

Asistente de tareas

¿Necesitas ayuda? connectED.mcgraw-hill.com

Hay 4 osos. Hay 3 zorros.
¿Cuántos osos más que
zorros hay?

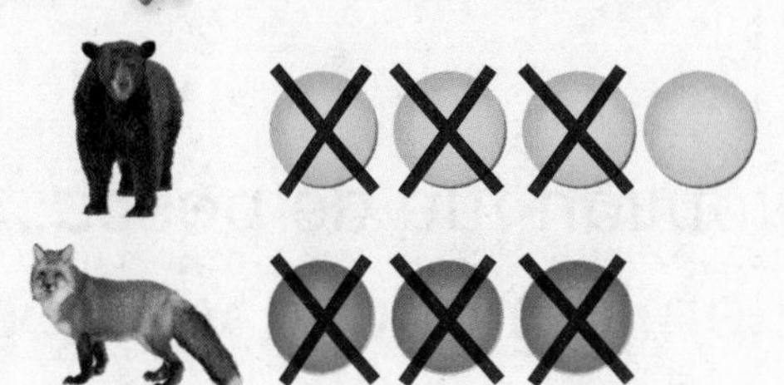

4 − 3 = 1 oso más

Práctica

Escribe un enunciado de resta.
Escribe cuántos más o menos hay.

1. Hay 4 serpientes. Hay 2 chimpancés.
¿Cuántos chimpancés menos que
serpientes hay?

______ − ______ = ______ chimpancés menos

2. Sonia comió 3 plátanos. Seth
comió 2 plátanos. ¿Cuántos
plátanos menos comió Seth que Sonia?

______ − ______ = ______ plátano menos

Escribe un enunciado de resta.
Escribe cuántos más o menos hay.

3. Hay 5 ranas en un estanque y 3 ranas en la tierra. ¿Cuántas ranas más hay en el estanque que en la tierra?

_____ – _____ = _____ ranas más

4. Julián fue de pesca. Pescó 7 peces en la mañana y 6 peces en la tarde. ¿Cuántos peces menos pescó en la tarde que en la mañana?

_____ – _____ = _____ pez menos

Comprobación del vocabulario

Encierra en un círculo la respuesta correcta.

comparar **sumar**

5. Resta dos grupos diferentes de manera que puedas _____________ para hallar cuál grupo tiene más y cuál tiene menos.

Las mates en casa Salga a caminar. Recoja hojas u otros objetos que encuentre en la naturaleza. Forme dos grupos con menos de 9 objetos en cada uno. Pida a su niño o niña que diga cuántos más o cuántos menos hay.

Nombre ....

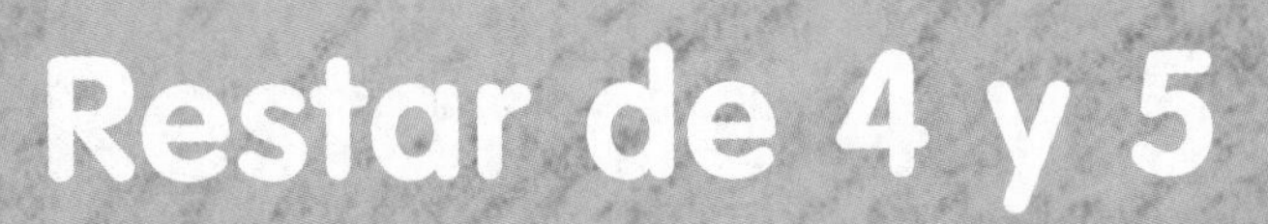

Restar de 4 y 5

Lección 8

PREGUNTA IMPORTANTE
¿Cómo se restan los números?

Explorar y explicar

¿Dónde está mi esnórquel?

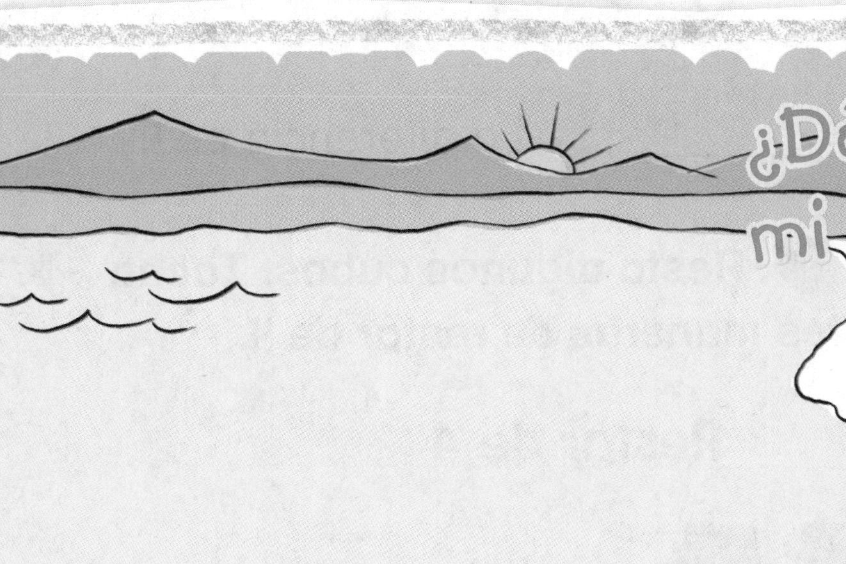

____ − ____ = ____

Escribe tu enunciado de resta aquí.

Instrucciones para el maestro: Pida a los niños que usen [cubos] para representar. Diga: *Hay 4 cocodrilos en un lago. Salen 3 cocodrilos.* Pregunte: *¿Cuántos cocodrilos siguen en el lago?* Pídales que dibujen el contorno de los cubos y que marquen con una X los cubos que muestran los cocodrilos que salen del lago. Dígales que escriban el enunciado de resta.

Ver y mostrar

PRÁCTICAS matemáticas

Puedes restar de 4 y 5.

Resta 2 de 4.

4 − 2 = 2 La diferencia es 2.

Resta 1 de 5.

5 − 1 = 4 La diferencia es 4.

Empieza con 4 . Resta algunos cubos. Tacha . Escribe diferentes maneras de restar de 4.

Restar de 4

1.  4 − ____ = ____

2. 4 − ____ = ____

3. 4 − ____ = ____

4. 4 − ____ = ____

Habla de las mates ¿Qué significa diferencia en la resta?

Nombre ____________________

CCSS

Por mi cuenta

Empieza con 5 cubos. Resta algunos cubos. Tacha cubos. Escribe diferentes maneras de restar de 5.

Restar de 5

5.      5 − ____ = ____

6.      5 − ____ = ____

7.      5 − ____ = ____

8.      5 − ____ = ____

9.      5 − ____ = ____

Resta. Usa el tablero de trabajo 3 y cubos.

10. $4 - 1 =$ ____

11. $5 - 2 =$ ____

12. $5 - 5 =$ ____

13. $4 - 2 =$ ____

14. $\begin{array}{r} 5 \\ -\ 3 \\ \hline \end{array}$

15. $\begin{array}{r} 5 \\ -\ 0 \\ \hline \end{array}$

16. $\begin{array}{r} 4 \\ -\ 4 \\ \hline \end{array}$

Resolución de problemas

PRÁCTICAS matemáticas

Escribe un enunciado de resta.

17. Juan dibuja 4 hipopótamos. Tacha 2.
¿Cuántos hipopótamos hay ahora?

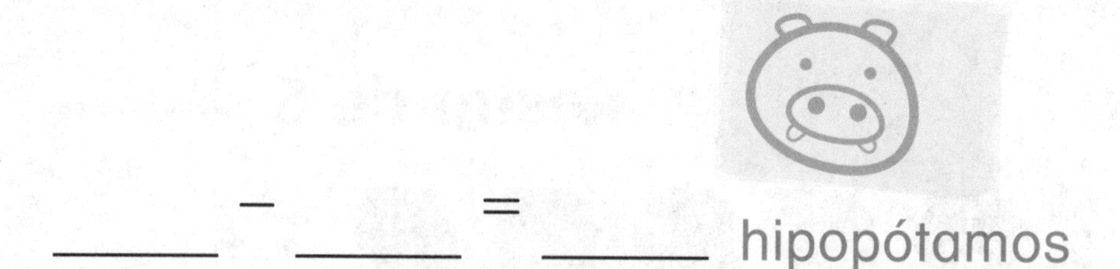

_____ − _____ = _____ hipopótamos

18. Billy dibuja 5 leones. Tacha 1.
¿Cuántos leones hay ahora?

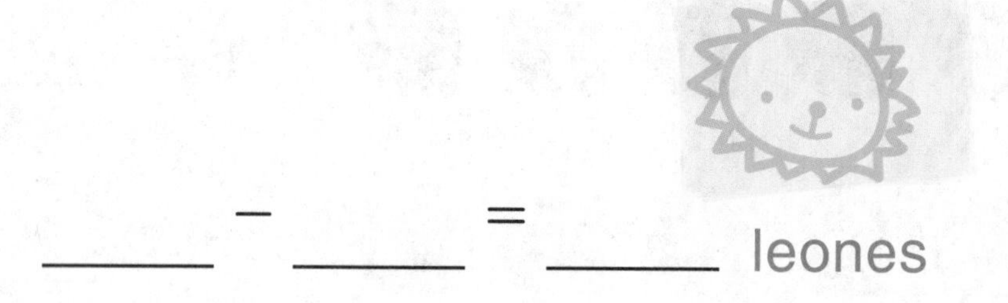

_____ − _____ = _____ leones

Problema S.O.S. Isabel escribió este enunciado de resta. Di por qué Isabel está equivocada. Corrígela.

5 - 2 = 4

Nombre ....

Mi tarea

Lección 8
Restar de 4 y 5

Asistente de tareas

¿Necesitas ayuda? connectED.mcgraw-hill.com

Puedes restar de 4 y 5.

$4 - 1 = 3$

$5 - 3 = 2$

Práctica

Escribe diferentes maneras de restar de 4 y 5.

1. 4 − ______ = ______
2. 4 − ______ = ______
3. 4 − ______ = ______
4. 4 − ______ = ______
5. 5 − ______ = ______
6. 5 − ______ = ______
7. 5 − ______ = ______
8. 5 − ______ = ______

Resta.

9. 5 − 3 = ______
10. 4 − 4 = ______

Resta.

11. $4 - 2 =$ ______

12. $5 - 1 =$ ______

13. $4 - 1 =$ ______

14. $5 - 4 =$ ______

15. $5 - 0 =$ ______

16. $4 - 3 =$ ______

17. $\begin{array}{r} 5 \\ -\ 5 \\ \hline \end{array}$

18. $\begin{array}{r} 5 \\ -\ 2 \\ \hline \end{array}$

19. $\begin{array}{r} 4 \\ -\ 0 \\ \hline \end{array}$

20. Chad alquiló 5 películas. Vio 3 películas. ¿Cuántas películas le quedan por ver?

______ películas

Práctica para la prueba

21. $4 - 4 =$ ______

0	1	6	8
○	○	○	○

Las mates en casa Dé a su niño o niña 5 objetos. Pídale que reste diferentes números de 4 o 5 y que diga la diferencia.

Nombre ....

Restar de 6 y 7

Lección 9

PREGUNTA IMPORTANTE
¿Cómo se restan los números?

¡Mantén tus ojos abiertos!

Explorar y explicar

Instrucciones para el maestro: Pida a los niños que usen cubos para representar. Diga: *Hay 7 monos comiendo plátanos. Dejan de comer 3 monos.* Pregunte: *¿Cuántos monos siguen comiendo plátanos?* Pídales que dibujen el contorno de los cubos que usaron y que marquen con una X los cubos que muestran los monos que dejan de comer. Dígales que escriban el número.

Ver y mostrar

PRÁCTICAS matemáticas

Puedes restar de 6 y 7.

Resta 3 de 6.

6 – 3 = 3   La diferencia es 3.

Resta 5 de 7.

7 – 5 = 2   La diferencia es 2.

Empieza con 6 ▪. Resta algunos cubos. Escribe diferentes maneras de restar de 6.

Restar de 6

1. 6 – _____ = _____	2. 6 – _____ = _____
3. 6 – _____ = _____	4. 6 – _____ = _____
5. 6 – _____ = _____	6. 6 – _____ = _____

Habla de las mates ¿Cómo puedes usar ▪ para mostrar la resta?

Nombre ....

Por mi cuenta

Empieza con 7 [cubo]. Resta algunos cubos.
Escribe diferentes maneras de restar de 7.

Restar de 7

7. 7 − _____ = _____

8. 7 − _____ = _____

9. 7 − _____ = _____

10. 7 − _____ = _____

11. 7 − _____ = _____

12. 7 − _____ = _____

Resta. Usa el tablero de trabajo 3 y [cubo].

13. 7 − 5 = _____

14. 6 − _____ = 4

15. 7 − _____ = 6

16. 6 − _____ = 0

17. $\begin{array}{r} 7 \\ -\ 0 \\ \hline \end{array}$

18. $\begin{array}{r} 7 \\ -\ 6 \\ \hline \end{array}$

19. $\begin{array}{r} 6 \\ -\ 5 \\ \hline \end{array}$

Resolución de problemas

Escribe un enunciado de resta para resolver.

20. Hay 7 rinocerontes bebiendo en una laguna. Dejan de beber 3 de ellos. ¿Cuántos rinocerontes siguen bebiendo?

______ – ______ = ______ rinocerontes

21. Hay 7 venados caminado en un campo. Se acuestan 5 venados. ¿Cuántos venados siguen caminando?

______ – ______ = ______ venados

Las mates en palabras ¿Qué sucede con el número de objetos que hay en un grupo cuando se restan? Explica tu respuesta.

Nombre ....

Mi tarea

Lección 9
Restar de 6 y 7

Asistente de tareas

¿Necesitas ayuda? connectED.mcgraw-hill.com

Puedes restar de 6 y 7.

$6 - 3 = 3$

$7 - 2 = 5$

Práctica

Escribe diferentes maneras de restar de 6 y 7.

1. 6 – ______ = ______
2. 6 – ______ = ______
3. 6 – ______ = ______
4. 6 – ______ = ______
5. 7 – ______ = ______
6. 7 – ______ = ______
7. 7 – ______ = ______
8. 7 – ______ = ______

Resta.

9. 6 – 1 = ______
10. 7 – 4 = ______

Resta.

11. $7 - 1 =$ ______

12. $7 - 4 =$ ______

13. $6 - 5 =$ ______

14. $7 - 7 =$ ______

15. $\begin{array}{r} 7 \\ -\ 6 \\ \hline \end{array}$

16. $\begin{array}{r} 7 \\ -\ 0 \\ \hline \end{array}$

17. $\begin{array}{r} 6 \\ -\ 1 \\ \hline \end{array}$

18. Hay 7 hormigas en un tronco. Se van 5 hormigas. ¿Cuántas hormigas quedan en el tronco?

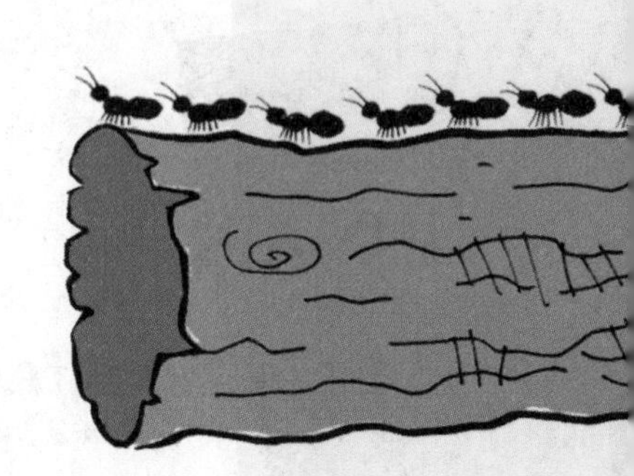

______ hormigas

Práctica para la prueba

19. Ben ve 6 loros en una rama. Vuelan 2 de ellos. ¿Cuántos loros quedan en la rama?

0 loros ○ 2 loros ○ 3 loros ○ 4 loros ○

Las mates en casa Reúna un grupo de 7 objetos. Pida a su niño o niña que le muestre cómo restar de 7. Pídale que escriba un enunciado de resta.

Nombre

Compruebo mi progreso

Comprobación del vocabulario

Encierra en un círculo la respuesta correcta.

comparar **diferencia**

1. Las palabras más y menos se pueden usar para ______ el número de objetos que hay en dos grupos diferentes.

Comprobación del concepto

Escribe un enunciado de resta.

2. 

______ – ______ = ______

3. 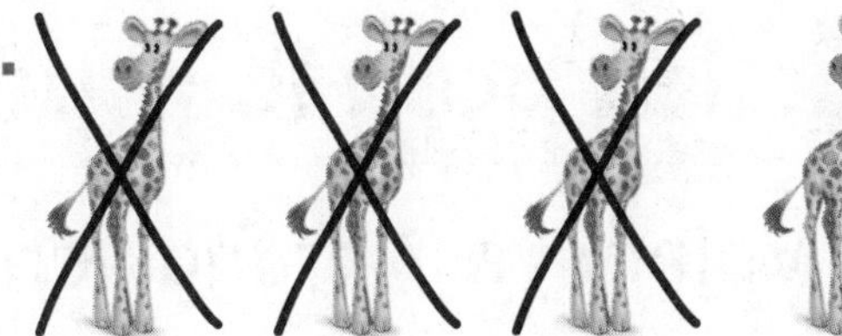

______ – ______ = ______

Resta.

4. $\begin{array}{r} 6 \\ -\ 4 \\ \hline \end{array}$

5. $\begin{array}{r} 4 \\ -\ 4 \\ \hline \end{array}$

6. $\begin{array}{r} 5 \\ -\ 1 \\ \hline \end{array}$

Resta.

7. $5 - 4 =$ ____

8. $6 - 0 =$ ____

9. $6 - 2 =$ ____

10. $7 - 7 =$ ____

11. $7 - 4 =$ ____

12. $4 - 2 =$ ____

13. Hay 6 escarabajos. Hay 4 mariposas. ¿Cuántas mariposas menos que escarabajos hay?

____ − ____ = ____ mariposas menos

Práctica para la prueba

14. Valery ve 7 orugas en una hoja. Se van 5 de ellas. ¿Cuántas orugas hay ahora en la hoja?

12 orugas

11 orugas

○

3 orugas

2 orugas

○

Nombre ....

Restar de 8

Lección 10

PREGUNTA IMPORTANTE
¿Cómo se restan los números?

¡Colguémonos!

Explorar y explicar

Instrucciones para el maestro: Pida a los niños que usen [cubo] para representar. Diga: *Hay 8 koalas en un árbol. Se van 6 koalas.* Pregunte: *¿Cuántos koalas siguen en el árbol?* Pídales que dibujen el contorno de los cubos y que marquen con una X el número de koalas que se van. Dígales que escriban el enunciado de resta.

Ver y mostrar

PRÁCTICAS matemáticas

Hay muchas maneras de restar de 8.

Resta 4 de 8.

8 − 4 = 4 La diferencia es 4.

Resta 6 de 8.

8 − 6 = 2 La diferencia es 2.

Empieza con 8 cubos. Resta algunos cubos. Escribe diferentes maneras de restar de 8.

Restar de 8

1. 8 − _____ = _____	**2.** 8 − _____ = _____
3. 8 − _____ = _____	**4.** 8 − _____ = _____
5. 8 − _____ = _____	**6.** 8 − _____ = _____

Habla de las mates ¿Cómo sabes que 8 − 5 = 3? Explica tu respuesta.

Nombre

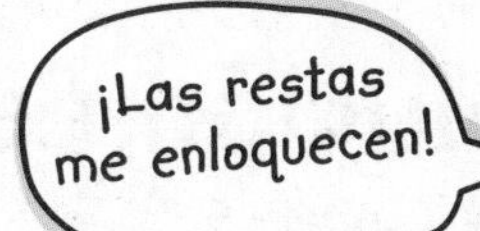

CCSS

Por mi cuenta

Usa el tablero de trabajo 3 y . Resta.

7. $7 - 3 =$ ______

8. $8 - 5 =$ ______

9. $8 - 1 =$ ______

10. $8 - 7 =$ ______

11. $8 - 0 =$ ______

12. $8 - 6 =$ ______

13. $8 - 2 =$ ______

14. $8 - 4 =$ ______

15. $8 - 8 =$ ______

16. $5 - 4 =$ ______

17. $\begin{array}{r} 8 \\ -\ 6 \\ \hline \end{array}$

18. $\begin{array}{r} 6 \\ -\ 2 \\ \hline \end{array}$

19. $\begin{array}{r} 7 \\ -\ 6 \\ \hline \end{array}$

20. $\begin{array}{r} 8 \\ -\ 0 \\ \hline \end{array}$

21. $\begin{array}{r} 6 \\ -\ 5 \\ \hline \end{array}$

22. $\begin{array}{r} 8 \\ -\ 3 \\ \hline \end{array}$

Resolución de problemas

Escribe un enunciado de resta para resolver.

23. Hay 8 jirafas bebiendo agua. Se van 3 jirafas. ¿Cuántas jirafas siguen bebiendo agua?

______ − ______ = ______ jirafas

24. Hay 6 lobos jugando en un campo. Se van corriendo 2 lobos. ¿Cuántos lobos quedan en el campo?

______ − ______ = ______ lobos

Problema S.O.S. Nina escribió este enunciado de resta. Di por qué Nina está equivocada. Corrígela.

Nombre

Mi tarea

Lección 10
Restar de 8

Asistente de tareas

¿Necesitas ayuda? connectED.mcgraw-hill.com

Hay muchas maneras de restar de 8.

8 − 7 = 1

8 − 4 = 4

Práctica

Escribe diferentes maneras de restar de 8.

1. 8 − ______ = ______
2. 8 − ______ = ______
3. 8 − ______ = ______
4. 8 − ______ = ______
5. 8 − ______ = ______
6. 8 − ______ = ______
7. 8 − ______ = ______
8. 8 − ______ = ______

Resta.

9. 8 − 3 = ______
10. 8 − 4 = ______

Resta.

11. $8 - 2 =$ ______

12. $7 - 4 =$ ______

13. $8 - 7 =$ ______

14. $5 - 5 =$ ______

15. $\begin{array}{r} 6 \\ -\ 3 \\ \hline \end{array}$

16. $\begin{array}{r} 7 \\ -\ 5 \\ \hline \end{array}$

17. $\begin{array}{r} 8 \\ -\ 8 \\ \hline \end{array}$

18. Fabio tiene 8 adhesivos de cebras.
Le regala 3 a su amigo. ¿Cuántos adhesivos le quedan a Fabio?

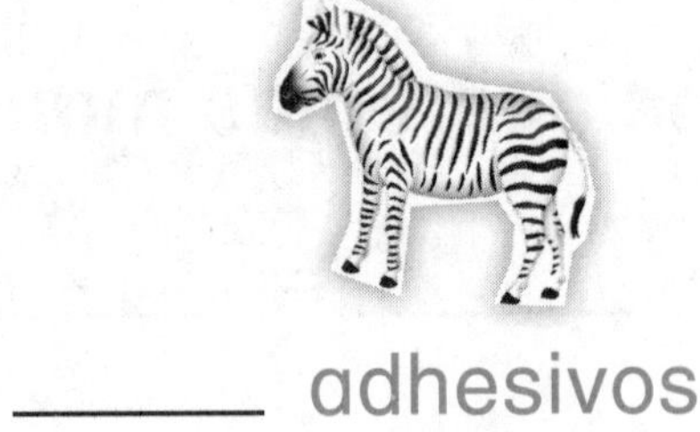

______ adhesivos

Práctica para la prueba

19. Hay 8 rinocerontes bebiendo.
Se van 6 rinocerontes. ¿Cuántos rinocerontes siguen bebiendo?

0 rinocerontes  2 rinocerontes  6 rinocerontes  14 rinocerontes 

Las mates en casa Reúna un grupo de 8 objetos. Pida a su niño o niña que le muestre todos los números que se pueden restar de 8. Pídale que escriba los enunciados de resta.

Nombre

Restar de 9

Lección 11

PREGUNTA IMPORTANTE
¿Cómo se restan los números?

Explorar y explicar

Instrucciones para el maestro: Pida a los niños que usen [cubos] para representar. Diga: *Hay 9 insectos en una flor. Se van volando 2 de ellos.* Pregunte: *¿Cuántos insectos quedan?* Pídales que dibujen el contorno de los cubos y que marquen con una X los insectos que se van volando. Dígales que escriban el enunciado de resta.

Ver y mostrar

PRÁCTICAS matemáticas

Hay muchas maneras de restar de 9.

Resta 3 de 9.

9 − 3 = 6 La diferencia es 6.

Resta 5 de 9.

9 − 5 = 4 La diferencia es 4.

Empieza con 9 cubos. Resta algunos cubos.
Escribe diferentes maneras de restar de 9.

Restar de 9

1. 9 − _____ = _____
2. 9 − _____ = _____
3. 9 − _____ = _____
4. 9 − _____ = _____
5. 9 − _____ = _____
6. 9 − _____ = _____
7. 9 − _____ = _____
8. 9 − _____ = _____

Habla de las mates ¿Cómo sabes cuándo restar?

Nombre

¡Miremos más de cerca!

CCSS

Por mi cuenta

Usa el tablero de trabajo 3 y . Resta.

9. 7 – 5 = ______

10. 9 – 3 = ______

11. 9 – 2 = ______

12. 5 – 3 = ______

13. 9 – 0 = ______

14. 9 – 5 = ______

15. 6 – 2 = ______

16. 9 – 4 = ______

17. 9 – 8 = ______

18. 7 – 7 = ______

19. $\begin{array}{r} 7 \\ -\ 0 \\ \hline \end{array}$

20. $\begin{array}{r} 9 \\ -\ 6 \\ \hline \end{array}$

21. $\begin{array}{r} 9 \\ -\ 9 \\ \hline \end{array}$

22. $\begin{array}{r} 9 \\ -\ 7 \\ \hline \end{array}$

23. $\begin{array}{r} 9 \\ -\ 1 \\ \hline \end{array}$

24. $\begin{array}{r} 9 \\ -\ 2 \\ \hline \end{array}$

Resolución de problemas

Resuelve. Si es necesario, usa el tablero de trabajo 3 y ▪**.**

25. Andrés tenía 9 sombreros. Perdió 5 de ellos. ¿Cuántos sombreros le quedan?

_____ sombreros

26. Hay 7 catarinas subiendo una cerca. Vuelan 3 catarinas. ¿Cuántas catarinas quedan?

_____ catarinas

Las mates en palabras ¿Por qué al resultado de un problema de resta se le llama diferencia?

Nombre ....

Mi tarea

Lección 11
Restar de 9

Asistente de tareas ¿Necesitas ayuda? connectED.mcgraw-hill.com

Hay muchas maneras de restar de 9.

$9 - 7 = 2$

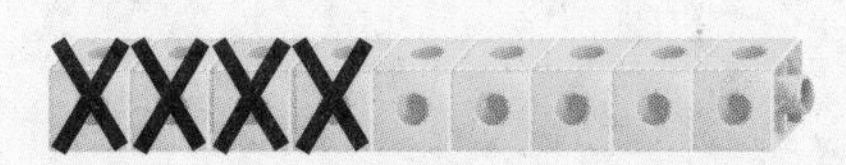

$9 - 4 = 5$

Práctica

Escribe diferentes maneras de restar de 9.

1. 9 – ______ = ______
2. 9 – ______ = ______
3. 9 – ______ = ______
4. 9 – ______ = ______
5. 9 – ______ = ______
6. 9 – ______ = ______
7. 9 – ______ = ______
8. 9 – ______ = ______

Resta.

9. 9 – 3 = ______
10. 9 – 4 = ______

Resta.

11. $9 - 2 =$ ______

12. $9 - 6 =$ ______

13. $7 - 3 =$ ______

14. $9 - 5 =$ ______

15. $\begin{array}{r} 9 \\ -\ 9 \\ \hline \end{array}$

16. $\begin{array}{r} 5 \\ -\ 2 \\ \hline \end{array}$

17. $\begin{array}{r} 9 \\ -\ 0 \\ \hline \end{array}$

18. Hay 9 ranas sobre una hoja de nenúfar. Saltan al agua 7 ranas. ¿Cuántas ranas quedan sobre la hoja de nenúfar?

______ ranas

Práctica para la prueba

19. $9 - 1 =$ ______

6 ○ 7 ○ 8 ○ 9 ○

Las mates en casa Reúna un grupo de 9 objetos. Pida a su niño o niña que le muestre todos los números que se pueden restar de 9. Pídale que escriba un enunciado de resta.

Nombre ....

Restar de 10

Lección 12

PREGUNTA IMPORTANTE
¿Cómo se restan los números?

Explorar y explicar

____ − ____ = ____

Escribe tu enunciado de resta aquí.

Instrucciones para el maestro: Pida a los niños que usen [cubo] para representar. Diga: *Hay 10 tigres jugando en un campo. Se van 4 tigres.* Pregunte: *¿Cuántos tigres quedan?* Pídales que dibujen el contorno de los cubos y que marquen con una X los tigres que se van. Dígales que escriban el enunciado de resta.

Ver y mostrar

PRÁCTICAS matemáticas

Hay muchas maneras de restar de 10.

Resta 5 de 10.

10 − 5 = 5 La diferencia es 5.

Resta 7 de 10.

10 − 7 = 3 La diferencia es 3.

Empieza con 10 cubos. Resta algunos cubos. Escribe diferentes maneras de restar de 10.

Restar de 10

1. 10 − _____ = _____	2. 10 − _____ = _____
3. 10 − _____ = _____	4. 10 − _____ = _____
5. 10 − _____ = _____	6. 10 − _____ = _____
7. 10 − _____ = _____	8. 10 − _____ = _____

Habla de las mates ¿Cuándo usarías la resta en una situación del mundo real? Explica tu respuesta.

Nombre ....

Por mi cuenta

Usa el tablero de trabajo 3 y ▪. Resta.

9. $10 - 3 =$ ______

10. $10 - 1 =$ ______

11. $9 - 5 =$ ______

12. $10 - 2 =$ ______

13. $10 - 0 =$ ______

14. $10 - 9 =$ ______

15. $6 - 3 =$ ______

16. $10 - 4 =$ ______

17. $10 - 8 =$ ______

18. $7 - 7 =$ ______

19. $10 - 7 =$ ______

20. $9 - 3 =$ ______

21. $\begin{array}{r} 10 \\ -\ 5 \\ \hline \end{array}$

22. $\begin{array}{r} 10 \\ -\ 2 \\ \hline \end{array}$

23. $\begin{array}{r} 4 \\ -\ 2 \\ \hline \end{array}$

24. $\begin{array}{r} 8 \\ -\ 3 \\ \hline \end{array}$

25. $\begin{array}{r} 10 \\ -\ 6 \\ \hline \end{array}$

26. $\begin{array}{r} 10 \\ -\ 7 \\ \hline \end{array}$

Resolución de problemas

Resuelve. Si es necesario, usa el tablero de trabajo 3 y ▪.

27. Marisa ve 10 flamencos en un lago. Salen del lago 2 de ellos. ¿Cuántos flamencos siguen en el lago?

______ flamencos

28. Hay 10 *jeeps* en un safari. Se van 5 *jeeps*. ¿Cuántos *jeeps* siguen en el safari?

______ *jeeps*

Problema S.O.S. Hay 10 loros en una rama. Se van volando 7 de ellos. La respuesta es 3 loros. ¿Cuál es la pregunta?

____

____

____

Nombre ....

Mi tarea

Lección 12
Restar de 10

Asistente de tareas

¿Necesitas ayuda? connectED.mcgraw-hill.com

Puedes restar muchos números de 10.

10 − 9 = 1 La diferencia es 1.

10 − 5 = 5 La diferencia es 5.

Práctica

Escribe diferentes maneras de restar de 10.

1. 10 − ______ = ______
2. 10 − ______ = ______
3. 10 − ______ = ______
4. 10 − ______ = ______
5. 10 − ______ = ______
6. 10 − ______ = ______
7. 10 − ______ = ______
8. 10 − ______ = ______

Resta.

9. $9 - 6 =$ ______

10. $10 - 4 =$ ______

11. $10 - 8 =$ ______

12. $10 - 5 =$ ______

13. $\begin{array}{r} 10 \\ -\ 9 \\ \hline \end{array}$

14. $\begin{array}{r} 8 \\ -\ 2 \\ \hline \end{array}$

15. $\begin{array}{r} 10 \\ -\ 0 \\ \hline \end{array}$

16. Carlos vio 10 moscas sobre un elefante. Volaron 6 de ellas. ¿Cuántas moscas siguen sobre el elefante?

______ moscas

Práctica para la prueba

17. $10 - 2 =$ ______

6	7	8	9
○	○	○	○

Las mates en casa Pida a su niño o niña que use 10 botones o monedas de 1¢ para mostrar todas las maneras en que se puede restar de 10. Pídale que escriba un enunciado de resta para mostrar una de esas maneras.

Nombre

Relacionar la suma y la resta

Lección 13

PREGUNTA IMPORTANTE
¿Cómo se restan los números?

Explorar y explicar

Instrucciones para el maestro: Pida a los niños que usen ●● para representar. Diga: *Hay 3 pájaros en la fuente. Llegan 2 pájaros más.* Pídales que escriban el enunciado de suma para mostrar cuántos pájaros hay en total y que escriban un enunciado de resta relacionado.

Ver y mostrar

PRÁCTICAS matemáticas

Las **operaciones relacionadas** tienen los mismos números.
Estas operaciones te pueden ayudar a sumar y restar.

$5 + 2 = 7$
$7 - 5 = 2$
$7 - 2 = 5$

Pista
$5 + 2 = 7$.
Usa esa operación para hallar $7 - 2 = 5$.

Puedes usar 5 + 2 = 7
para hallar 7 − 2 = 5.
Son operaciones opuestas o inversas.

Identifica una suma. Usa el tablero de trabajo 3 y para hallar una operación de resta relacionada. Escribe las dos operaciones.

1.

Parte	Parte
3	6
Total	
9	

____ + ____ = ____

____ − ____ = ____

2.

Parte	Parte
2	4
Total	
6	

____ + ____ = ____

____ − ____ = ____

Habla de las mates ¿De qué manera las sumas te pueden ayudar a restar? Explica tu respuesta.

Nombre ______

CCSS

Por mi cuenta

Usa el tablero de trabajo 3 y ●● para hallar las operaciones de resta relacionadas y escríbelas.

3. $5 + 4 = 9$

____ − ____ = ____

____ − ____ = ____

4. $8 + 1 = 9$

____ − ____ = ____

____ − ____ = ____

5. $1 + 4 = 5$

____ − ____ = ____

____ − ____ = ____

6. $3 + 4 = 7$

____ − ____ = ____

____ − ____ = ____

7. $5 + 3 = 8$

____ − ____ = ____

____ − ____ = ____

8. $2 + 3 = 5$

____ − ____ = ____

____ − ____ = ____

¿Puedo ayudar?

Resolución de problemas

Escribe un enunciado de resta. Luego, escribe una operación de suma relacionada.

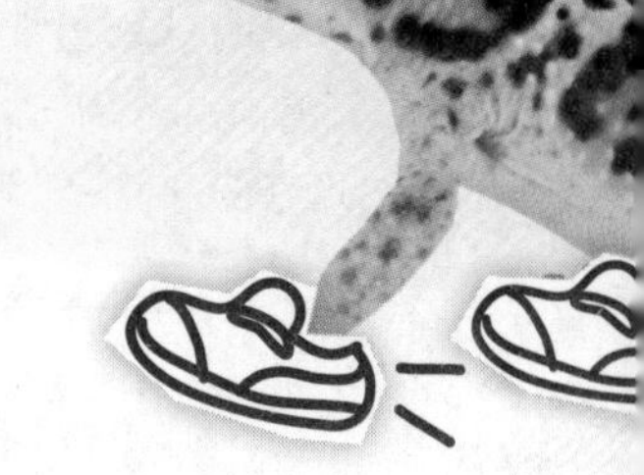

9. Hay 8 lagartos. Se van 6 lagartos. ¿Cuántos lagartos quedan?

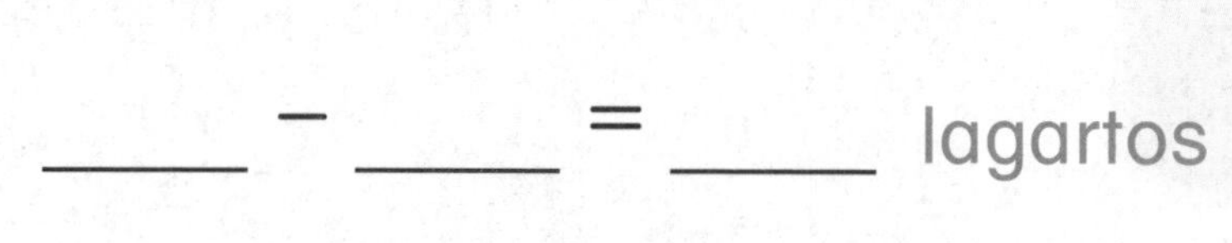

_____ − _____ = _____ lagartos

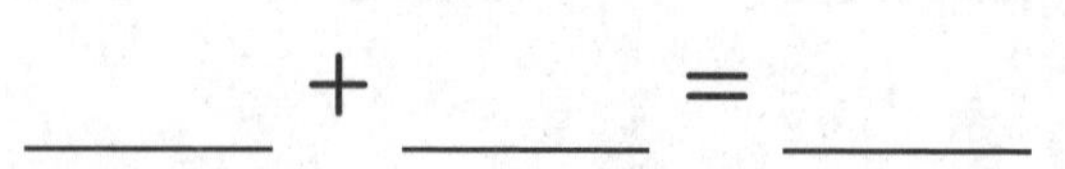

_____ + _____ = _____

10. Cindy vio 7 pájaros. Adriana vio 4 pájaros. ¿Cuántos pájaros más vio Cindy?

_____ − _____ = _____ pájaros

_____ + _____ = _____

Las mates en palabras $5 + 4 = 9$ y $9 - 3 = 6$. ¿Son operaciones relacionadas? Explica por qué.

____

____

____

Nombre ....

Mi tarea

Lección 13
Relacionar la suma y la resta

Asistente de tareas

¿Necesitas ayuda? connectED.mcgraw-hill.com

Puedes escribir operaciones de suma y de resta relacionadas. Las operaciones relacionadas tienen los mismos números.

$2 + 3 = 5$
$5 - 2 = 3$
$5 - 3 = 2$

Pista
Usa $2 + 3 = 5$ para hallar $5 - 2 = 3$ o $5 - 3 = 2$.

Práctica

Identifica una suma.
Escribe una operación de suma y de resta relacionada.

1.

Parte	Parte
4	3
Total	
7	

___ + ___ = ___

___ − ___ = ___

2.

Parte	Parte
3	5
Total	
8	

___ + ___ = ___

___ − ___ = ___

Halla las operaciones de resta relacionadas. Escribe las operaciones.

3. $4 + 2 = 6$

$\_\_\_\_ - \_\_\_\_ = \_\_\_\_$

$\_\_\_\_ - \_\_\_\_ = \_\_\_\_$

4. $1 + 8 = 9$

$\_\_\_\_ - \_\_\_\_ = \_\_\_\_$

$\_\_\_\_ - \_\_\_\_ = \_\_\_\_$

Escribe el enunciado de resta. Luego, escribe la operación de suma relacionada.

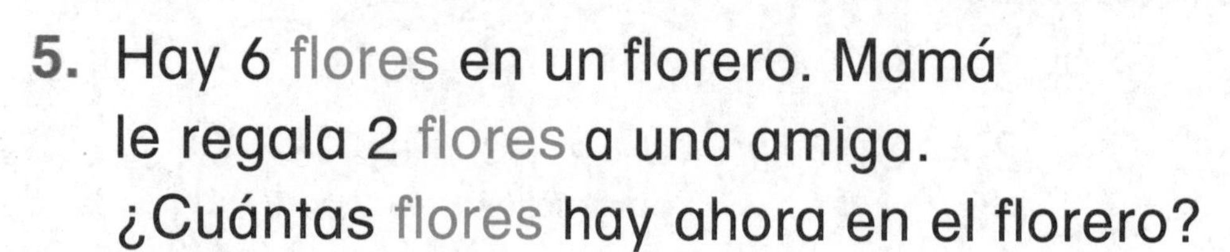

5. Hay 6 flores en un florero. Mamá le regala 2 flores a una amiga. ¿Cuántas flores hay ahora en el florero?

$\_\_\_\_ - \_\_\_\_ = \_\_\_\_$

$\_\_\_\_ + \_\_\_\_ = \_\_\_\_$

Comprobación del vocabulario

Encierra en un círculo la respuesta correcta.

operaciones relacionadas **restar**

6. $3 + 1 = 4$ y $4 - 1 = 3$ son ____________.

Las mates en casa Escriba un enunciado de suma o de resta usando números del 1 al 9. Pida a su niño o niña que escriba una operación de suma o de resta relacionada.

Nombre ....

Enunciados verdaderos y falsos

Lección 14

PREGUNTA IMPORTANTE
¿Cómo se restan los números?

¿Qué es todo ese ruido?

Explorar y explicar

Herramientas

Instrucciones para el maestro: Pida a los niños que usen [cubos] para representar. Diga: *Hay 6 abejas produciendo miel. Vuelan 3 abejas.* Pídales que dibujen el contorno de los cubos y que marquen con una X para mostrar las abejas que vuelan. Diga: *Lisa dice que 4 abejas siguen produciendo miel.* Pregunte: *¿Es esto verdadero o falso?* Dígales que encierren en un círculo la respuesta.

Ver y mostrar

En las mates, los enunciados pueden ser verdaderos o falsos. Un enunciado verdadero es correcto.

$9 - 4 = 5$ es verdadero.

Un enunciado falso es incorrecto.

$8 - 3 = 1$ es falso.

Determina si cada enunciado de resta es verdadero o falso. Encierra en un círculo verdadero o falso.

1. $8 - 4 = 5$

   verdadero falso

2. $9 - 0 = 0$

   verdadero falso

3. $5 - 3 = 2$

   verdadero falso

4. $7 - 4 = 3$

   verdadero falso

5. $8 - 7 = 1$

   verdadero falso

6. $0 = 9 - 0$

   verdadero falso

¿Cómo sabes si un enunciado de resta es verdadero? Explica tu respuesta.

Nombre ....

CCSS

Por mi cuenta

Determina si los enunciados de resta son verdaderos o falsos. Encierra en un círculo verdadero o falso.

7. $9 - 1 = 10$

verdadero falso

8. $5 - 2 = 2$

verdadero falso

9. $7 - 6 = 1$

verdadero falso

10. $8 - 0 = 0$

verdadero falso

11. $\begin{array}{r} 8 \\ -\ 2 \\ \hline 7 \end{array}$

verdadero falso

12. $\begin{array}{r} 4 \\ -\ 3 \\ \hline 1 \end{array}$

verdadero falso

13. $7 = 8 - 1$

verdadero falso

14. $2 = 6 - 3$

verdadero falso

15. $9 - 7 = 3$

verdadero falso

16. $7 - 1 = 6$

verdadero falso

Resolución de problemas

PRÁCTICAS matemáticas

Determina si el problema es verdadero o falso.
Encierra en un círculo verdadero o falso.

17. Hay 6 escarabajos en el suelo. Vuelan 2 de ellos. Quedan 4 escarabajos.

verdadero   falso

18. Hay 7 arañas en una telaraña. Se van 5 arañas. Quedan 3 arañas en la telaraña.

verdadero   falso

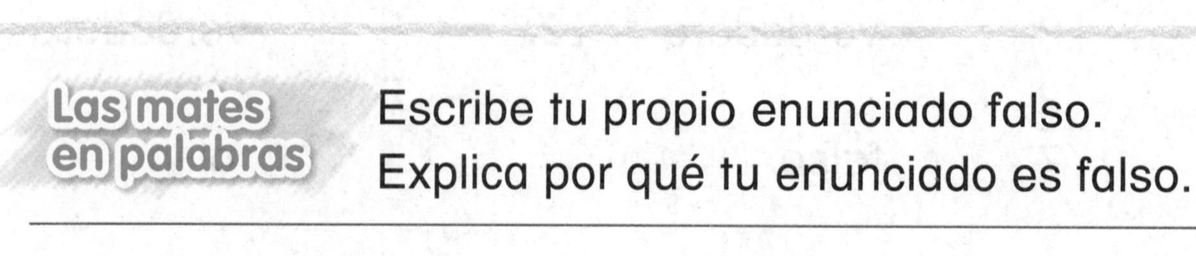

Las mates en palabras

Escribe tu propio enunciado falso. Explica por qué tu enunciado es falso.

Nombre ....

Mi tarea

Lección 14
Enunciados verdaderos y falsos

Asistente de tareas

¿Necesitas ayuda? connectED.mcgraw-hill.com

Un enunciado matemático verdadero es correcto.
Un enunciado matemático falso es incorrecto.

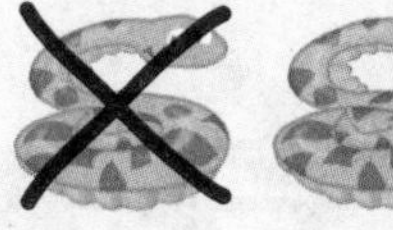

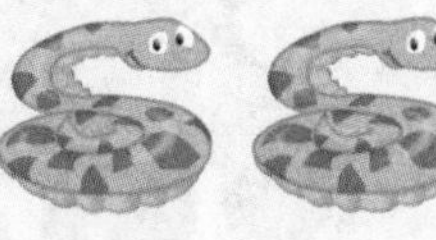

4 − 1 = 3

falso

6 − 3 = 4

verdadero

Práctica

Determina si los enunciados de resta son verdaderos o falsos. Encierra en un círculo verdadero o falso.

1. 8 − 8 = 8

   verdadero   falso

2. 4 − 1 = 5

   verdadero   falso

3. 6 = 9 − 3

   verdadero   falso

4. 7 − 1 = 6

   verdadero   falso

Determina si los enunciados de resta son verdaderos o falsos. Encierra en un círculo verdadero o falso.

5. $\begin{array}{r} 6 \\ -\ 3 \\ \hline 3 \end{array}$

verdadero falso

6. $\begin{array}{r} 9 \\ -\ 1 \\ \hline 9 \end{array}$

verdadero falso

7. Hay 5 pájaros en una rama. Vuela 1 pájaro. Quedan 6 pájaros en la rama.

verdadero falso

8. Hay 8 gorilas caminado juntos. Se van 3 de ellos. Siguen caminado juntos 5 gorilas.

verdadero falso

Práctica para la prueba

9. ¿Cuál enunciado de resta es verdadero?

$5 - 1 = 3$	$5 + 2 = 8$	$7 - 3 = 2$	$9 - 6 = 3$
○	○ 	○	○

Las mates en casa Escriba un enunciado de resta falso con números del 1 al 9. Pregunte a su niño o niña si el problema es verdadero o falso. Pídale que corrija el enunciado numérico.

Nombre ______________________

Práctica de fluidez

Resta.

1. 5 − 3 = ____
2. 10 − 4 = ____
3. 2 − 0 = ____
4. 6 − 3 = ____
5. 1 − 1 = ____
6. 9 − 5 = ____
7. 10 − 9 = ____
8. 7 − 3 = ____
9. 4 − 1 = ____
10. 6 − 5 = ____
11. 9 − 3 = ____
12. 8 − 0 = ____
13. 5 − 1 = ____
14. 10 − 3 = ____
15. 9 − 2 = ____
16. 4 − 4 = ____
17. 2 − 2 = ____
18. 5 − 2 = ____
19. 8 − 4 = ____
20. 7 − 6 = ____
21. 6 − 2 = ____
22. 9 − 1 = ____
23. 7 − 2 = ____
24. 4 − 2 = ____

Práctica de fluidez

Resta.

1. $8 - 3$	2. $10 - 4$	3. $9 - 6$	4. $5 - 5$
5. $4 - 2$	6. $6 - 1$	7. $9 - 0$	8. $3 - 2$
9. $10 - 5$	10. $7 - 3$	11. $1 - 1$	12. $8 - 6$
13. $2 - 0$	14. $9 - 8$	15. $7 - 2$	16. $5 - 3$
17. $8 - 4$	18. $6 - 5$	19. $3 - 3$	20. $10 - 1$
21. $7 - 5$	22. $9 - 3$	23. $10 - 3$	24. $4 - 1$

Nombre ....

Mi repaso

Capítulo 2
Conceptos de resta

Comprobación del vocabulario

Completa las oraciones.

diferencia **enunciado de resta**

operaciones relacionadas **restar**

1. Los enunciados de suma y de resta que tienen los mismos números se llaman ____________________ ____________________.

2. 9 – 7 = 2 es un ____________________.

3. Para ____________________, quitas.

4. En 7 – 4 = 3, el 3 es la ____________________.

Comprobación del concepto

Escribe un enunciado de resta.

5.

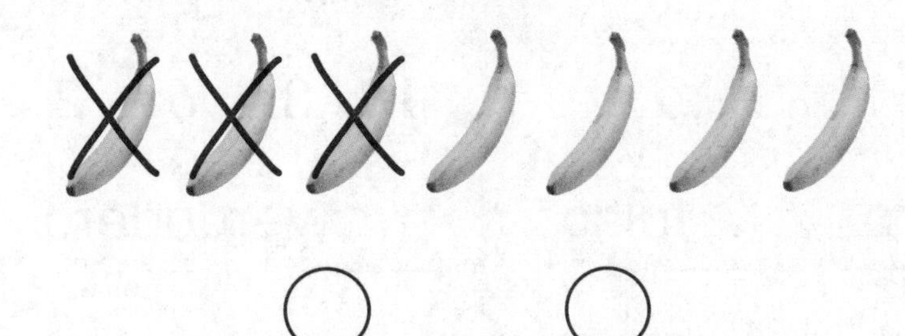

____ ◯ ____ ◯ ____

Resta.

6. $5 - 1 =$ ____

7. $4 - 2 =$ ____

8. $7 - 5 =$ ____

9. $9 - 5 =$ ____

10. $\begin{array}{r} 8 \\ -\ 4 \\ \hline \end{array}$

11. $\begin{array}{r} 6 \\ -\ 1 \\ \hline \end{array}$

12. $\begin{array}{r} 4 \\ -\ 0 \\ \hline \end{array}$

13. $\begin{array}{r} 9 \\ -\ 2 \\ \hline \end{array}$

14. $\begin{array}{r} 8 \\ -\ 3 \\ \hline \end{array}$

15. $\begin{array}{r} 7 \\ -\ 5 \\ \hline \end{array}$

Escribe las operaciones de resta relacionadas.

16. $6 + 2 =$ ____

____ − ____ = ____

____ − ____ = ____

Determina si los enunciados de resta son verdaderos o falsos. Encierra en un círculo verdadero o falso.

17. $10 - 3 = 7$

verdadero falso

18. $3 = 6 - 2$

verdadero falso

Nombre ....

Resolución de problemas

Escribe un enunciado de resta.

19. Ángela tiene 7 plátanos. Come 2 de ellos. ¿Cuántos plátanos quedan?

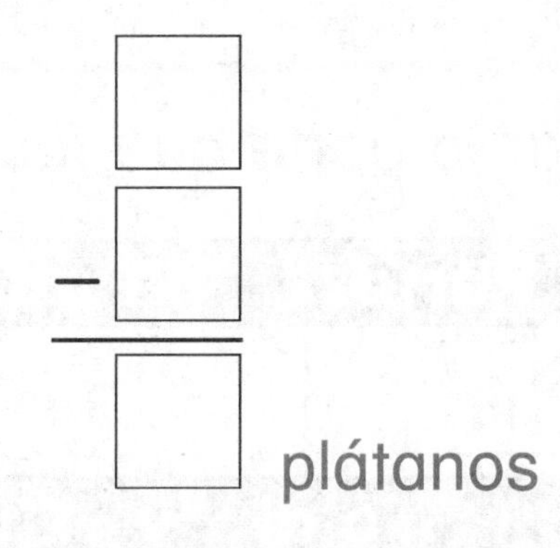

Encierra en un círculo verdadero o falso.

20. Hay 9 osos en un árbol. Se van 3 de ellos. Quedan 6 osos en el árbol.

verdadero   falso

Práctica para la prueba

Halla el enunciado de resta que se relaciona.

21. Hay 5 elefantes. Hay 3 leopardos. ¿Cuántos leopardos menos hay?

○ $5 - 3 = 1$ leopardo menos

○ $5 - 3 = 2$ leopardos menos

○ $5 - 3 = 1$ elefante menos

○ $5 - 3 = 4$ elefantes menos

Pienso

Capítulo 2

Respuesta a la pregunta importante

Muestra maneras de responder.

Hallar la parte que falta.

Parte	Parte
____	3
Total	
7	

Restar 0.

8 − 0 = ____

PREGUNTA IMPORTANTE

¿Cómo se restan los números?

Restar.

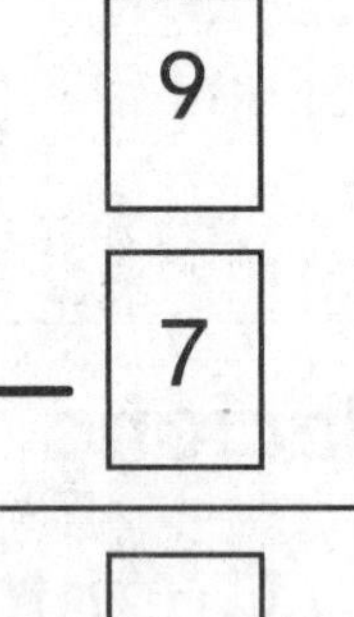

$$\begin{array}{r} 9 \\ -\ 7 \\ \hline \square \end{array}$$

Escribir un enunciado de resta.

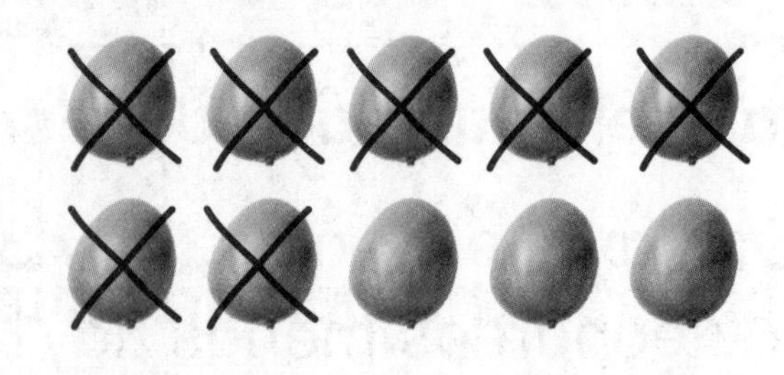

____ − ____ = ____

¿Preparados? ¿Listos? ¡Resuelvan!

Capítulo

Estrategias para sumar hasta el 20

PREGUNTA IMPORTANTE

¿Cómo uso las estrategias para sumar números?

¡Mira el video!

Mis estándares estatales

Operaciones y razonamiento algebraico

CCSS

1.OA.1 Realizar operaciones de suma y de resta hasta el 20 para resolver problemas contextualizados que involucren situaciones en las que algo se agrega o se quita, o en las que se reúnen, se separan o se comparan cosas, con incógnitas en todas las posiciones (por ejemplo, usando objetos, dibujos y ecuaciones con un símbolo en el lugar del número desconocido para representar el problema).

1.OA.2 Resolver problemas contextualizados en los que sea necesario sumar tres números naturales cuya suma sea menor o igual a 20 (por ejemplo, usando objetos, dibujos y ecuaciones con un símbolo en el lugar del número desconocido para representar el problema).

1.OA.3 Aplicar las propiedades de las operaciones como estrategias para sumar y restar.

1.OA.5 Relacionar el conteo con la suma y la resta (por ejemplo, contar dos números más para sumar 2).

1.OA.6 Sumar y restar hasta el 20, demostrando fluidez para la suma y la resta hasta el 10. Usar estrategias como seguir contando; formar diez; descomponer un número para formar diez; usar la relación entre la suma y la resta, y crear sumas equivalentes pero más fáciles o conocidas.

1. Entender los problemas y perseverar en la búsqueda de una solución.
2. Razonar de manera abstracta y cuantitativa.
3. Construir argumentos viables y hacer un análisis del razonamiento de los demás.
4. Representar con matemáticas.
5. Usar estratégicamente las herramientas apropiadas.
6. Prestar atención a la precisión.
7. Buscar una estructura y usarla.
8. Buscar y expresar regularidad en el razonamiento repetido.

= Se trabaja en este capítulo.

Nombre

Antes de seguir...

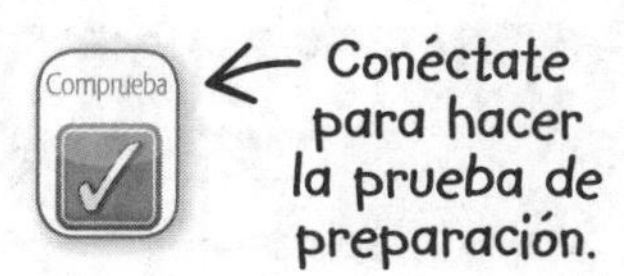

1. Encierra en un círculo el signo más.

$+ \quad - \quad =$

2. Encierra en un círculo el signo igual.

$+ \quad - \quad =$

Suma.

3. $\begin{array}{r} 3 \\ +\ 0 \\ \hline \end{array}$

4. $\begin{array}{r} 2 \\ +\ 2 \\ \hline \end{array}$

5. $\begin{array}{r} 7 \\ +\ 1 \\ \hline \end{array}$

6. $\begin{array}{r} 6 \\ +\ 3 \\ \hline \end{array}$

7. $\begin{array}{r} 4 \\ +\ 1 \\ \hline \end{array}$

8. $\begin{array}{r} 3 \\ +\ 4 \\ \hline \end{array}$

Usa las imágenes para escribir un enunciado de suma.

9.

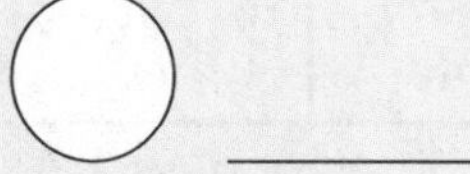

______ ◯ ______ ◯ ______

¿Cómo me fue?

Sombrea las casillas para mostrar los problemas que respondiste correctamente.

1	2	3	4	5	6	7	8	9

Nombre

Las palabras de mis mates

Repaso del vocabulario

más (+) menos (−)

Usa las palabras del repaso para rellenar los espacios en blanco a continuación. Luego, escribe un enunciado de suma y un enunciado de resta.

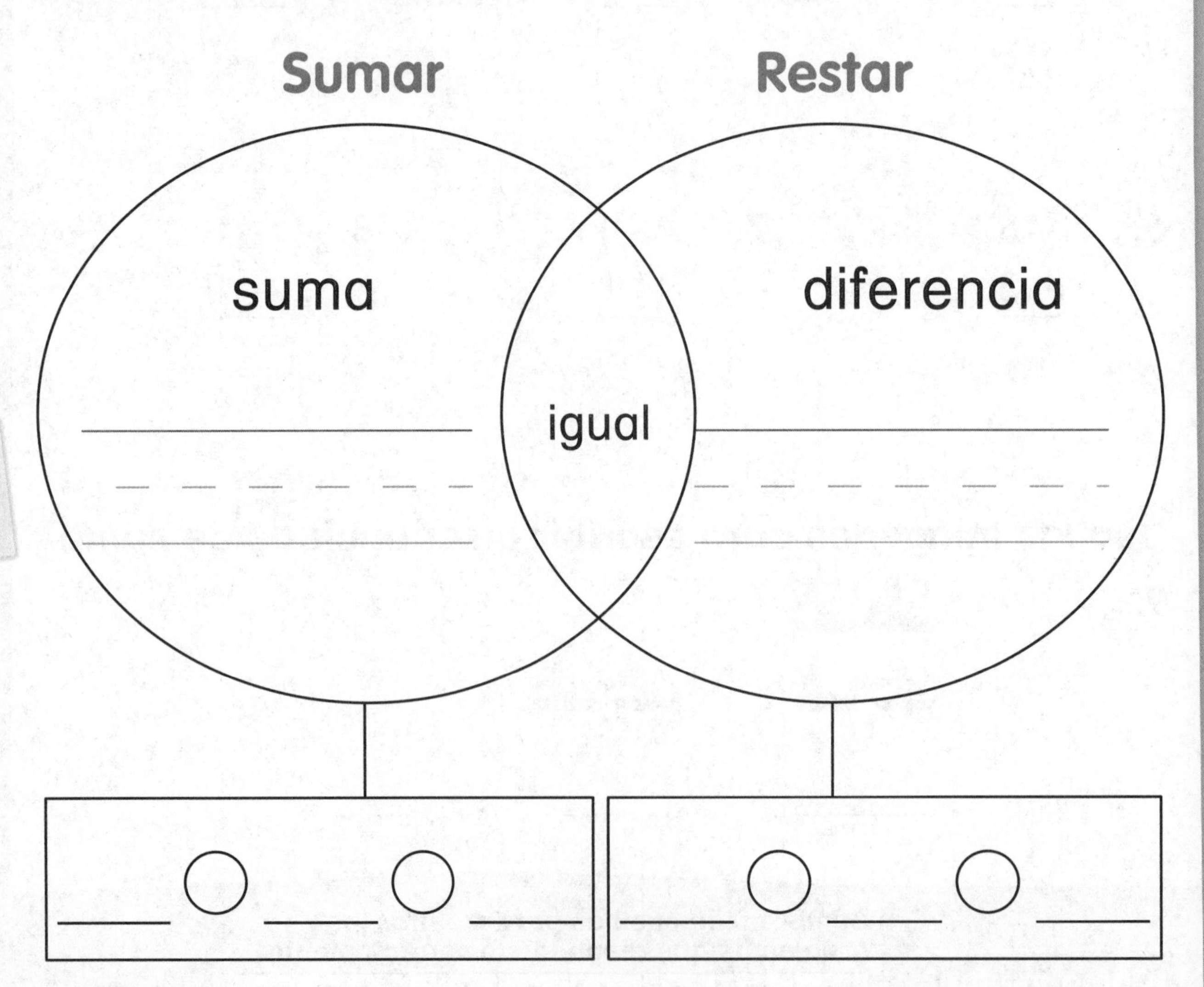

Mis tarjetas de vocabulario

Lección 3-4

dobles

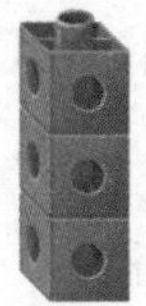

3 + 3 = 6

Lección 3-5

dobles más 1

3 + 4 = 7

Lección 3-5

dobles menos 1

3 + 2 = 5

Lección 3-3

recta numérica

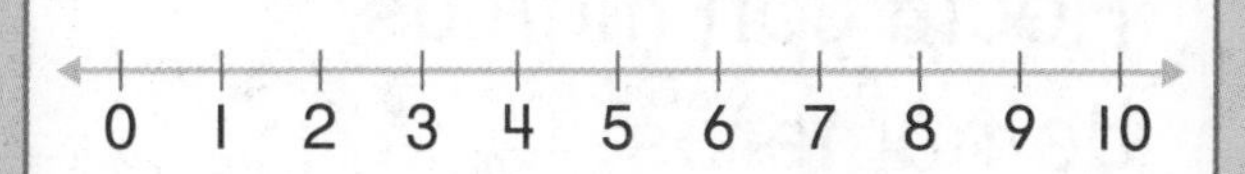

Lección 3-1

seguir contando

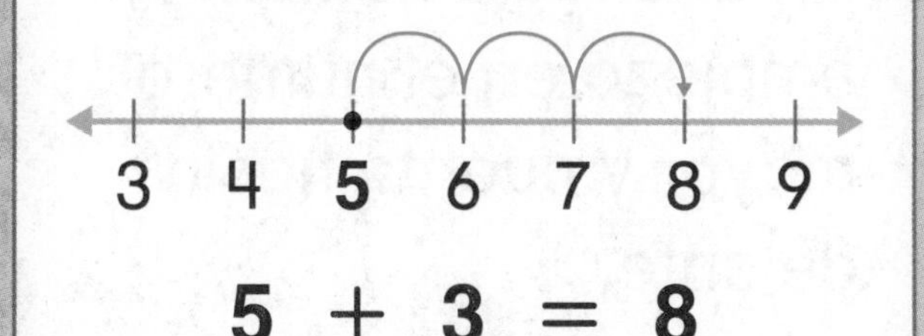

5 + 3 = 8

Lección 3-4

sumandos

8 + 9 = 17

sumandos

Instrucciones para el maestro: Sugerencias

- Pida a los estudiantes que organicen las tarjetas en orden alfabético.
- Pida a los estudiantes que hagan una marca de conteo en la tarjeta correspondiente cada vez que lean o escuchen la palabra.

Sumar con dobles y sumar uno.

Dos sumandos que son el mismo número.

Recta con marcas de números.

Sumar con dobles y restar uno.

Números que se suman.

En una recta numérica, empieza en el número mayor y cuenta hacia delante.

Mi modelo de papel

FOLDABLES® **Sigue los pasos que aparecen en el reverso para hacer tu modelo de papel.**

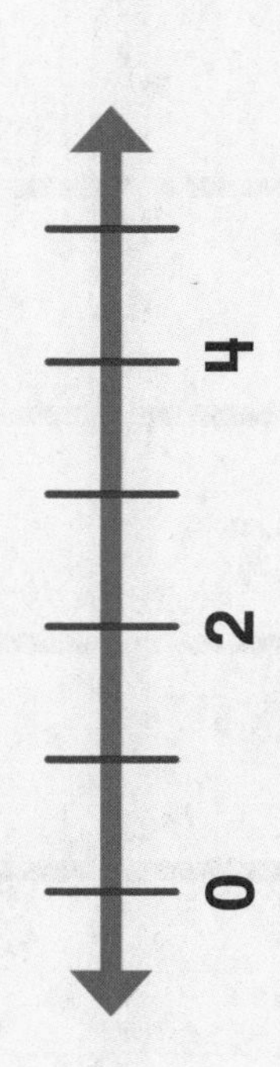

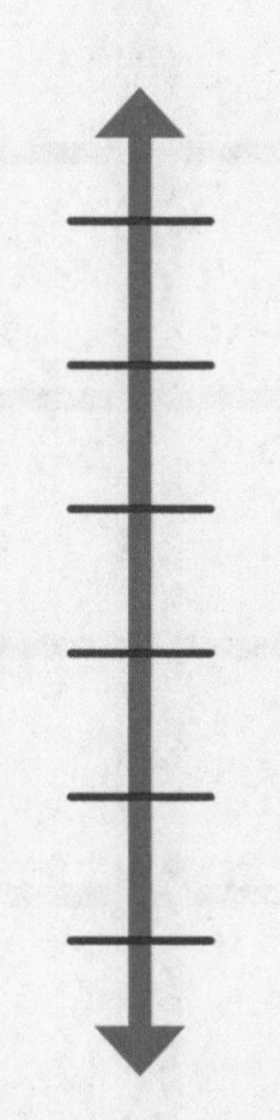

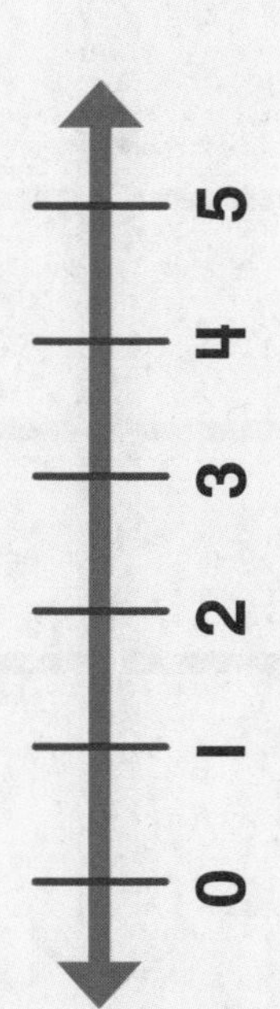

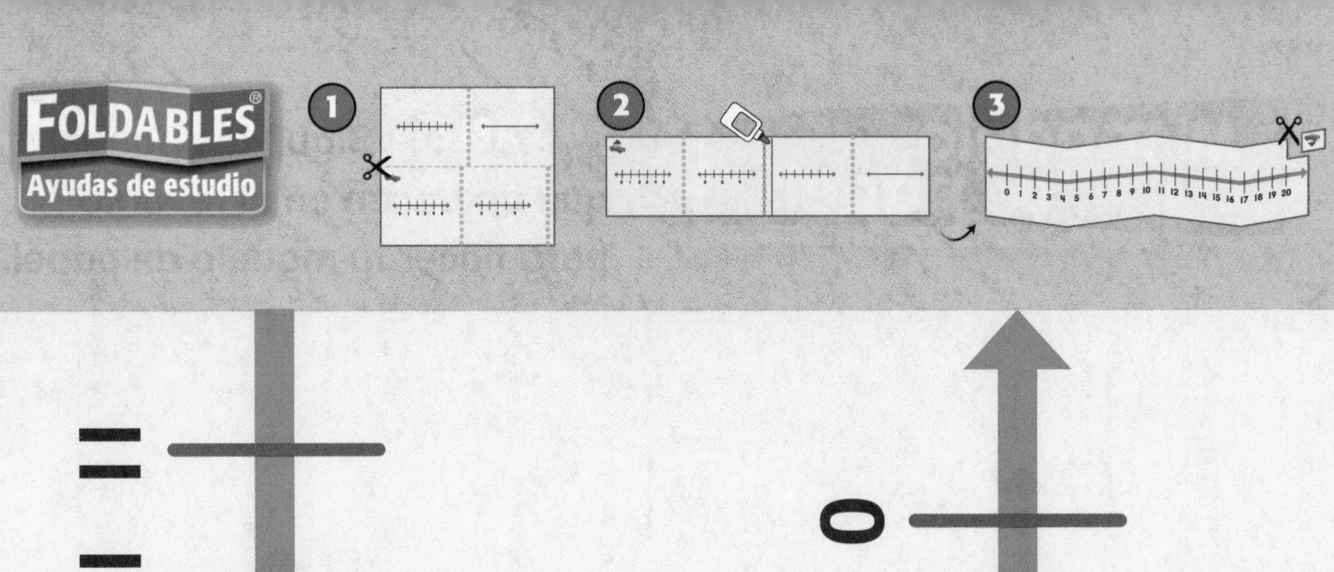
FOLDABLES®
Ayudas de estudio
1
2
3

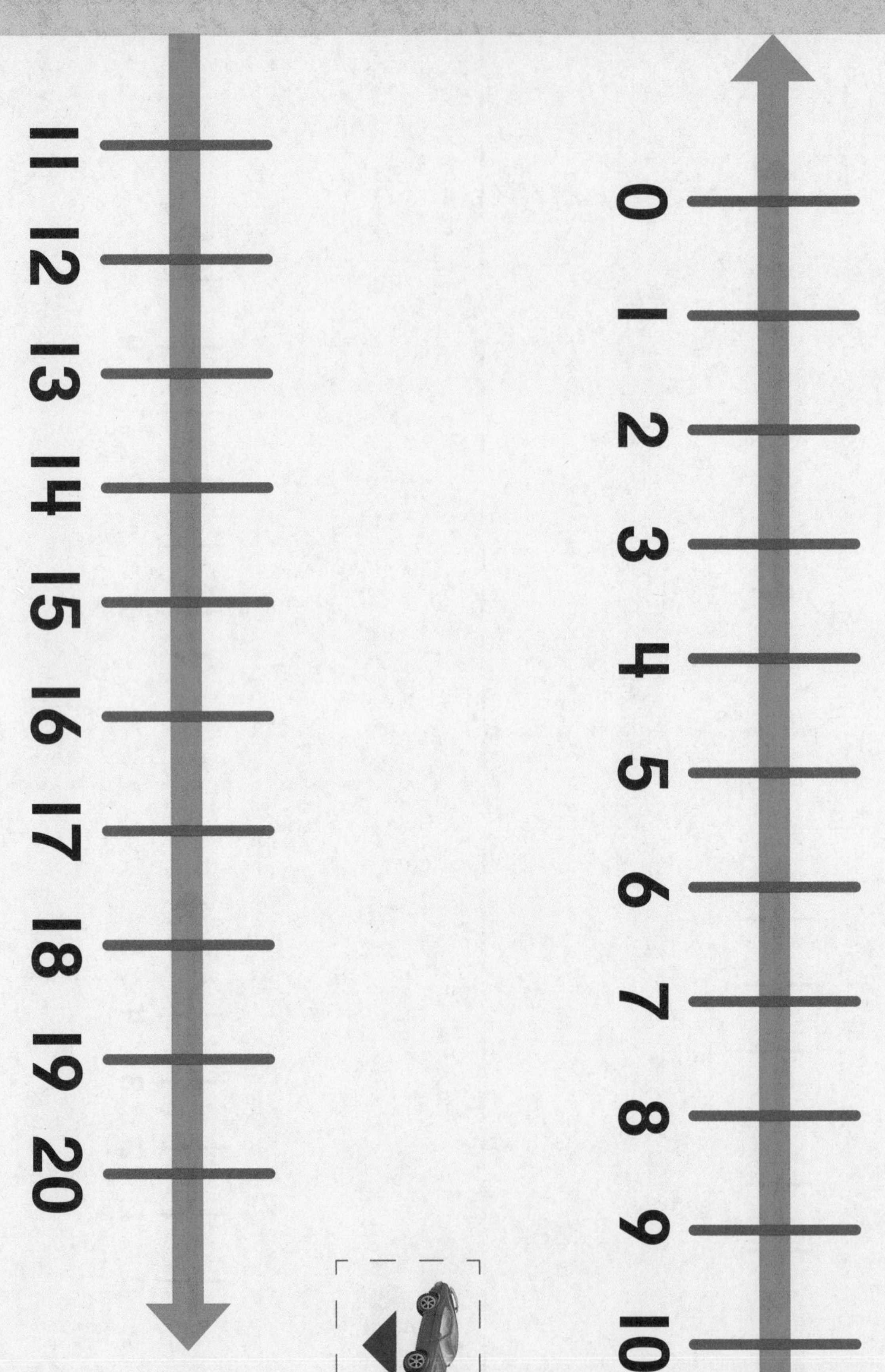
0
1
2
3
4
5
6
7
8
9
10
11
12
13
14
15
16
17
18
19
20

Nombre ....

Seguir contando 1, 2 o 3

Lección 1

PREGUNTA IMPORTANTE
¿Cómo uso las estrategias para sumar números?

Explorar y explicar

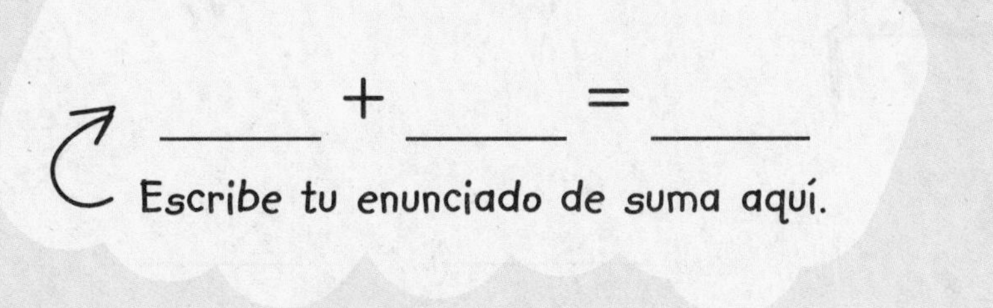

Instrucciones para el maestro: Pida a los niños que dibujen un grupo de cuatro crayones y que luego dibujen 1, 2 o 3 crayones más. Pídales que escriban un enunciado de suma que indique cuántos hay en total.

Ver y mostrar

Puedes **seguir contando** para sumar. Hay 5 crayones en el grupo. Suma 2 crayones más.

5, 6, 7

5 + 2 = 7

> **Pista**
> Empieza en el número mayor, 5. Sigue contando 2 más.
> 5, 6, 7
> 5 + 2 = 7

Usa . Empieza en el número mayor. Sigue contando para sumar.

1. 

7, ______, ______, ______

7 + 3 = ______

> Seguir contando 3 es sumar 3.

2. 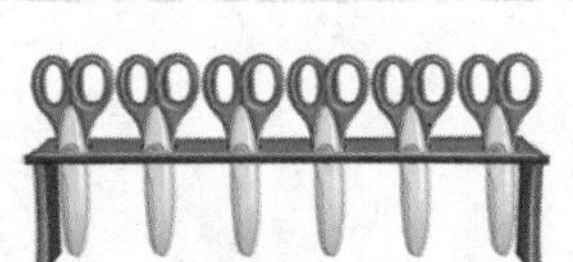

6, ______, ______

2 + 6 = ______

> Seguir contando 2 es sumar 2.

Habla de las mates Di cómo seguir contando para sumar 5 + 3.

Nombre

CCSS

Por mi cuenta

Empieza en el número mayor. Sigue contando para sumar.

3. $5 + 3 =$ ____

4. $8 + 3 =$ ____

5. $4 + 1 =$ ____

6. $1 + 2 =$ ____

7. $9 + 3 =$ ____

8. $1 + 8 =$ ____

9. $3 + 7 =$ ____

10. $2 + 9 =$ ____

11. $1 + 7 =$ ____

12. $4 + 3 =$ ____

13. $2 + 7 =$ ____

14. $5 + 1 =$ ____

15. $\begin{array}{r} 8 \\ + 2 \\ \hline \end{array}$

16. $\begin{array}{r} 1 \\ + 6 \\ \hline \end{array}$

17. $\begin{array}{r} 9 \\ + 1 \\ \hline \end{array}$

18. $\begin{array}{r} 3 \\ + 6 \\ \hline \end{array}$

19. $\begin{array}{r} 2 \\ + 5 \\ \hline \end{array}$

20. $\begin{array}{r} 3 \\ + 2 \\ \hline \end{array}$

Resolución de problemas

21. Bella ve 2 autobuses. Luego, ve 3 autobuses más. ¿Cuántos autobuses ve en total?

_______ autobuses

22. Jake vio 5 carros en la mañana. Vio 3 carros más en la tarde. ¿Cuántos carros vio Jake en total?

_______ carros

Las mates en palabras Explica cómo sigues contando para hallar 3 + 7.

Nombre ....

Mi tarea

Lección 1
Seguir contando 1, 2 o 3

Asistente de tareas

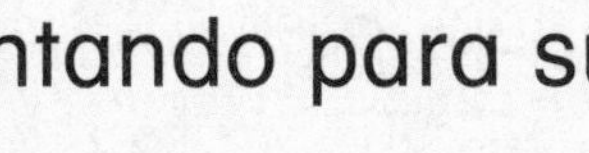

¿Necesitas ayuda? connectED.mcgraw-hill.com

Puedes seguir contando para sumar.

Pista
Para seguir contando, empieza en el número mayor.

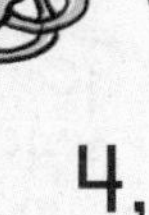

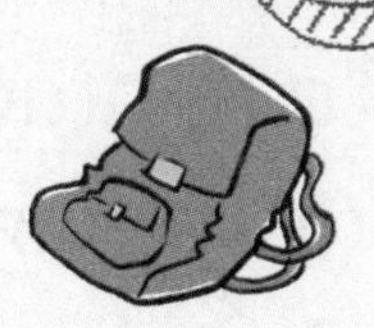

4, 5, 6, 7

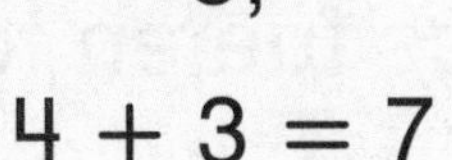

$4 + 3 = 7$

Práctica

Empieza en el número mayor. Sigue contando para sumar.

1. $7 + 2 =$ ______
2. $4 + 3 =$ ______
3. $5 + 3 =$ ______
4. $6 + 1 =$ ______
5. $9 + 1 =$ ______
6. $2 + 5 =$ ______
7. $8 + 3 =$ ______
8. $7 + 1 =$ ______

Empieza en el número mayor. Sigue contando para sumar.

9. $\begin{array}{r} 3 \\ +\ 6 \\ \hline \end{array}$

10. $\begin{array}{r} 8 \\ +\ 2 \\ \hline \end{array}$

11. $\begin{array}{r} 1 \\ +\ 8 \\ \hline \end{array}$

12. $\begin{array}{r} 3 \\ +\ 9 \\ \hline \end{array}$

13. $\begin{array}{r} 6 \\ +\ 2 \\ \hline \end{array}$

14. $\begin{array}{r} 9 \\ +\ 2 \\ \hline \end{array}$

15. Drew fue a la práctica de básquetbol 3 veces esta semana. Fue a la práctica de fútbol 2 veces esta semana. ¿A cuántas prácticas fue en total?

_____ prácticas

Comprobación del vocabulario

Encierra en un círculo la palabra que falta.

seguir contando **suma**

16. Puedes ________ para sumar cuando unes cualquier número con 1, 2 o 3.

Las mates en casa Diga un número entre 1 y 9. Pida a su niño o niña que sume 1, 2 y 3 a ese número.

Nombre ....

Seguir contando con monedas de 1¢

Lección 2

PREGUNTA IMPORTANTE
¿Cómo uso las estrategias para sumar números?

¡Hola! ¡Somos las monedas de 1¢!

Explorar y explicar

_____ monedas de 1¢

Instrucciones para el maestro: Pida a los niños que usen ● para representar. Diga: *Reese tiene 6 monedas de 1¢ en su alcancía. Pone 3 monedas de 1¢ más.* Pídales que sigan contando para hallar cuántas monedas de 1¢ tiene Reese en total, que escriban cuántas hay en total y que dibujen las monedas de 1¢ para mostrar su trabajo.

Ver y mostrar

PRÁCTICAS matemáticas

Una moneda de 1¢ tiene un valor de 1 centavo. Puedes seguir contando de uno en uno para sumar monedas de 1¢.

moneda de 1¢
1 centavo = 1¢

Pista
Empieza con 8 monedas de 1¢. Sigue contando 9, 10, 11. Hay 11 monedas de 1¢ en total.

8¢,  ¢,  ¢, 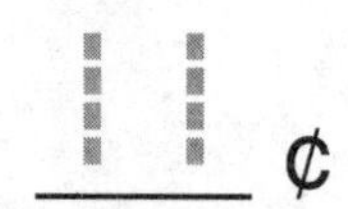 ¢

Cuenta el grupo de monedas de 1¢. Luego, sigue contando para sumar.

1.

Seguir contando 2 es sumar 2.

7¢, ____¢, ____¢

¿Por qué sigues contando de uno en uno cuando usas monedas de 1¢?

Nombre ....

CCSS

Por mi cuenta

¡Contemos!

Cuenta el grupo de monedas de 1¢. Luego, sigue contando para sumar.

2.

4¢, _____ ¢, _____ ¢, _____ ¢

3.

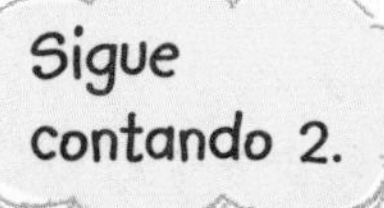

10¢, _____ ¢, _____ ¢

4.

8¢, _____ ¢

Resolución de problemas

PRÁCTICAS matemáticas

5. Kiah tiene 6 monedas de 1¢. Le dan 3 más. ¿Cuántas monedas de 1¢ tiene Kiah ahora?

_____ monedas de 1¢

6. Enrique tiene 9 monedas de 1¢ en el bolsillo izquierdo. Tiene 2 monedas de 1¢ más en el bolsillo derecho. ¿Cuántas monedas de 1¢ tiene en total?

_____ monedas de 1¢

Problema S.O.S. Eliana compra un borrador por 10 monedas de 1¢. Compra un adhesivo por 2 monedas de 1¢. La respuesta es 12 monedas de 1¢. ¿Cuál es la pregunta?

Nombre ....

Mi tarea

Lección 2
Seguir contando con monedas de 1¢

Asistente de tareas 

¿Necesitas ayuda? connectED.mcgraw-hill.com

Puedes seguir contando de uno en uno para sumar monedas de 1¢.

Pista
Hay 8 monedas de 1¢. Sigue contando 9, 10. Hay 10 monedas de 1¢ en total.

 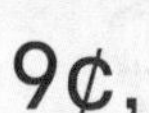

8¢, 9¢, 10¢

Práctica

Cuenta el grupo de monedas de 1¢. Luego, sigue contando para sumar.

1.

Sigue contando 3.

6¢, _____¢, _____¢, _____¢

Cuenta el grupo de monedas de 1¢. Luego, sigue contando para sumar.

2.

Sigue contando 1.

10¢, ____¢

3.

Sigue contando 3.

9 ¢, ____¢, ____¢, ____¢

Práctica para la prueba

4. Carla tiene 7 monedas de 1¢. Le dan 3 monedas de 1¢ más. ¿Cuántas monedas de 1¢ tiene Carla en total?

9 monedas de 1¢ ○ 10 monedas de 1¢ ○ 11 monedas de 1¢ ○ 12 monedas de 1¢ ○

Las mates en casa Dé a su niño o niña 10 monedas de 1¢. Proporciónele 2 monedas de 1¢ más. Pídale que siga contando 2 usando esas monedas de 1¢. Pida a su niño o niña que le diga cuántas monedas de 1¢ tiene en total.

Nombre

Usar una recta numérica para sumar

Lección 3

PREGUNTA IMPORTANTE
¿Cómo uso las estrategias para sumar números?

Explorar y explicar

¡Hacia la ciudad!

____ + ____ = ____

Escribe tu enunciado de suma aquí.

Instrucciones para el maestro: Pida a los niños que usen [cubo] para representar. Diga: *Un carro está cruzando el puente. Empieza en el número 4. Avanza 3 espacios hacia la derecha.* Pregunte: *¿En dónde se detiene el carro?* Pídales que escriban el enunciado de suma.

Ver y mostrar

PRÁCTICAS matemáticas

Puedes usar una **recta numérica** para sumar. Empieza en el número mayor y sigue contando avanzando hacia la derecha.

Pista
Empieza en el número mayor. 5, 6, 7, 8

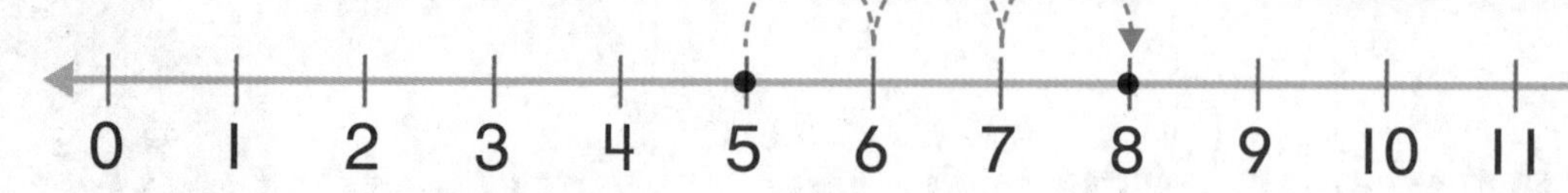

$5 + 3 =$ 8

Usa la recta numérica para sumar. Muestra tu trabajo. Escribe la suma.

1. $6 + 2 =$ _____

0 1 2 3 4 5 6 7 8 9 10 11 12

2. $8 + 2 =$ _____

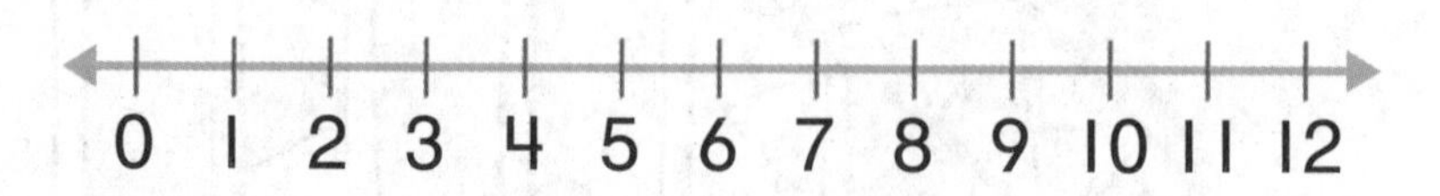

3. $1 + 4 =$ _____

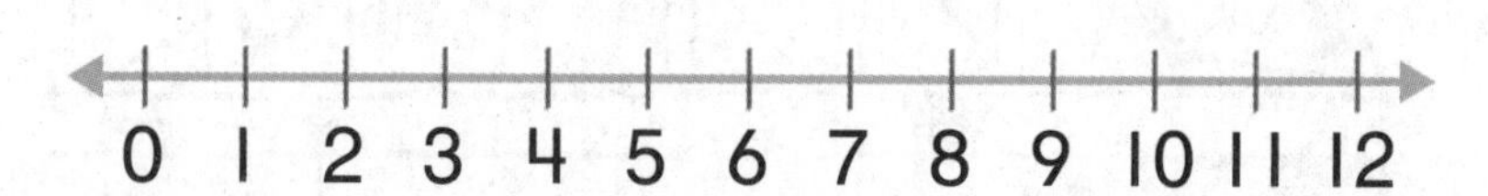

4. $7 + 2 =$ _____

0 1 2 3 4 5 6 7 8 9 10 11 12

Habla de las mates ¿Cómo te ayuda a sumar una recta numérica?

Nombre ....

Por mi cuenta

Usa la recta numérica para sumar. Escribe la suma.

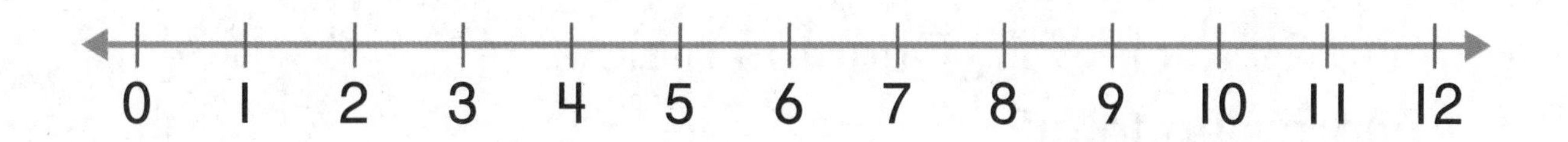

5. $3 + 4 =$ ______

6. $2 + 9 =$ ______

7. $1 + 8 =$ ______

8. $7 + 3 =$ ______

9. $\begin{array}{r} 6 \\ +\ 1 \\ \hline \end{array}$

10. $\begin{array}{r} 8 \\ +\ 3 \\ \hline \end{array}$

11. $\begin{array}{r} 1 \\ +\ 9 \\ \hline \end{array}$

12. $\begin{array}{r} 2 \\ +\ 7 \\ \hline \end{array}$

13. $\begin{array}{r} 9 \\ +\ 3 \\ \hline \end{array}$

14. $\begin{array}{r} 5 \\ +\ 2 \\ \hline \end{array}$

15. $\begin{array}{r} 1 \\ +\ 7 \\ \hline \end{array}$

16. $\begin{array}{r} 4 \\ +\ 2 \\ \hline \end{array}$

17. $\begin{array}{r} 6 \\ +\ 3 \\ \hline \end{array}$

Resolución de problemas

Usa la recta numérica para resolver.

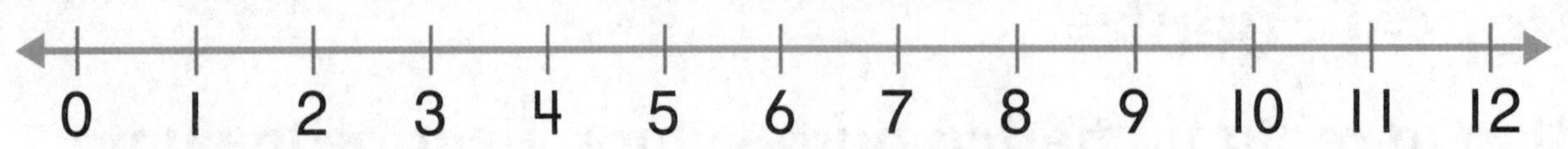

18. Amelia vio 5 bicicletas. Su hermano vio 2 bicicletas. ¿Cuántas bicicletas vieron en total?

______ bicicletas

19. Liz vio 8 palomas. Logan vio 2 palomas. ¿Cuántas palomas vieron en total?

______ palomas

Las mates en palabras ¿Por qué empiezas en el número mayor al sumar en una recta numérica?

Nombre ....

Mi tarea

Lección 3
Usar una recta numérica para sumar

Asistente de tareas

¿Necesitas ayuda? connectED.mcgraw-hill.com

Puedes usar una recta numérica para sumar.

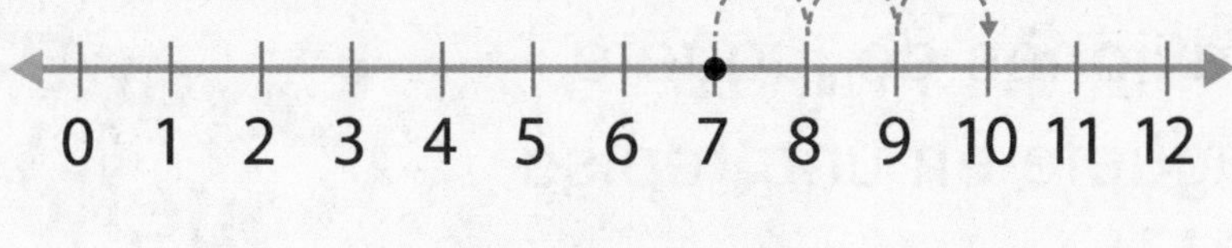

7 + 3 = 10

Pista
Empieza en el número mayor y sigue contando avanzando hacia la derecha.

Práctica

Usa la anterior recta numérica para sumar. Escribe la suma.

1. 1 + 8 = ______

2. 8 + 2 = ______

3. 5 + 3 = ______

4. 8 + 3 = ______

5. 7 + 2 = ______

6. 4 + 1 = ______

7. $\begin{array}{r} 9 \\ +\ 2 \\ \hline \end{array}$

8. $\begin{array}{r} 4 \\ +\ 3 \\ \hline \end{array}$

9. $\begin{array}{r} 6 \\ +\ 3 \\ \hline \end{array}$

Usa la recta numérica para resolver.

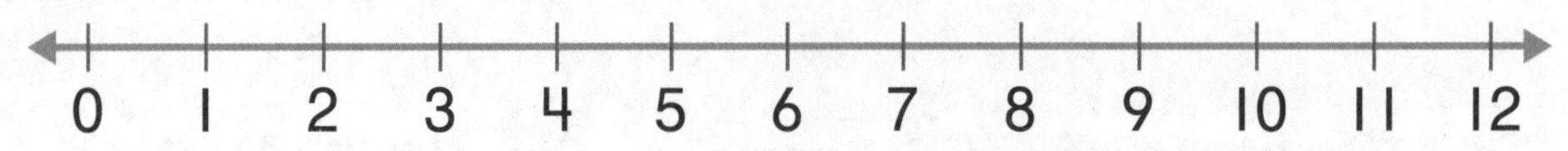

10. Hay 6 personas esperando un taxi. Llegan 2 personas más a la fila. ¿Cuántas personas hay en total esperando un taxi?

______ personas

11. Abigail pone 9 aviones de juguete y 3 carros de juguete en una repisa. ¿Cuántos juguetes puso en la repisa?

______ juguetes

Comprobación del vocabulario

Completa las oraciones.

recta numérica **seguir contando**

12. Al sumar en una ________________, empieza en el número mayor y avanza hacia la derecha.

13. Para ________________, empieza en el número mayor.

Las mates en casa Ayude a su niño o niña a crear una recta numérica de 0 a 10. Luego, pida a su niño o niña que use la recta numérica para mostrar 1 + 9.

Nombre

Usar dobles para sumar

Lección 4

PREGUNTA IMPORTANTE
¿Cómo uso las estrategias para sumar números?

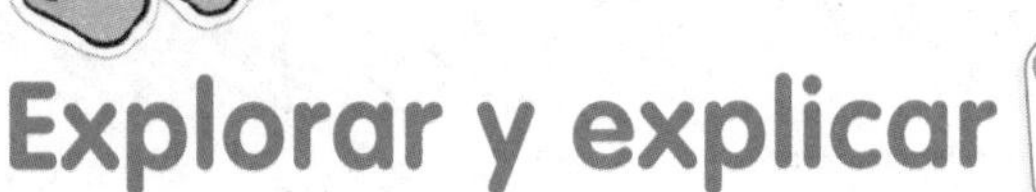

Explorar y explicar

____ + ____ = ____

Escribe tu enunciado de suma aquí.

Instrucciones para el maestro: Pida a los niños que usen [cubo] para representar, y que construyan una torre que tenga 3 cubos rojos y 3 cubos verdes. Pídales que dibujen su torre y escriban el enunciado de suma.

Ver y mostrar

PRÁCTICAS matemáticas

Los **sumandos** son los números que sumas. Los dos sumandos son el mismo número en una suma de **dobles.**

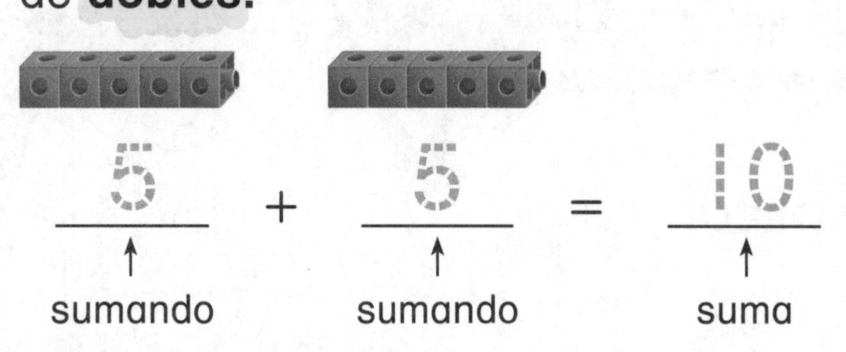

Pista
5 + 5 *es una suma de dobles.*

Usa ▪ para representar. Completa el enunciado de suma.

1\. ▪▪▪ ▪▪▪

___ + ___ = ___

2\. ▪▪▪▪ ▪▪▪▪

___ + ___ = ___

Suma. Encierra en un círculo las sumas de dobles.

3\. $7 + 7 =$ ___

4\. $5 + 5 =$ ___

5\. $7 + 4 =$ ___

6\. $6 + 6 =$ ___

7\. $9 + 9 =$ ___

Habla de las mates ¿Puedes usar dobles para hacer una suma de 7?

Nombre ....

Por mi cuenta

Usa para representar. Completa el enunciado de suma.

8.  

_____ + _____ = _____

9.  

_____ + _____ = _____

10. 

_____ + _____ = _____

11. 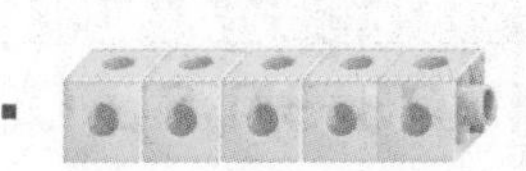 

_____ + _____ = _____

Suma. Encierra en un círculo las sumas de dobles.

12. $\begin{array}{r} 8 \\ +\ 8 \\ \hline \end{array}$

13. $\begin{array}{r} 9 \\ +\ 0 \\ \hline \end{array}$

14. $\begin{array}{r} 9 \\ +\ 9 \\ \hline \end{array}$

15. $8 + 3 =$ _____

16. $1 + 5 =$ _____

17. $6 + 6 =$ _____

18. $10 + 10 =$ _____

19. $3 + 3 =$ _____

20. $7 + 1 =$ _____

Resolución de problemas

21. Pasaron 4 taxis por la calle. Pasaron 4 taxis más. ¿Cuántos taxis pasaron en total?

______ taxis

22. Emad condujo sobre un puente en su camino a la escuela. Condujo sobre un puente más en su camino a casa. ¿Sobre cuántos puentes en total condujo Emad?

______ puentes

Las mates en palabras ¿Es $3 + 6$ una suma de dobles? Explica tu respuesta.

Nombre

Mi tarea

Lección 4
Usar dobles para sumar

Asistente de tareas

¿Necesitas ayuda? connectED.mcgraw-hill.com

En una suma de dobles, los dos sumandos son el mismo número.

$3 + 3 = 6$

3 → sumando, 3 → sumando, 6 → suma

Pista
3 + 3 es una suma de dobles.

Práctica

Suma. Encierra en un círculo las sumas de dobles.

1. $2 + 2$

2. $4 + 4$

3. $2 + 9$

4. $1 + 6$

5. $5 + 5$

6. $1 + 1$

7. $7 + 7 =$ ______

8. $7 + 2 =$ ______

Suma. Encierra en un círculo las sumas de dobles.

9. $6 + 3 =$ ______

10. $4 + 4 =$ ______

11. Hay 4 gatos de color marrón sentados en una cerca. También hay 4 gatos negros en la cerca. ¿Cuántos gatos en total hay en la cerca?

______ gatos

12. Hay 5 niñas jugando a la rayuela. El mismo número de niños está jugando a la pelota. ¿Cuántos niños y niñas están jugando en total?

______ niños y niñas

Comprobación del vocabulario

Completa las oraciones.

dobles **sumandos**

13. Los números que se suman para hallar una suma se llaman ______________________.

14. Dos sumandos que son el mismo número se llaman ______________________.

Las mates en casa Pida a su niño o niña que identifique objetos que muestren dobles como los dedos de las dos manos, los dedos de los pies o las ventanillas de un carro.

Nombre

Usar casi dobles para sumar

Lección 5

PREGUNTA IMPORTANTE
¿Cómo uso las estrategias para sumar números?

Explorar y explicar

Instrucciones para el maestro: Pida a los niños que usen [cubo] para representar. Diga: *Muestren la suma de dobles 3 + 3 en la valla publicitaria. Sumen o quiten un cubo de uno de los grupos de cubos. Dibujen los cubos y escriban el enunciado de suma.*

Ver y mostrar

PRÁCTICAS matemáticas

Puedes usar sumas de casi dobles para hallar una suma. Si sabes que 5 + 5 = 10, puedes hallar 5 + 6 y 5 + 4.

dobles **dobles más 1** **dobles menos 1**

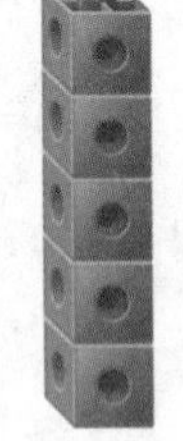

5 + 5 = 10 5 + 6 = 11 5 + 4 = 9

Usa ▪ para representar. Escribe el enunciado de suma.

1\.

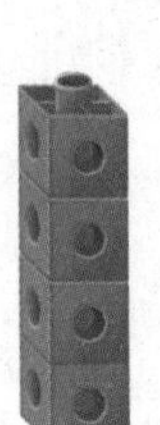
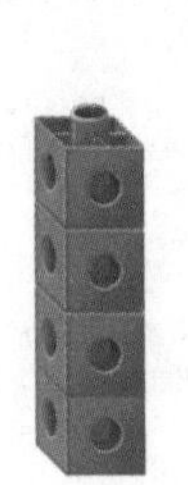

____ + ____ = ____ ____ + ____ = ____

2\.

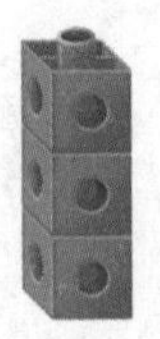
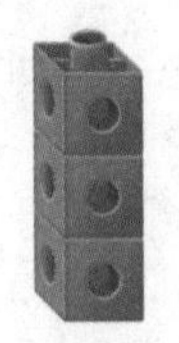

____ + ____ = ____ ____ + ____ = ____

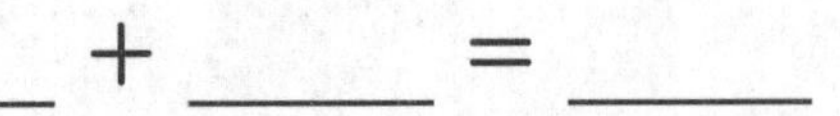

Habla de las mates ¿Cómo te ayudan las sumas de dobles a aprender las sumas de casi dobles?

Nombre

CCSS

Por mi cuenta

Usa [cubo] para representar. Halla las sumas.

3. $2 + 2 =$ ______

   $2 + 3 =$ ______

4. $3 + 3 =$ ______

   $3 + 2 =$ ______

5. $8 + 7 =$ ______

6. $7 + 7 =$ ______

7. $6 + 6 =$ ______

8. $6 + 5 =$ ______

9. $\begin{array}{r} 7 \\ +\ 6 \\ \hline \end{array}$

10. $\begin{array}{r} 7 \\ +\ 8 \\ \hline \end{array}$

11. $\begin{array}{r} 4 \\ +\ 3 \\ \hline \end{array}$

12. $\begin{array}{r} 5 \\ +\ 4 \\ \hline \end{array}$

13. $\begin{array}{r} 5 \\ +\ 5 \\ \hline \end{array}$

14. $\begin{array}{r} 5 \\ +\ 6 \\ \hline \end{array}$

15. $\begin{array}{r} 7 \\ +\ 3 \\ \hline \end{array}$

16. $\begin{array}{r} 7 \\ +\ 5 \\ \hline \end{array}$

17. $\begin{array}{r} 7 \\ +\ 4 \\ \hline \end{array}$

Resolución de problemas

Resuelve. Escribe la suma de dobles que te ayudó a resolver el problema.

18. Tyra ve 5 escarabajos. Sara ve 6 escarabajos. ¿Cuántos escarabajos ven en total?

_____ escarabajos

_____ + _____ = _____

19. Adam tiene 9 flores rojas y 8 flores violetas. ¿Cuántas flores tiene en total?

¡Hola! ¡Soy Flor!

_____ flores

_____ + _____ = _____

Problema S.O.S. Devon tiene 6 mascotas. Maya tiene 7 mascotas. La respuesta es 13 mascotas. ¿Cuál es la pregunta?

Nombre ....

Mi tarea

Lección 5
Usar casi dobles para sumar

Asistente de tareas

¿Necesitas ayuda? connectED.mcgraw-hill.com

Puedes usar sumas de casi dobles para hallar una suma.

dobles

3 + 3 = 6

dobles más 1

3 + 4 = 7

dobles menos 1

3 + 2 = 5

Práctica

Halla las sumas.

1. 4 + 4 = ____

   4 + 5 = ____

2. 8 + 8 = ____

   8 + 7 = ____

3. 6 + 5 = ____

4. 6 + 6 = ____

5. $\begin{array}{r} 7 \\ +\ 6 \\ \hline \end{array}$

6. $\begin{array}{r} 7 \\ +\ 7 \\ \hline \end{array}$

7. $\begin{array}{r} 7 \\ +\ 8 \\ \hline \end{array}$

Resuelve. Escribe las sumas de dobles que te ayudaron a resolver el problema.

8. Paul es paseador de perros. Pasea 7 perros pequeños. Pasea 6 perros grandes. ¿Cuántos perros pasea en total?

_____ perros

_____ + _____ = _____

9. Hay 9 niñas y 8 niños en la clase de María que caminan a la escuela. ¿Cuántos niños y niñas de su clase caminan a la escuela en total?

_____ niños y niñas

_____ + _____ = _____

Comprobación del vocabulario

Encierra en un círculo la palabra que falta.

dobles más 1 **dobles menos 1**

10. Si sabes que $8 + 8 = 16$, entonces puedes usar _______ para hallar $8 + 7$.

Las mates en casa Dé a su niño o niña un problema de suma como $4 + 5$ o $3 + 4$. Pídale que le dé la suma de dobles que le será de ayuda para hallar la suma.

Nombre

Compruebo mi progreso

Comprobación del vocabulario

Traza líneas para relacionar.

1. **seguir contando**	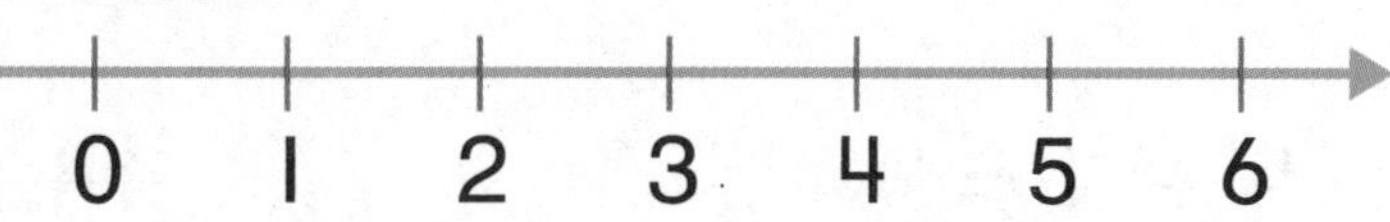
2. **recta numérica**	$4 + 4 = 8$
3. **sumandos**	Empieza en un número y cuenta hacia delante para sumar.
4. **dobles**	Números que se suman para hallar una suma.
5. **dobles + 1**	Suma con dobles y resta uno.
6. **dobles – 1**	Suma con dobles y suma uno.

Comprobación del concepto

Empieza en el número mayor. Sigue contando para sumar.

7. $\begin{array}{r} 6 \\ +\ 3 \\ \hline \end{array}$

8. $\begin{array}{r} 1 \\ +\ 7 \\ \hline \end{array}$

9. $\begin{array}{r} 2 \\ +\ 3 \\ \hline \end{array}$

Usa la recta numérica para sumar. Escribe la suma.

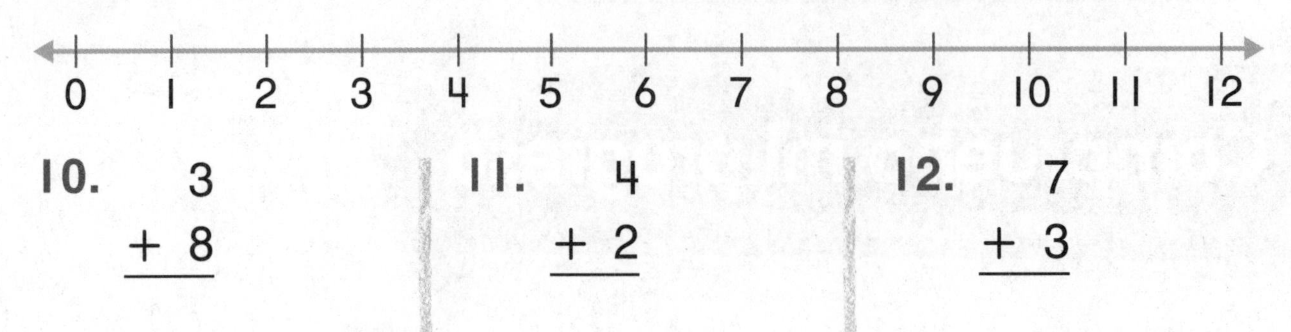

10. $\begin{array}{r} 3 \\ +\ 8 \\ \hline \end{array}$

11. $\begin{array}{r} 4 \\ +\ 2 \\ \hline \end{array}$

12. $\begin{array}{r} 7 \\ +\ 3 \\ \hline \end{array}$

Suma. Encierra en un círculo las sumas de dobles.

13. 4 + 4 = _____

14. 4 + 5 = _____

15. 9 + 8 = _____

16. 8 + 8 = _____

17. Craig contó 7 puertas. Contó 2 puertas más. ¿Cuántas puertas contó Craig en total?

_____ puertas

Práctica para la prueba

18. ¿Cuál suma de dobles te ayuda a hallar esta suma?

9 + 8 = _____

10 + 10	7 + 7	5 + 5	9 + 9
○	○	○	○

Nombre

Resolución de problemas

ESTRATEGIA: Representar

Lección 6

PREGUNTA IMPORTANTE
¿Cómo uso las estrategias para sumar números?

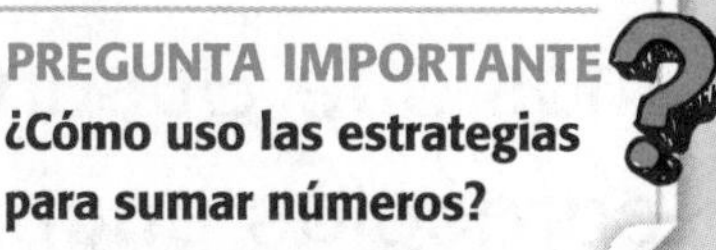

Observa Herramientas

Hay 3 aves rojas en una rama. Hay 2 aves amarillas más que aves rojas en otra rama. ¿Cuántas aves amarillas hay?

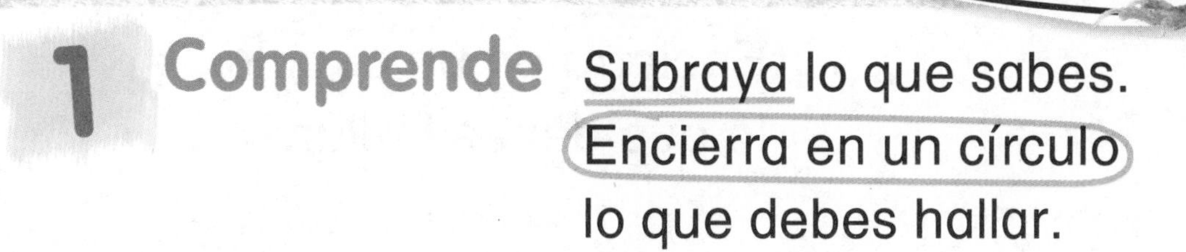

1 Comprende

Subraya lo que sabes. Encierra en un círculo lo que debes hallar.

2 Planea

¿Cómo resolveré el problema?

3 Resuelve

Lo representaré.

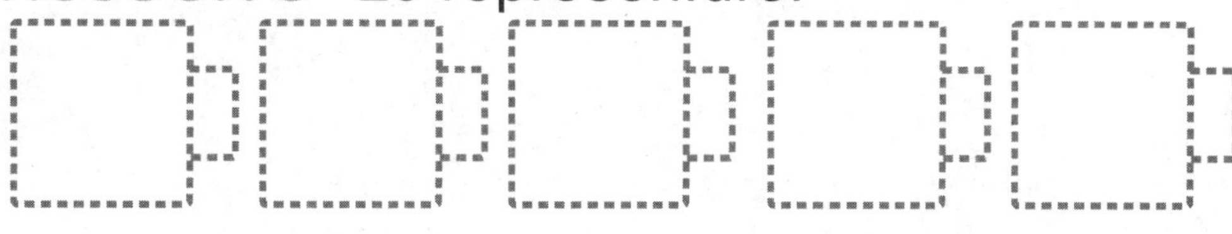

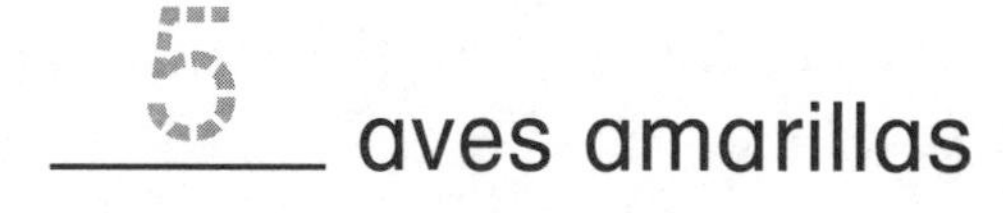

5 aves amarillas

4 Comprueba

¿Es razonable mi respuesta? ¿Por qué?

Practica la estrategia

Susan encontró 3 caracolas en la playa. Jamar encontró 1 caracola más que Susan. ¿Cuántas caracolas encontró Jamar?

1 Comprende Subraya lo que sabes. Encierra en un círculo lo que debes hallar.

2 Planea ¿Cómo resolveré el problema?

3 Resuelve Lo . . .

_______ caracolas

4 Comprueba ¿Es razonable mi respuesta? ¿Por qué?

Aplica la estrategia

Representa para resolver.

1. Lou recogió 7 manzanas. Jordan recogió 1 manzana más que Lou. ¿Cuántas manzanas recogió Jordan?

_____ manzanas

2. Jan tiene 6 collares. Kim tiene el mismo número de collares. ¿Cuántos collares tienen en total?

_____ collares

3. El payaso vende juguetes en cajas de 2, 4 y 6. La mamá de Nela compra 2 cajas con 10 juguetes en total. ¿Cuáles dos cajas compra ella?

cajas con _____ y _____ juguetes

Repasa las estrategias

Escoge una estrategia
- Representar.
- Dibujar un diagrama.
- Escribir un enunciado numérico.

4. Hay 5 botes en el lago.
Hay 6 botes fuera del lago.
¿Cuántos botes hay en total?

_____ botes

5. Las niñas viajan en 2 taxis.
Los niños viajan en algunos taxis.
Hay 9 taxis en total. ¿En cuántos taxis viajan los niños?

Parte	Parte
2	
Total	
9	

_____ taxis

6. Alan cuenta 7 lámparas. Kurt cuenta el mismo número de lámparas. ¿Cuántas lámparas cuentan Kurt y Alan?

_____ lámparas

Nombre ....

Mi tarea

Lección 6
Resolución de problemas: Representar

Asistente de tareas

¿Necesitas ayuda? connectED.mcgraw-hill.com

Hay 4 cubetas rojas. Hay 3 cubetas amarillas más que cubetas rojas. ¿Cuántas cubetas amarillas hay?

1 Comprende Subraya lo que sabes. Encierra en un círculo lo que debes hallar.

2 Planea ¿Cómo resolveré el problema?

3 Resuelve Lo representaré.

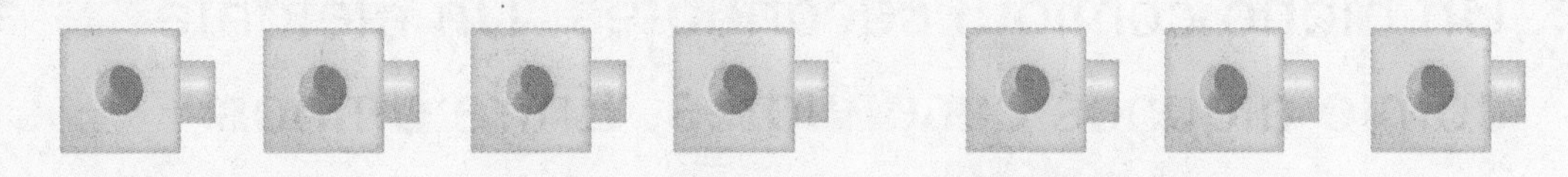

Hay 7 cubetas amarillas.

4 Comprueba ¿Es razonable mi respuesta?

Resolución de problemas

Subraya lo que sabes. Encierra en un círculo lo que debes hallar. Representa el problema para resolver. Usa cereal seco.

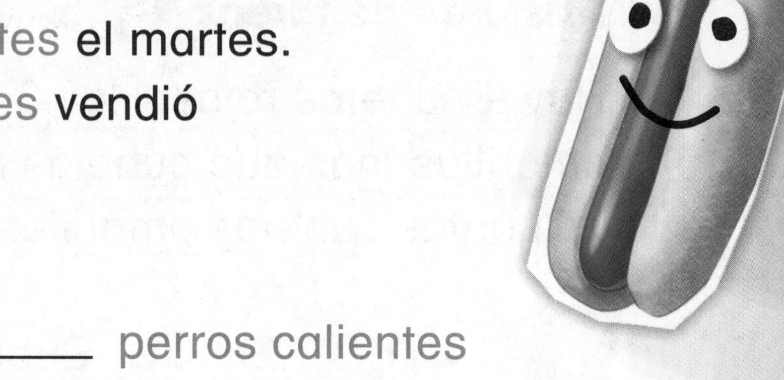

1. Una vendedora de perros calientes vendió 9 perros calientes el lunes. Vendió el mismo número de perros calientes el martes. ¿Cuántos perros calientes vendió en total?

   _____ perros calientes

2. Hay 4 personas trotando. Hay 5 personas más caminando que trotando. ¿Cuántas personas están caminando?

   _____ personas

3. Un mono comió 5 cacahuates. Un elefante comió algunos cacahuates. Entre ambos comieron 9 cacahuates en total. ¿Cuántos cacahuates comió el elefante?

   _____ cacahuates

Las mates en casa Aproveche oportunidades para la resolución de problemas durante las rutinas diarias como los viajes en carro, el lavado de la ropa, guardar los víveres, planear horarios, etc.

Nombre

Formar 10 para sumar

Lección 7

PREGUNTA IMPORTANTE
¿Cómo uso las estrategias para sumar números?

¡Vamos de paseo!

Explorar y explicar

Escribe tu respuesta aquí. ______

Instrucciones para el maestro: Pida a lo niños que usen para representar. Diga: *Hay 9 fichas en el marco de diez amarillo. Hay 5 fichas en el marco de diez violeta. Muevan fichas para formar 10. Coloreen las casillas usadas. Escriban cuántas fichas hay en total.*

Ver y mostrar

Puedes formar 10 como ayuda para sumar.

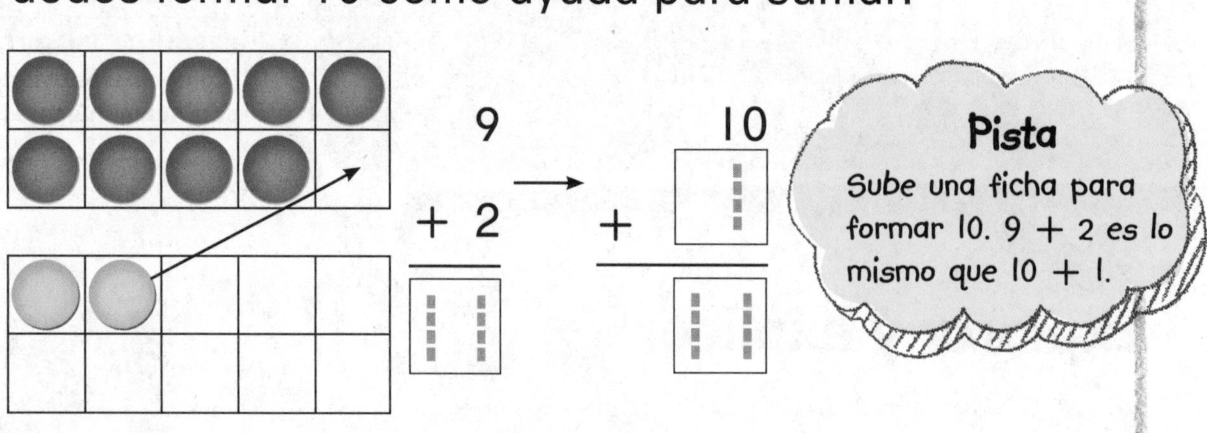

Usa el tablero de trabajo 2 y ●●. Forma diez para sumar.

1.

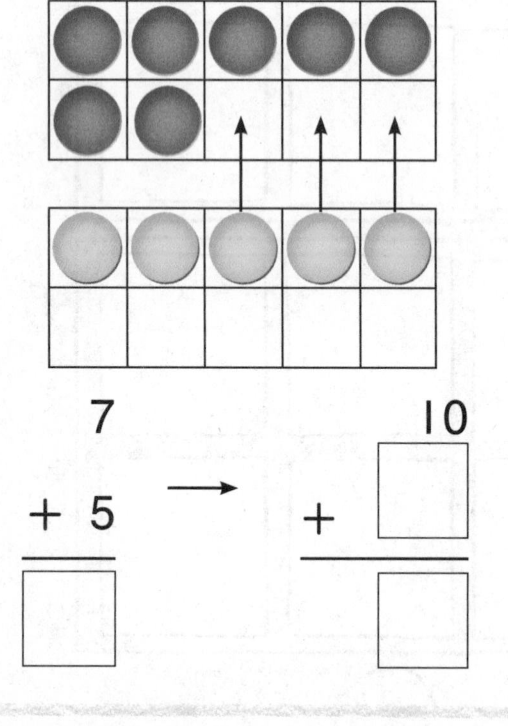

2.

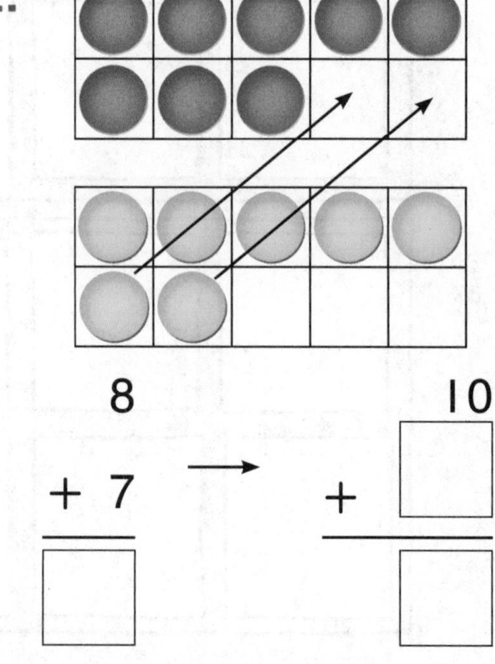

Habla de las mates ¿Por qué es útil formar 10 en un marco de diez al hallar sumas mayores de 10?

Nombre ....

¡Listo! ¡Pasa!

CCSS

Por mi cuenta

Usa el tablero de trabajo 2 y ●●. Forma diez para sumar.

3.

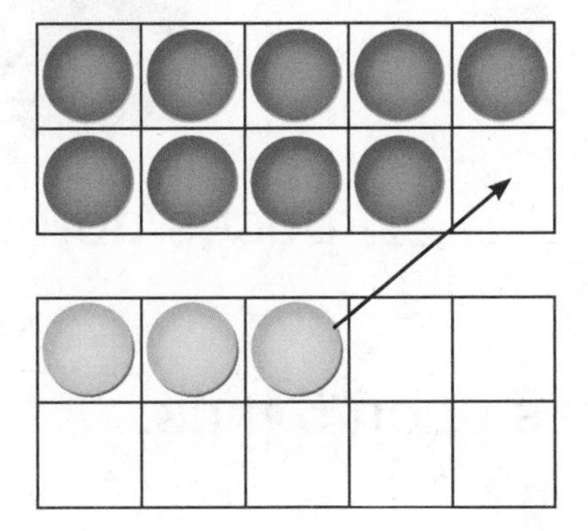

  9   10
+ 3 → + ☐
☐   ☐

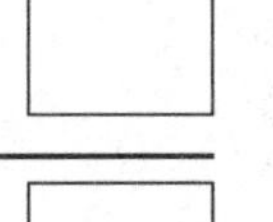

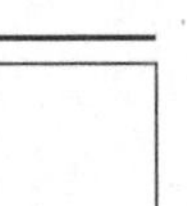

4.

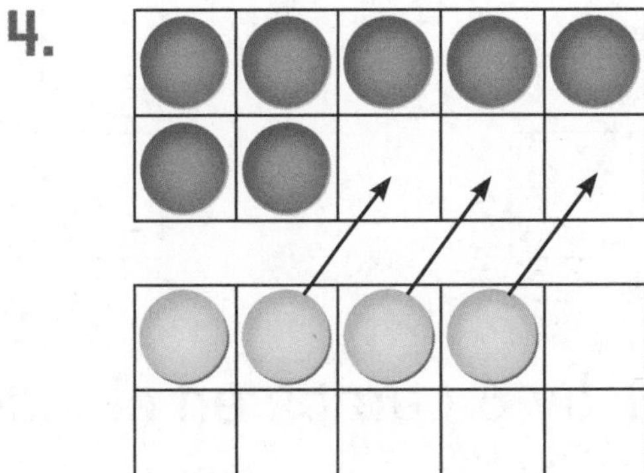

  7   10
+ 4 → + ☐
☐   ☐

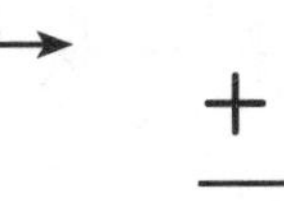

5.

  9   10
+ 6 → + ☐
☐   ☐

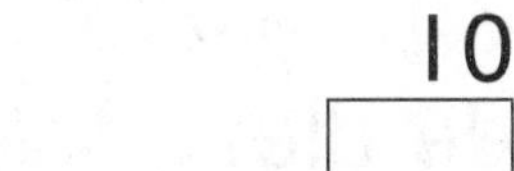

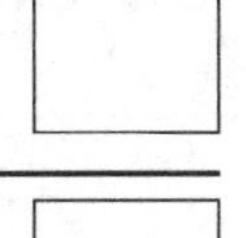

6.

  8   10
+ 5 → + ☐
☐   ☐

7.

  8   10
+ 4 → + ☐
☐   ☐

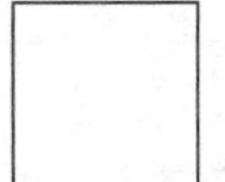

8.

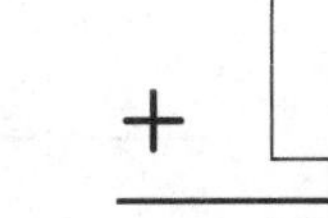

  7   10
+ 6 → + ☐
☐   ☐

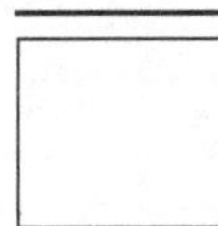

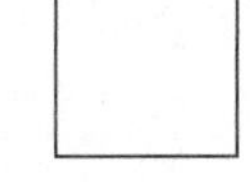

Resolución de problemas

PRÁCTICAS matemáticas

Usa el tablero de trabajo 2 y  **para resolver.**

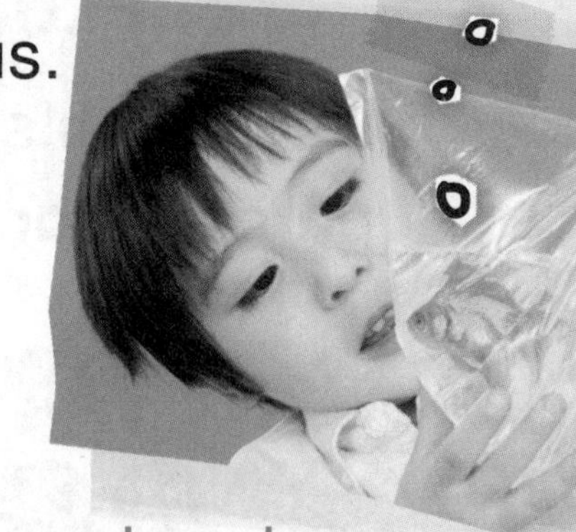

9. Dan tiene 8 peces dorados. Obtiene 5 más. ¿Cuántos peces dorados tiene ahora?

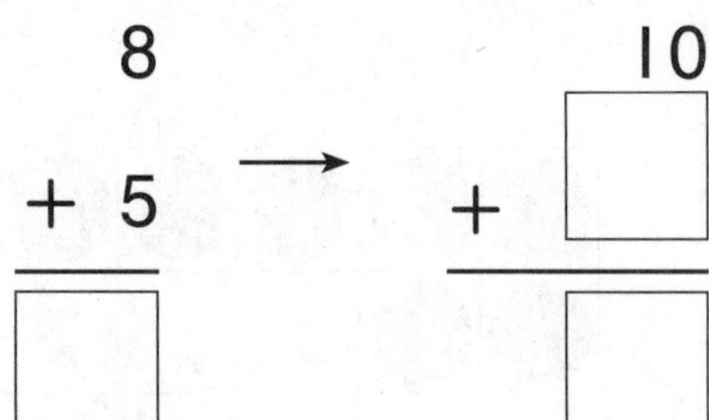

$$\begin{array}{r} 8 \\ +\ 5 \\ \hline \square \end{array} \longrightarrow \begin{array}{r} 10 \\ +\ \square \\ \hline \square \end{array}$$

_____ peces dorados

10. Hay 6 cerdos en el lodo. Se les unen 5 más. ¿Cuántos cerdos hay en el lodo?

$$\begin{array}{r} 6 \\ +\ 5 \\ \hline \square \end{array} \longrightarrow \begin{array}{r} 10 \\ +\ \square \\ \hline \square \end{array}$$

_____ cerdos

Las mates en palabras Explica cómo formar 10 para sumar usando marcos de diez.

Nombre ....

Mi tarea

Lección 7

Formar 10 para sumar

Asistente de tareas

¿Necesitas ayuda? connectED.mcgraw-hill.com

Puedes formar 10 para sumar.

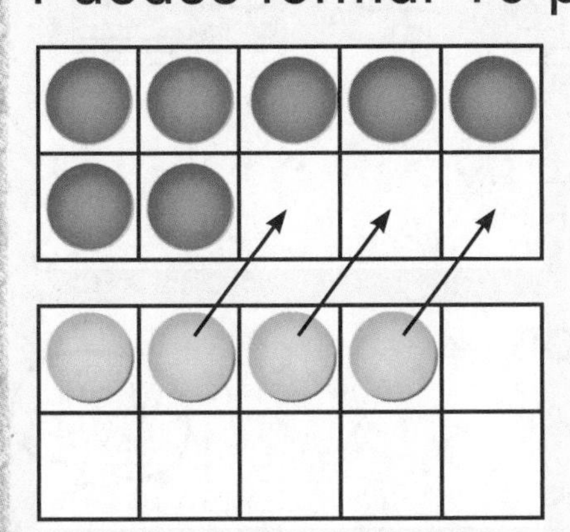

$$\begin{array}{r} 7 \\ +\ 4 \\ \hline 11 \end{array} \longrightarrow \begin{array}{r} 10 \\ +\ 1 \\ \hline 11 \end{array}$$

Pista

Sube 3 fichas para formar 10.

Forma diez para sumar.

1.

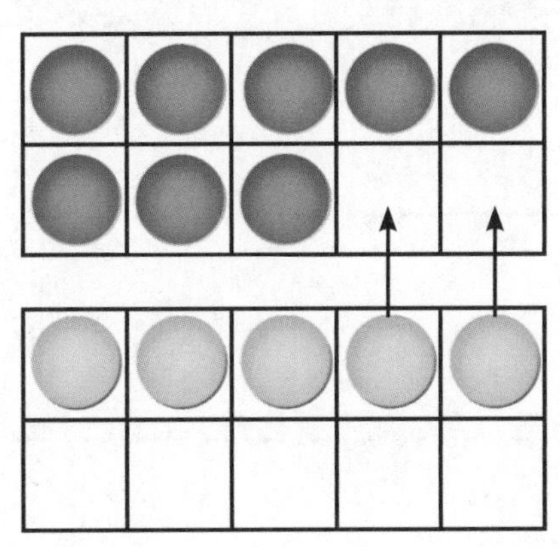

$$\begin{array}{r} 8 \\ +\ 5 \\ \hline \square \end{array} \longrightarrow \begin{array}{r} 10 \\ +\ \square \\ \hline \square \end{array}$$

2.

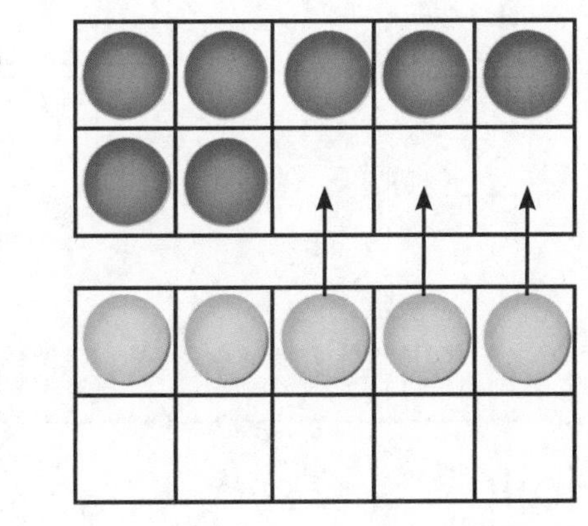

$$\begin{array}{r} 7 \\ +\ 5 \\ \hline \square \end{array} \longrightarrow \begin{array}{r} 10 \\ +\ \square \\ \hline \square \end{array}$$

Forma diez para sumar.

3.

$$\begin{array}{r} 8 \\ +\ 9 \\ \hline \square \end{array} \longrightarrow \begin{array}{r} 10 \\ +\ \square \\ \hline \square \end{array}$$

4.

$$\begin{array}{r} 9 \\ +\ 4 \\ \hline \square \end{array} \longrightarrow \begin{array}{r} 10 \\ +\ \square \\ \hline \square \end{array}$$

5.

$$\begin{array}{r} 7 \\ +\ 8 \\ \hline \square \end{array} \longrightarrow \begin{array}{r} 10 \\ +\ \square \\ \hline \square \end{array}$$

6.

$$\begin{array}{r} 8 \\ +\ 6 \\ \hline \square \end{array} \longrightarrow \begin{array}{r} 10 \\ +\ \square \\ \hline \square \end{array}$$

7. Hay 7 ardillas en el parque. Llegan 5 ardillas más. ¿Cuántas ardillas hay ahora en el parque?

¡Aquí estoy!

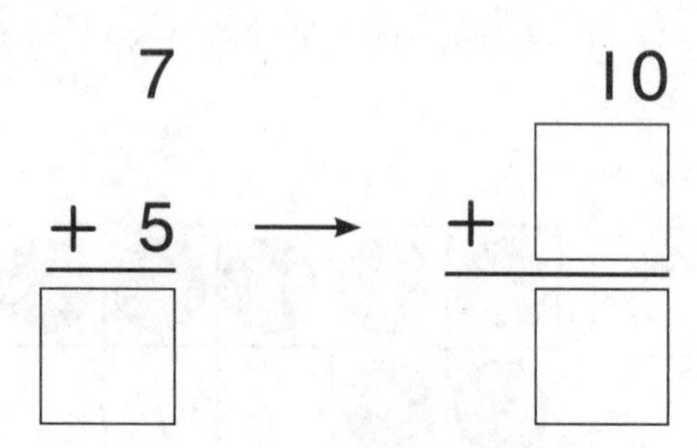

$$\begin{array}{r} 7 \\ +\ 5 \\ \hline \square \end{array} \longrightarrow \begin{array}{r} 10 \\ +\ \square \\ \hline \square \end{array}$$

______ ardillas

Práctica para la prueba

8. Halla 9 + 7.

14	15	16	17
○	○	○	○

Las mates en casa Dibuje dos marcos de diez. Dé a su niño o niña problemas de suma con sumas hasta el 20 y monedas de 1¢. Ayúdelo a resolver los problemas usando los marcos de diez y las monedas de 1¢.

Nombre

Sumar en cualquier orden

Lección 8

PREGUNTA IMPORTANTE
¿Cómo uso las estrategias para sumar números?

Explorar y explicar

Observa

Herramientas

4 + 3 = ______ 3 + 4 = ______

Instrucciones para el maestro: Pida a los niños que usen ●● para representar 4 + 3, y que escriban la suma. Diga: *Ahora cambien el orden, dibujen y coloreen. Escriban la suma y describan lo que observan sobre las sumas.*

Ver y mostrar

Puedes cambiar el orden de los sumandos y obtener la misma suma.

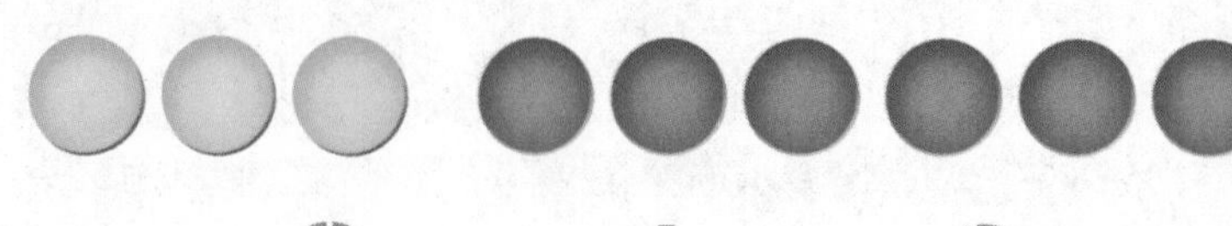

3 + 6 = 9

sumando sumando suma

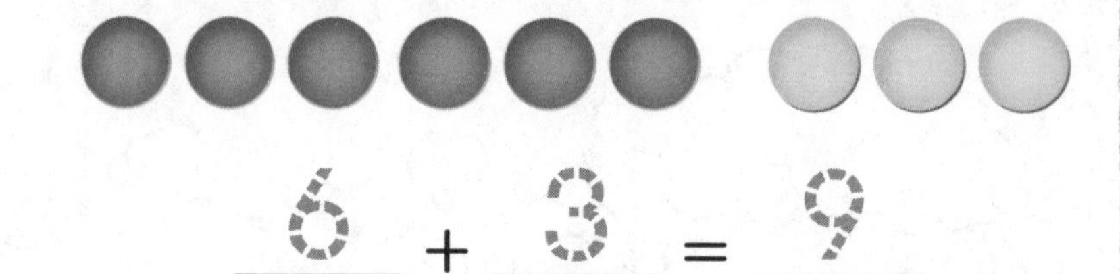

6 + 3 = 9

sumando sumando suma

Escribe los sumandos. Usa [counters] para sumar. Escribe la suma.

1.

_____ + _____ = _____

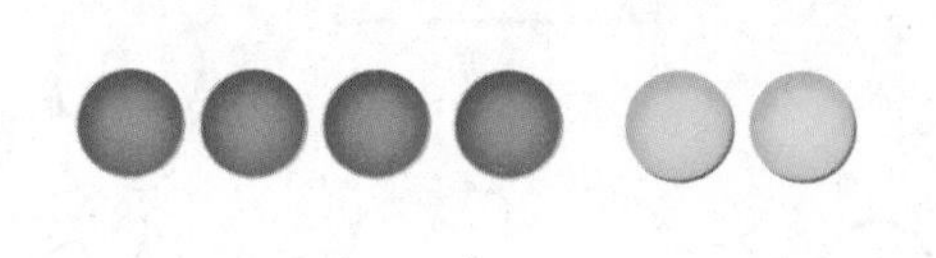

_____ + _____ = _____

2.

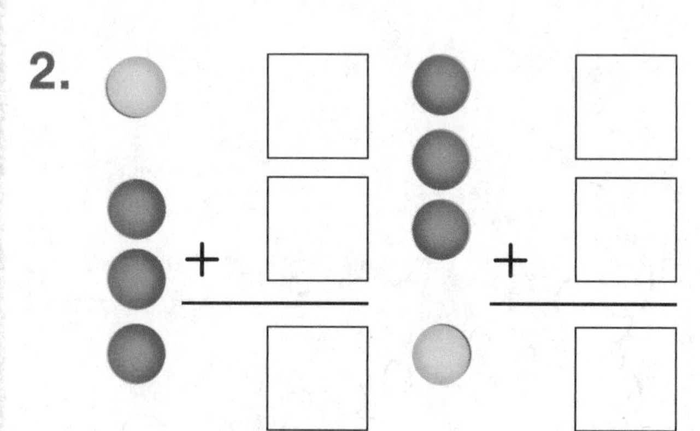

Habla de las mates Di cómo puedes mostrar que 1 + 9 tiene la misma suma que 9 + 1.

Nombre ....

Pista
Si cambias el orden de los sumandos, obtienes la misma suma.

CCSS

Por mi cuenta

Escribe los sumandos. Suma. Escribe la suma.

3.  

_____ + _____ = _____

_____ + _____ = _____

4.    

_____ + _____ = _____

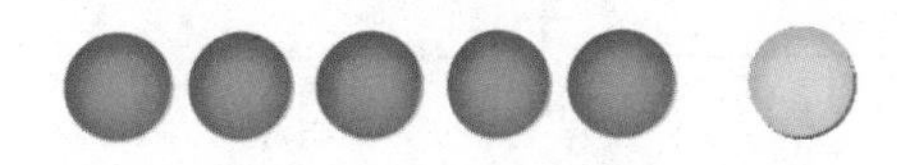

_____ + _____ = _____

5. 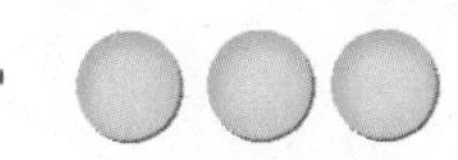 

_____ + _____ = _____

_____ + _____ = _____

6.   

_____ + _____ = _____

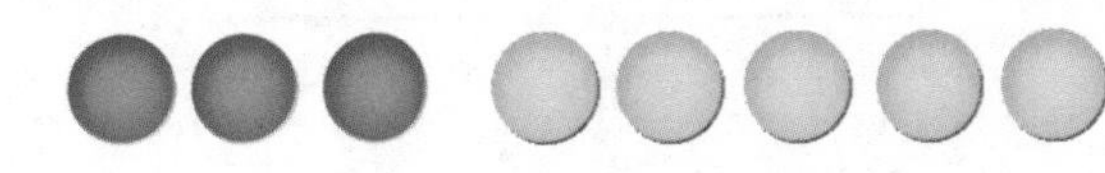

_____ + _____ = _____

Suma.

7. $\begin{array}{r} 6 \\ +\ 1 \\ \hline \end{array}$ $\begin{array}{r} 1 \\ +\ 7 \\ \hline \end{array}$ $\begin{array}{r} 1 \\ +\ 6 \\ \hline \end{array}$

8. $\begin{array}{r} 3 \\ +\ 3 \\ \hline \end{array}$ $\begin{array}{r} 5 \\ +\ 3 \\ \hline \end{array}$ $\begin{array}{r} 3 \\ +\ 5 \\ \hline \end{array}$

Resolución de problemas

Escribe dos maneras de sumar. Resuelve.

9. Hay 4 catarinas que trepan a una hoja. Se les unen 8 más. ¿Cuántas catarinas hay en la hoja?

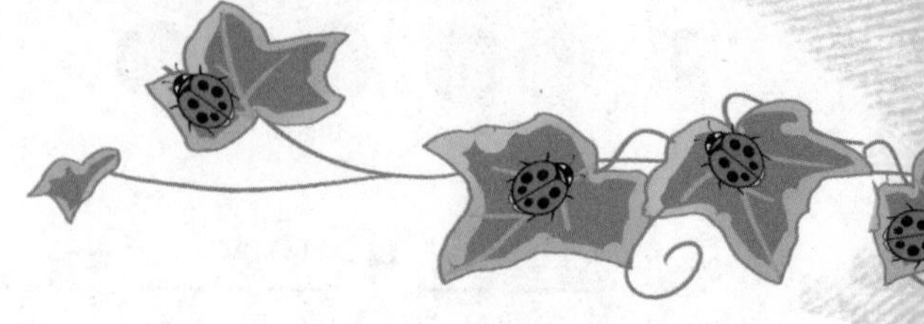

_____ + _____

_____ + _____ _____ catarinas

10. Hay 3 mariposas en el jardín. Se les unen 0 mariposas. ¿Cuántas mariposas hay en el jardín?

_____ + _____

_____ + _____ _____ mariposas

Las mates en palabras ¿Puedes restar en cualquier orden? Usa ●●. Explica tu respuesta.

Nombre ....

Mi tarea

Lección 8
Sumar en cualquier orden

Asistente de tareas

¿Necesitas ayuda? connectED.mcgraw-hill.com

Puedes cambiar el orden de los sumandos y obtener la misma suma.

$4 + 5 = 9$

$5 + 4 = 9$

Práctica

Escribe los sumandos. Luego, suma.

1. 

____ + ____ = ____

____ + ____ = ____

2. 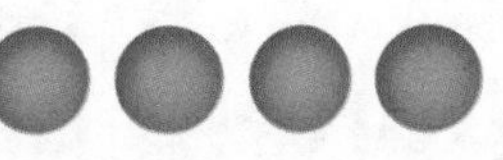 

____ + ____ = ____

____ + ____ = ____

Suma. Encierra en un círculo los sumandos que tienen la misma suma.

3. $6 + 5 =$ _____ $5 + 6 =$ _____

4. $3 + 5 =$ _____ $3 + 6 =$ _____

Escribe dos maneras de sumar. Resuelve.

5. Greg sube 7 escalones para llegar a su apartamento. Bill sube 8 escalones para llegar a su apartamento. ¿Cuántos escalones subieron en total?

¿Puedes mantener el paso?

_____ + _____

_____ + _____ _____ escalones

Práctica para la prueba

6. Lynn camina 3 cuadras a la biblioteca. Luego, camina 8 cuadras a su clase de baile. ¿Cuántas cuadras camina en total?

9	10	11	12
○	○	○	○

Las mates en casa Muestre a su niño o niña 4 platos y 2 tazas. Pídale que escriba dos enunciados de suma acerca de ellos.

Nombre ....

Sumar tres números

Lección 9

PREGUNTA IMPORTANTE
¿Cómo uso las estrategias para sumar números?

¡Hola, vecinos!

Explorar y explicar

_____ + _____ + _____ = _____

Instrucciones para el maestro: Pida a los niños que usen ●● para representar. Diga: *Hay 6 mascotas en el edificio A. Hay 4 mascotas en el edificio B. Hay 4 mascotas en el edificio C.* Pídales que sumen el número de mascotas en dos de los edificios. Luego, que sumen el número de mascotas en el tercero, y que escriban el enunciado de suma.

Ver y mostrar

Puedes agrupar números y sumar en cualquier orden. Busca los dobles. Busca los números que formen diez.

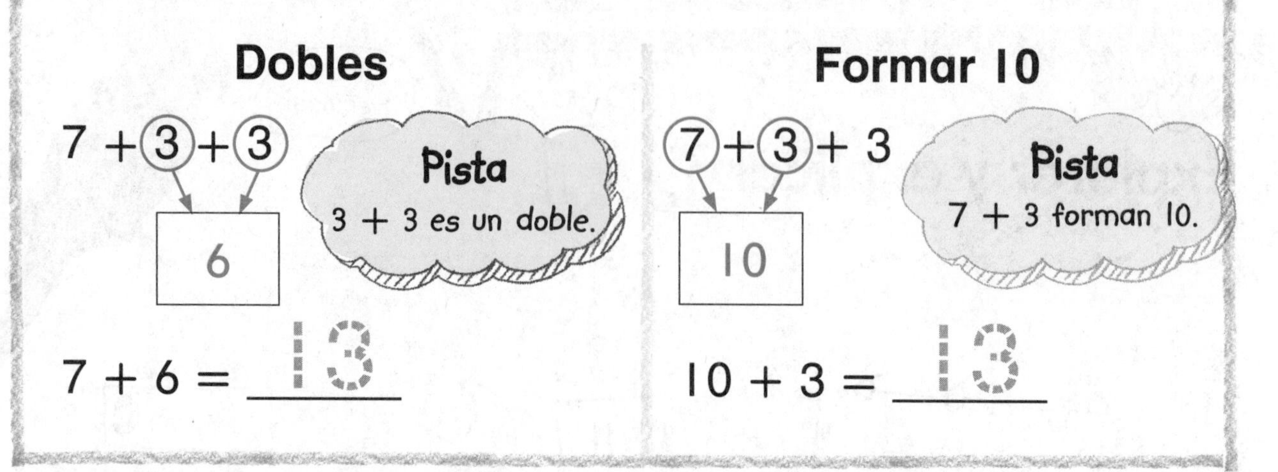

Suma los dobles o forma diez. Escribe ese número. Suma el otro número para hallar la suma.

1. 6 + 4 + 3 = ____ □

2. 4 + 7 + 4 = ____ □

3. 3 + 3 + 4 □

4. 4 + 2 + 4 □

5. 4 + 6 + 2 □

Habla de las mates Di como sumarías los números 1 + 2 + 1.

Nombre ....

Por mi cuenta

Suma los dobles o forma diez. Escribe ese número. Suma el otro número para hallar la suma.

6. $2 + 2 + 3 =$ _____

7. $4 + 7 + 3 =$ _____

8. $3 + 9 + 1 =$ _____

9. $4 + 4 + 2 =$ _____

10. $2 + 8 + 1 =$ _____

11. $4 + 3 + 3 =$ _____

12.
$$\begin{array}{r} 1 \\ 1 \\ + \ 8 \\ \hline \end{array}$$

13.
$$\begin{array}{r} 6 \\ 4 \\ + \ 2 \\ \hline \end{array}$$

Resolución de problemas

Escribe un enunciado de suma para resolver.

14. El lunes, 8 patos estaban en el estanque. El martes, 4 patos estaban en el estanque. El miércoles, 4 patos estaban en el estanque. ¿Cuántos patos estaban en el estanque en total?

_____ + _____ + _____ = _____ patos

15. Un edificio de apartamentos tiene 3 puertas en el primer piso, 5 puertas en el segundo piso y 5 puertas en el tercer piso. ¿Cuántas puertas hay en total?

_____ + _____ + _____ = _____ puertas

Las mates en palabras Ricardo dice que $8 + 2 + 3 = 15$. Di por qué Ricardo está equivocado. Corrige el error.

Nombre ....

Mi tarea

Lección 9
Sumar tres números

Asistente de tareas 

¿Necesitas ayuda? connectED.mcgraw-hill.com

Puedes agrupar números y sumar en cualquier orden. Busca los dobles. Busca los números que formen diez.

6 + (4) + (4)

8

4 + 4 es un doble.
4 + 4 = 8.
Luego, suma
6 + 8.

6 + 8 = 14

(6) + (4) + 4

10

6 + 4 forman 10.
Luego, suma 10 + 4.

10 + 4 = 14

Práctica

Suma los dobles o forma diez. Escribe ese número. Suma el otro número para hallar la suma.

1. (5) + (5) + 2 = ____ ☐

2. (7) + 4 + (3) = ____ ☐

3. (2) + 9 + (2) = ____ ☐

4. (3) + (7) + 4 = ____ ☐

Escribe un enunciado de suma para resolver.

5. Bella ve 4 carros azules, 3 carros rojos y 4 carros negros. ¿Cuántos carros ve en total?

_____ + _____ + _____ = _____ carros

¡Juntas somos más dulces!

6. Tom comió 1 porción de pizza. Comió también 9 zanahorias y 3 fresas. ¿Cuántas porciones de alimento comió en total?

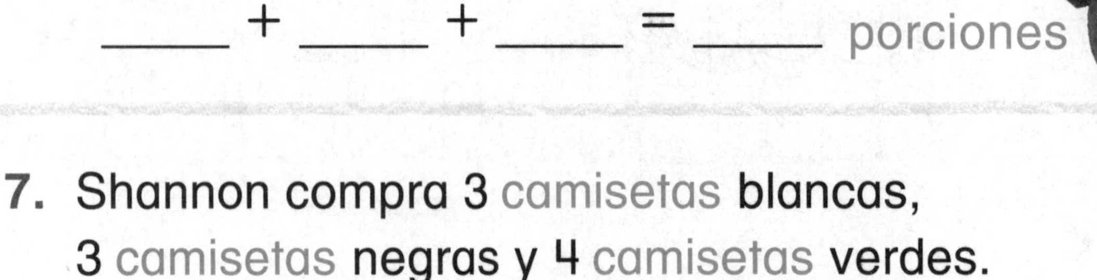

_____ + _____ + _____ = _____ porciones

7. Shannon compra 3 camisetas blancas, 3 camisetas negras y 4 camisetas verdes. ¿Cuántas camisetas compra en total?

_____ + _____ + _____ = _____ camisetas

Práctica para la prueba

8. $2 + 8 + 4 =$ _____

10	11	12	14
○	○	○	○

Las mates en casa Ponga 3 crayones, 3 lápices y 7 marcadores enfrente de su niño o niña. Pídale que identifique cuántos hay de cada uno y que sume los tres números para hallar cuántos hay en total. Pida a su niño o niña que explique su trabajo.

Nombre ....

Práctica de fluidez

Suma.

1. $4 + 4 =$ _____
2. $2 + 1 =$ _____
3. $1 + 1 =$ _____
4. $1 + 8 =$ _____
5. $1 + 0 =$ _____
6. $4 + 2 =$ _____
7. $6 + 3 =$ _____
8. $2 + 7 =$ _____
9. $3 + 2 =$ _____
10. $2 + 5 =$ _____
11. $6 + 1 =$ _____
12. $5 + 4 =$ _____

13. $\begin{array}{r} 7 \\ +\ 3 \\ \hline \end{array}$

14. $\begin{array}{r} 3 \\ +\ 3 \\ \hline \end{array}$

15. $\begin{array}{r} 2 \\ +\ 2 \\ \hline \end{array}$

16. $\begin{array}{r} 6 \\ +\ 4 \\ \hline \end{array}$

17. $\begin{array}{r} 0 \\ +\ 9 \\ \hline \end{array}$

18. $\begin{array}{r} 0 \\ +\ 5 \\ \hline \end{array}$

19. $\begin{array}{r} 7 \\ +\ 1 \\ \hline \end{array}$

20. $\begin{array}{r} 1 \\ +\ 3 \\ \hline \end{array}$

21. $\begin{array}{r} 0 \\ +\ 0 \\ \hline \end{array}$

Práctica de fluidez

Suma.

1. $0 + 8 =$ _____
2. $3 + 5 =$ _____
3. $7 + 9 =$ _____
4. $6 + 6 =$ _____
5. $1 + 6 =$ _____
6. $4 + 3 =$ _____
7. $6 + 7 =$ _____
8. $7 + 7 =$ _____
9. $3 + 8 =$ _____
10. $2 + 3 =$ _____
11. $9 + 0 =$ _____
12. $8 + 1 =$ _____

13. $\begin{array}{r} 4 \\ +\ 7 \\ \hline \end{array}$

14. $\begin{array}{r} 8 \\ +\ 4 \\ \hline \end{array}$

15. $\begin{array}{r} 10 \\ +\ 2 \\ \hline \end{array}$

16. $\begin{array}{r} 5 \\ +\ 2 \\ \hline \end{array}$

17. $\begin{array}{r} 9 \\ +\ 6 \\ \hline \end{array}$

18. $\begin{array}{r} 5 \\ +\ 6 \\ \hline \end{array}$

19. $\begin{array}{r} 10 \\ +\ 10 \\ \hline \end{array}$

20. $\begin{array}{r} 9 \\ +\ 9 \\ \hline \end{array}$

21. $\begin{array}{r} 9 \\ +\ 8 \\ \hline \end{array}$

Nombre

Mi repaso

Capítulo 3

Estrategias para sumar hasta el 20

Comprobación del vocabulario

Completa las oraciones.

dobles	**dobles más 1**	**dobles menos 1**
recta numérica	**seguir contando**	**sumandos**

1. Dos sumandos que son el mismo número se llaman ________________.

2. Puedes usar una recta numérica para ________________ números para hallar la suma.

3. Los números que se suman se llaman ____________.

4. Sumar con dobles más uno se llama ____________________.

Comprobación del concepto

Empieza en el número mayor. Sigue contando para sumar.

5. $7 + 2 =$ _____

6. $1 + 6 =$ _____

7. $4 + 3 =$ _____

8. $5 + 5 =$ _____

Forma diez para sumar.

9. 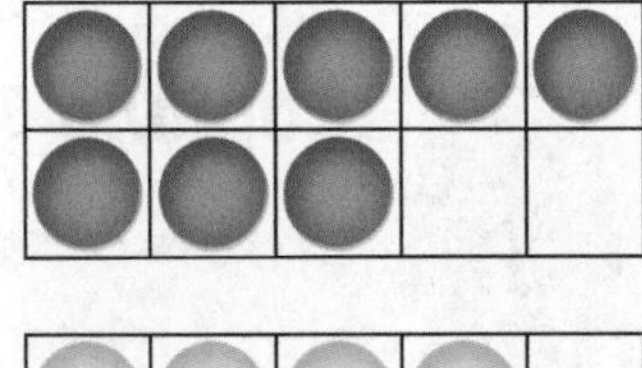

$$\begin{array}{r} 8 \\ +\ 4 \\ \hline \square \end{array} \rightarrow \begin{array}{r} 10 \\ +\ \square \\ \hline \square \end{array}$$

10. $$\begin{array}{r} 9 \\ +\ 9 \\ \hline \square \end{array} \rightarrow \begin{array}{r} 10 \\ +\ \square \\ \hline \square \end{array}$$

11. $$\begin{array}{r} 8 \\ +\ 3 \\ \hline \square \end{array} \rightarrow \begin{array}{r} 10 \\ +\ \square \\ \hline \square \end{array}$$

Escribe los sumandos. Suma.

12. 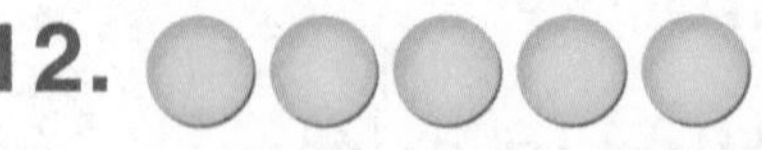

____ + ____ = ____

____ + ____ = ____

13. 

____ + ____ = ____

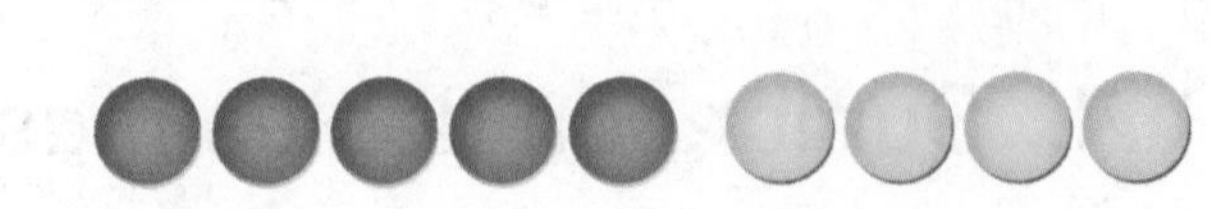

____ + ____ = ____

Suma los dobles o forma diez. Escribe ese número.
Suma el otro número para hallar la suma.

14. 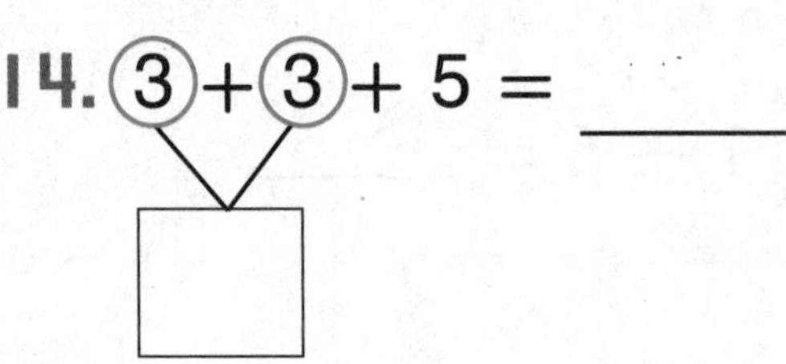

3 + 3 + 5 = ____

15. 1 + 7 + 9 = ____

Nombre ....

Resolución de problemas

16. Lisa bebió 2 vasos de leche. Juan bebió 3 vasos de leche. ¿Cuántos vasos de leche bebieron en total?

_____ vasos

17. Jenny tiene 7 libros de la biblioteca. Katy tiene 4 libros más que Jenny. ¿Cuántos libros tiene Katy?

_____ libros

Práctica para la prueba

18. Hay 4 perros jugando en el parque. Hay 4 perros nadando en el río. ¿Cuántos perros hay en total?

4	6	8	10
○	○	○	○

Pienso

Capítulo 3

Respuesta a la pregunta importante

Muestra las estrategias que usas para sumar.

PREGUNTA IMPORTANTE

¿Cómo uso las estrategias para sumar números?

Seguir contando	Dobles y casi dobles
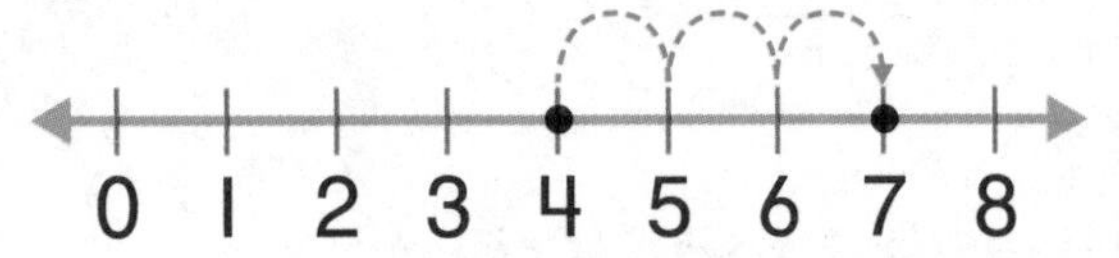 $4 + 3 =$ _____	$6 + 6 =$ _____ $6 + 7 =$ _____ $6 + 5 =$ _____
Sumar en cualquier orden	**Sumar tres números**
$8 + 1 =$ _____ $1 + 8 =$ _____	$8 + 4 + 2 =$ _____

Capítulo

Estrategias para restar hasta el 20

PREGUNTA IMPORTANTE

¿Qué estrategias puedo usar para restar?

¡Exploremos el océano!

¡Mira el video!

Mis estándares estatales

Operaciones y razonamiento algebraico

CCSS

1.OA.1 Realizar operaciones de suma y de resta hasta el 20 para resolver problemas contextualizados que involucren situaciones en las que algo se agrega o se quita, o en las que se reúnen, se separan o se comparan cosas, con incógnitas en todas las posiciones (por ejemplo, usando objetos, dibujos y ecuaciones con un símbolo en el lugar del número desconocido para representar el problema).

1.OA.4 Comprender la resta como un problema de sumando desconocido.

1.OA.5 Relacionar el conteo con la suma y la resta (por ejemplo, contar dos números más para sumar 2).

1.OA.6 Sumar y restar hasta el 20, demostrando fluidez para la suma y la resta hasta el 10. Usar estrategias como seguir contando, formar diez, descomponer un número para formar diez, usar la relación entre la suma y la resta y crear sumas equivalentes pero más fáciles o conocidas.

1.OA.8 Determinar el número natural desconocido en una ecuación de suma o de resta que relacione tres números naturales.

Estándares para las
PRÁCTICAS matemáticas

1. Entender los problemas y perseverar en la búsqueda de una solución.
2. Razonar de manera abstracta y cuantitativa.
3. Construir argumentos viables y hacer un análisis del razonamiento de los demás.
4. Representar con matemáticas.
5. Usar estratégicamente las herramientas apropiadas.
6. Prestar atención a la precisión.
7. Buscar una estructura y usarla.
8. Buscar y expresar regularidad en el razonamiento repetido.

= Se trabaja en este capítulo.

Nombre

Antes de seguir...

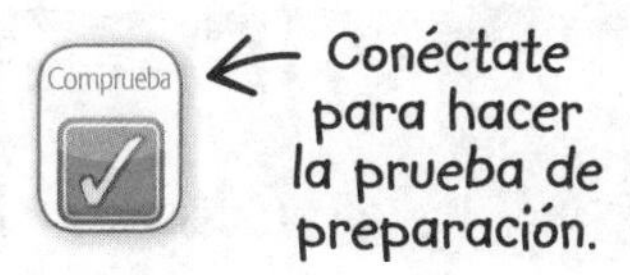

1. Encierra en un círculo el signo menos.

$+ \quad - \quad =$

2. Encierra en un círculo el signo igual.

$+ \quad - \quad =$

Resta.

3. $\begin{array}{r} 6 \\ -\ 0 \\ \hline \end{array}$

4. $\begin{array}{r} 5 \\ -\ 2 \\ \hline \end{array}$

5. $\begin{array}{r} 9 \\ -\ 8 \\ \hline \end{array}$

6. $\begin{array}{r} 4 \\ -\ 3 \\ \hline \end{array}$

7. $\begin{array}{r} 7 \\ -\ 3 \\ \hline \end{array}$

8. $\begin{array}{r} 3 \\ -\ 2 \\ \hline \end{array}$

9. Tacha 4 ballenas. Usa las imágenes para escribir un enunciado de resta.

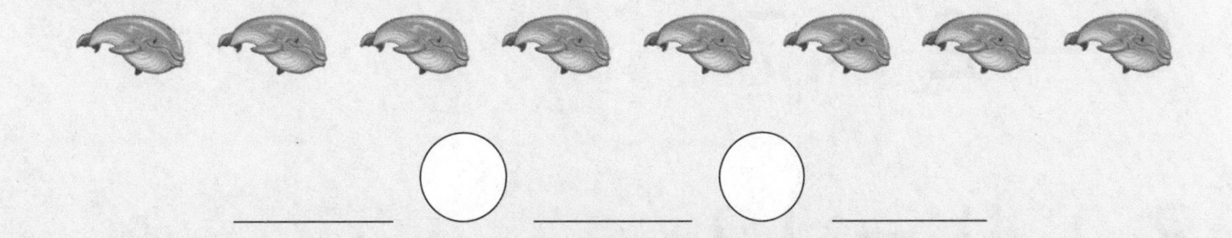

____ ◯ ____ ◯ ____

¿Cómo me fue?

Sombrea las casillas para mostrar los problemas que respondiste correctamente.

1	2	3	4	5	6	7	8	9

Nombre ....

Las palabras de mis mates

Repaso del vocabulario

falso   operaciones relacionadas   verdadero

¿Son operaciones relacionadas los conjuntos de enunciados numéricos? Encierra en un círculo verdadero o falso.

Enunciados numéricos	¿Verdadero o falso? ¿Son estas operaciones relacionadas?	
$3 + 4 = 7$ $7 - 3 = 4$	verdadero	falso
$5 + 2 = 7$ $9 - 2 = 7$	verdadero	falso
$8 + 4 = 12$ $12 - 4 = 8$	verdadero	falso

Mis tarjetas de vocabulario

Lección 4-1

contar hacia atrás

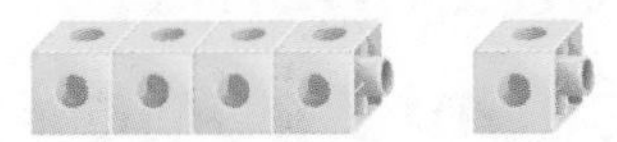

$6 - 2 = 4$

Lección 4-7

familia de operaciones

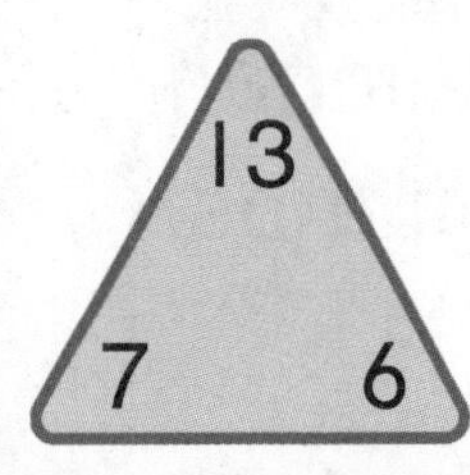

$6 + 7 = 13$

$7 + 6 = 13$

$13 - 6 = 7$

$13 - 7 = 6$

Lección 4-8

sumando que falta

$5 + \square = 9$

$9 - 5 = \square$

Instrucciones para el maestro:
Sugerencias

- Pida a los estudiantes que dibujen ejemplos para cada tarjeta de vocabulario. Pídales que hagan dibujos diferentes a los que se muestran.
- Pida a los estudiantes que usen las tarjetas en blanco para crear sus propias tarjetas de vocabulario.

Enunciados de suma y de resta que tienen los mismos números.

En una recta numérica, empieza en el número mayor y cuenta hacia atrás.

Puedes usar operaciones de resta para hallar un sumando que falta. El sumando que falta es 4.

Mi modelo de papel

FOLDABLES® Sigue los pasos que aparecen en el reverso para hacer tu modelo de papel.

$12 - 4 = 8$

$15 - 6 = 9$

$14 - 7 = 7$

$11 - 9 = 2$

$17 - 9 = 8$

12 − 4 = 8
15 − 6 = 9
14 − 7 = 7
11 − 9 = 2
17 − 9 = 8

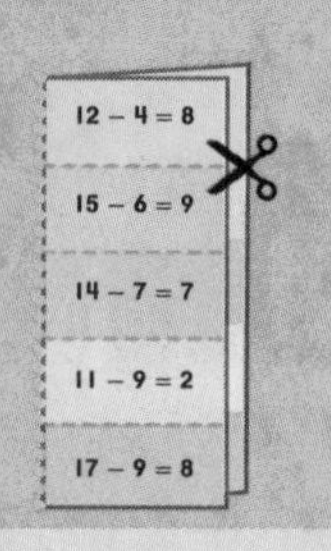

3

4 + 8 = 12   8 + 4 = 12
15 − 6 = 9
14 − 7 = 7
11 − 9 = 2
17 − 9 = 8

4 + 8 = 12   8 + 4 = 12

___ + ___ = ___   ___ + ___ = ___

___ + ___ = ___   ___ + ___ = ___

___ + ___ = ___   ___ + ___ = ___

___ + ___ = ___   ___ + ___ = ___

Nombre

Contar hacia atrás 1, 2 o 3

Lección 1

PREGUNTA IMPORTANTE
¿Qué estrategias puedo usar para restar?

Explorar y explicar

¡Me gustan los parques!

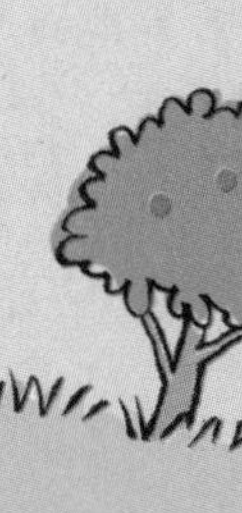

_____ ardillas

Instrucciones para el maestro: Pida a los niños que usen [cubo] para representar. Diga: *Hay 5 ardillas jugando. Se van 3.* Pregunte: *¿Cuántas ardillas siguen jugando?* Pídales que escriban el número.

Ver y mostrar

PRÁCTICAS matemáticas

Puedes **contar hacia atrás** para restar. Empieza en 6. Cuenta hacia atrás 2.

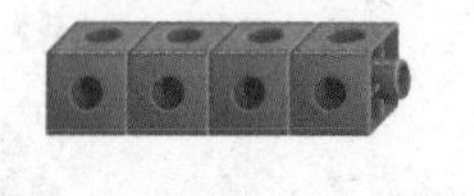  

6, 5, 4

6 − 2 = 4

Pista
Cuenta hacia atrás y quita cubos del tren. Escribe los números.

Cuenta hacia atrás para restar. Usa  como ayuda.

1. Empieza en 8. 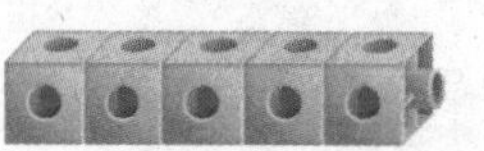   

8, ______, ______, ______

8 − 3 = ______

2. 7, ______

7 − 1 = ______

3. 4, ______, ______

4 − 2 = ______

4. 12, ______, ______

12 − 2 = ______

5. 10, ______, ______, ______

10 − 3 = ______

Habla de las mates ¿Cómo cuentas hacia atrás para hallar 7 − 2?

Nombre ....

¡Tu turno!

Por mi cuenta

Cuenta hacia atrás para restar.
Usa como ayuda.

6. $11 - 2 =$ ______

7. $12 - 3 =$ ______

8. $3 - 2 =$ ______

9. $10 - 3 =$ ______

10. $9 - 3 =$ ______

11. $4 - 1 =$ ______

12. $6 - 1 =$ ______

13. $11 - 3 =$ ______

14. $7 - 3 =$ ______

15. $9 - 2 =$ ______

16. $$\begin{array}{r} 10 \\ -\ 2 \\ \hline \end{array}$$

17. $$\begin{array}{r} 9 \\ -\ 2 \\ \hline \end{array}$$

18. $$\begin{array}{r} 8 \\ -\ 1 \\ \hline \end{array}$$

19. $$\begin{array}{r} 12 \\ -\ 2 \\ \hline \end{array}$$

20. $$\begin{array}{r} 10 \\ -\ 1 \\ \hline \end{array}$$

21. $$\begin{array}{r} 5 \\ -\ 3 \\ \hline \end{array}$$

Resolución de problemas

Escribe un enunciado de resta para resolver.

22. Hay 5 pelícanos sobre una roca. Se aleja volando 1. ¿Cuántos pelícanos quedan en la roca?

_____ − _____ = _____ pelícanos

23. Hay 11 barcos en el muelle. Salen del muelle 3 barcos. ¿Cuántos barcos quedan?

_____ − _____ = _____ barcos

Las mates en palabras ¿Cómo cuentas hacia atrás para hallar 11 − 2? Explica tu respuesta.

Nombre ....

Mi tarea

Lección 1
Contar hacia atrás 1, 2 o 3

Asistente de tareas

¿Necesitas ayuda? connectED.mcgraw-hill.com

Halla 5 – 2. Puedes contar hacia atrás para restar números. Empieza en 5. Cuenta hacia atrás 2.

5, 4, 3

Por lo tanto, 5 – 2 = 3.

Pista
Cuenta hacia atrás y quita cubos del tren.

Práctica

Cuenta hacia atrás para restar.

1. 7, _____, _____

7 – 2 = _____

2. 9, _____, _____, _____

9 – 3 = _____

3. 12, _____, _____, _____

12 – 3 = _____

4. 11, _____, _____

11 – 2 = _____

Cuenta hacia atrás para restar.

5. $11 - 3 =$ ______

6. $8 - 1 =$ ______

7. $5 - 2 =$ ______

8. $12 - 2 =$ ______

9. $10 - 3 =$ ______

10. $9 - 2 =$ ______

11. $\begin{array}{r} 8 \\ -\ 3 \\ \hline \end{array}$

12. $\begin{array}{r} 12 \\ -\ 1 \\ \hline \end{array}$

13. $\begin{array}{r} 11 \\ -\ 2 \\ \hline \end{array}$

14. Landon tenía 9 máscaras. Perdió 3.
¿Cuántas máscaras le quedan?

______ máscaras

Comprobación del vocabulario

Encierra en un círculo la respuesta correcta.

contar hacia atrás **seguir contando**

15. Puedes empezar en el número 6 y ______ 2 para hallar la diferencia de 4.

Las mates en casa Escriba $12 - 3 =$ __. Pida a su niño o niña que escriba la respuesta y explique cómo contar hacia atrás para resolver el problema.

Nombre ....

Usar una recta numérica para restar

Lección 2

PREGUNTA IMPORTANTE
¿Qué estrategias puedo usar para restar?

Explorar y explicar

Venta de pelotas de playa

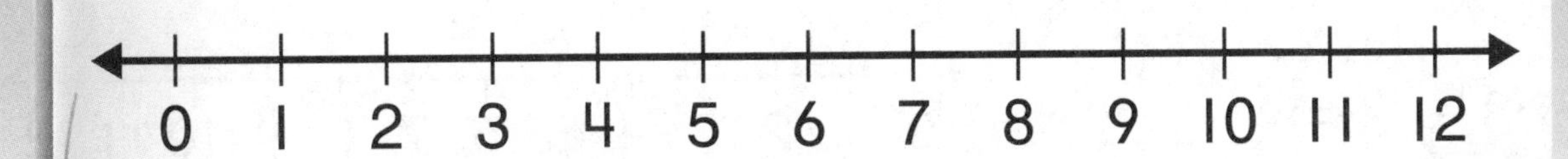

$11 - 2 =$ ______

Instrucciones para el maestro: Pida a los niños que usen un sujetapapeles para contar hacia atrás en la recta numérica. Diga: *Una tienda tiene 11 pelotas de playa para la venta. Vende 2.* Pregunte: *¿Cuántas pelotas de playa quedan?* Pídales que escriban el número.

Ver y mostrar

PRÁCTICAS matemáticas

Puedes usar una recta numérica para restar.

9 − 3 = 6

Pista
Empieza en 9. Cuenta hacia atrás 3 para hallar la diferencia. 9, 8, 7, 6.

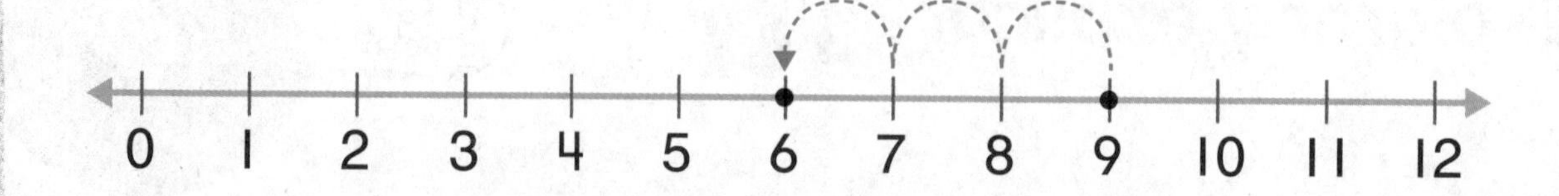

Usa la recta numérica para restar. Muestra tu trabajo. Escribe la diferencia.

1. 8 − 2 = ______

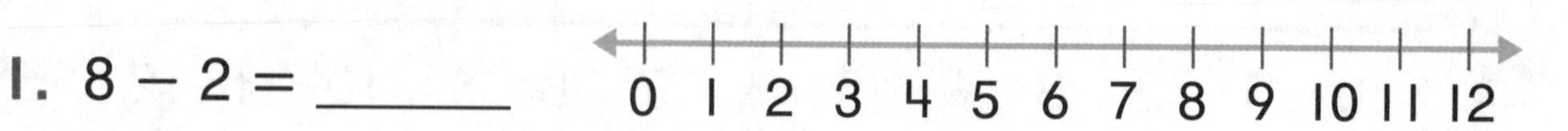

2. 10 − 3 = ______

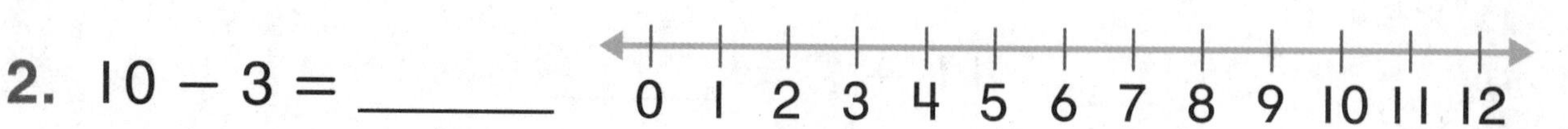

3. 5 − 1 = ______

0 1 2 3 4 5 6 7 8 9 10 11 12

4. 12 − 3 = ______

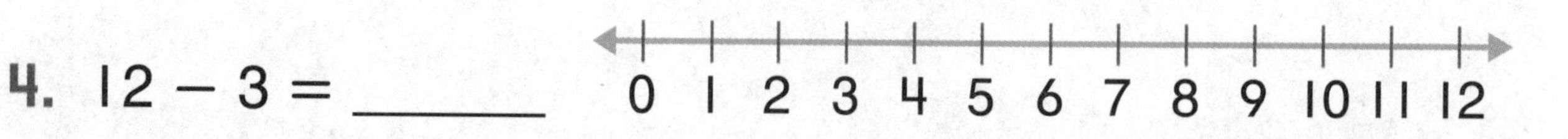

¿Puedes usar solo la recta numérica como ayuda para restar números? Explica tu respuesta.

Nombre

¡Buena suerte!

CCSS

Por mi cuenta

Usa la recta numérica como ayuda para restar. Escribe la diferencia.

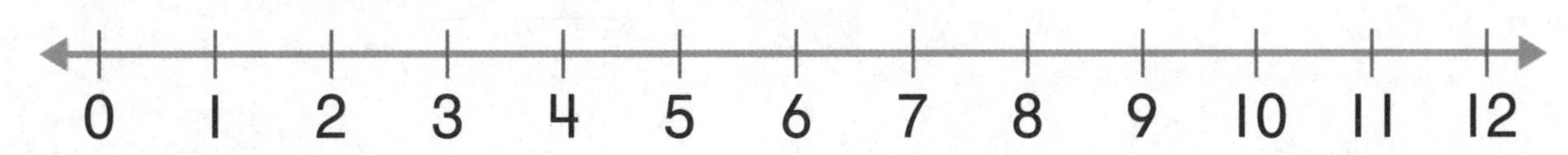

5. $\begin{array}{r} 8 \\ -\ 3 \\ \hline \end{array}$

6. $\begin{array}{r} 7 \\ -\ 3 \\ \hline \end{array}$

7. $\begin{array}{r} 10 \\ -\ 2 \\ \hline \end{array}$

8. $\begin{array}{r} 6 \\ -\ 2 \\ \hline \end{array}$

9. $\begin{array}{r} 7 \\ -\ 1 \\ \hline \end{array}$

10. $\begin{array}{r} 11 \\ -\ 3 \\ \hline \end{array}$

11. $12 - 1 =$ ______

12. $9 - 2 =$ ______

13. $10 - 1 =$ ______

14. $11 - 2 =$ ______

15. $5 - 3 =$ ______

16. $10 - 3 =$ ______

17. $12 - 2 =$ ______

18. $7 - 2 =$ ______

Resolución de problemas

19. Ana ve 12 tiburones. Se alejan nadando 2. ¿Cuántos tiburones ve ahora?

______ tiburones

20. Hay 11 manatíes cerca de la orilla. Se alejan nadando 3. ¿Cuántos manatíes quedan cerca de la orilla?

______ manatíes

Las mates en palabras ¿Cómo usas una recta numérica como ayuda para restar? Explica tu respuesta.

Nombre ....

Mi tarea

Lección 2
Usar una recta numérica para restar

Asistente de tareas

¿Necesitas ayuda? connectED.mcgraw-hill.com

Usa la recta numérica como ayuda para restar.

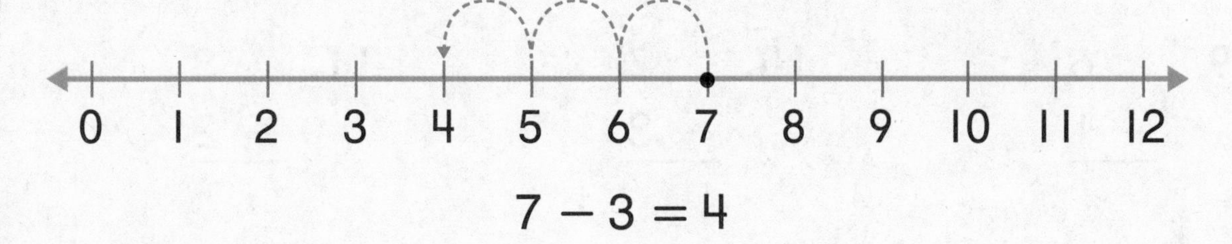

7 − 3 = 4

Práctica

Usa la recta numérica para restar. Muestra tu trabajo. Escribe la diferencia.

1. 10 − 3 = ______

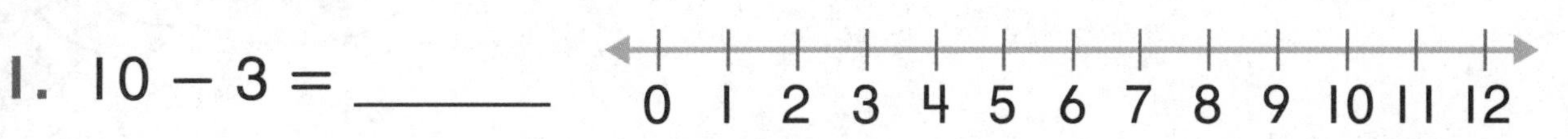

2. 6 − 2 = ______

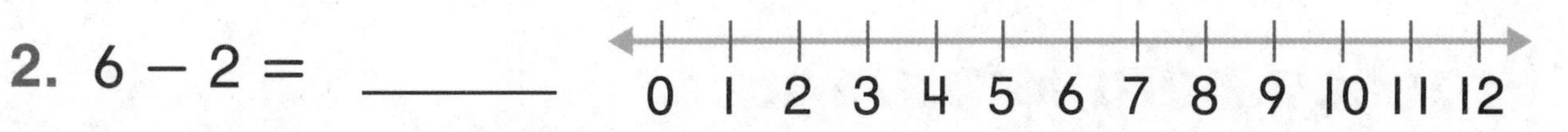

3. 12 − 3 = ______

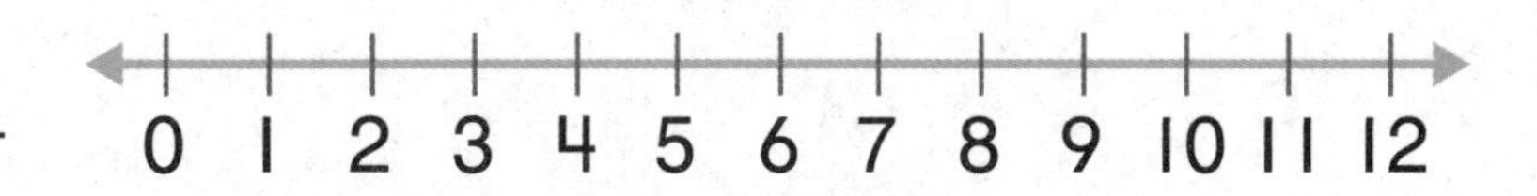

4. 5 − 2 = ______

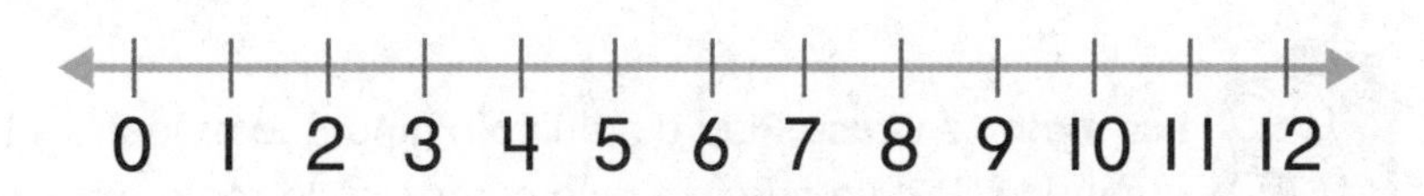

Usa la recta numérica como ayuda para restar. Escribe la diferencia.

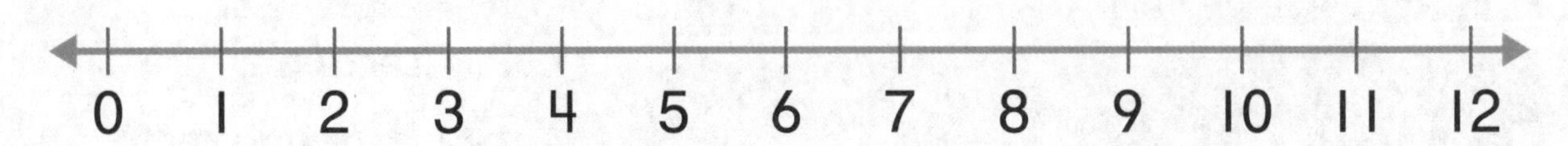

5. $11 - 2 =$ ______

6. $6 - 1 =$ ______

7. $9 - 3 =$ ______

8. $12 - 1 =$ ______

9. $\begin{array}{r} 6 \\ -\ 1 \\ \hline \end{array}$

10. $\begin{array}{r} 7 \\ -\ 3 \\ \hline \end{array}$

11. $\begin{array}{r} 8 \\ -\ 2 \\ \hline \end{array}$

12. Hay 10 tiburones nadando. Se alejan 2 tiburones. ¿Cuántos tiburones siguen nadando?

______ tiburones

Práctica para la prueba

13. $10 - 3 =$ ______

0 ○ 3 ○ 7 ○ 8 ○

Las mates en casa Pida a su niño o niña que muestre $11 - 3$ usando una recta numérica. Pídale que explique cómo usa la recta numérica mientras resta.

Nombre ....

Usar dobles para restar

Lección 3

PREGUNTA IMPORTANTE
¿Qué estrategias puedo usar para restar?

Explorar y explicar

Instrucciones para el maestro: Pida a los niños que usen cubos para representar. Diga: *Un tren con 4 vagones rojos y 4 amarillos está en las vías férreas. Los vagones rojos van hacia la derecha y los amarillos hacia la izquierda.* Pídales que escriban el enunciado de resta.

Ver y mostrar

PRÁCTICAS matemáticas

Sabes cómo usar sumas de dobles para sumar.

4 + 4 = 8

Pista
Piensa que $4 + 4 = 8$, por lo tanto, $8 - 4 = 4$.

También puedes usar sumas de dobles para restar.

8 − 4 = 4

Resuelve las sumas de dobles. Luego, resta.

1. $2 + 2 =$ ______ $4 - 2 =$ ______

2. $3 + 3 =$ ______ $6 - 3 =$ ______

3. $\begin{array}{r} 5 \\ +\ 5 \\ \hline \end{array}$ $\begin{array}{r} 10 \\ -\ 5 \\ \hline \end{array}$

4. $\begin{array}{r} 1 \\ +\ 1 \\ \hline \end{array}$ $\begin{array}{r} 2 \\ -\ 1 \\ \hline \end{array}$

¿Cómo te pueden ayudar a restar las sumas de dobles?

Nombre ....

CCSS

Por mi cuenta

Resuelve las sumas de dobles. Luego, resta.

5. $10 + 10 =$ ______

$20 - 10 =$ ______

6. $4 + 4 =$ ______

$8 - 4 =$ ______

7. $\begin{array}{r} 8 \\ +\ 8 \\ \hline \end{array}$ $\begin{array}{r} 16 \\ -\ 8 \\ \hline \end{array}$

8. $\begin{array}{r} 6 \\ +\ 6 \\ \hline \end{array}$ $\begin{array}{r} 12 \\ -\ 6 \\ \hline \end{array}$

9. $\begin{array}{r} 5 \\ +\ 5 \\ \hline \end{array}$ $\begin{array}{r} 10 \\ -\ 5 \\ \hline \end{array}$

10. $\begin{array}{r} 9 \\ +\ 9 \\ \hline \end{array}$ $\begin{array}{r} 18 \\ -\ 9 \\ \hline \end{array}$

Suma o resta. Traza líneas para relacionar las sumas de dobles.

11. $10 + 10 =$ ______ $14 - 7 =$ ______

12. $9 + 9 =$ ______ $16 - 8 =$ ______

13. $8 + 8 =$ ______ $18 - 9 =$ ______

14. $7 + 7 =$ ______ $20 - 10 =$ ______

Resolución de problemas

PRÁCTICAS matemáticas

15. Bianca ve 18 cangrejos en la playa. Se van al océano 9 cangrejos. ¿Cuántos cangrejos ve ahora en la playa?

______ cangrejos

16. José encontró 14 caracolas en la playa. Le dio 7 caracolas a su hermano. ¿Cuántas caracolas le quedan a José?

______ caracolas

Problema S.O.S. Charlie escribió $13 - 6 = 7$ en el pizarrón para mostrar una suma de dobles. Di por qué Charlie está equivocado. Corrígelo.

Nombre ....

Mi tarea

Lección 3
Usar dobles para restar

Asistente de tareas

¿Necesitas ayuda? connectED.mcgraw-hill.com

Puedes usar sumas de dobles como ayuda para restar.

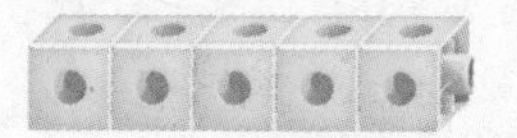

5 + 5 = 10

10 − 5 = 5

Práctica

Resuelve las sumas de dobles. Luego, resta.

1. 4 + 4 = ______

   8 − 4 = ______

2. 9 + 9 = ______

   18 − 9 = ______

3. 8 + 8 = ______

   16 − 8 = ______

4. 7 + 7 = ______

   14 − 7 = ______

5. 3 + 3 = ______

   6 − 3 = ______

6. 1 + 1 = ______

   2 − 1 = ______

Resuelve las sumas de dobles. Luego, resta.

7. $\begin{array}{r} 5 \\ +\ 5 \\ \hline \end{array}$ $\begin{array}{r} 10 \\ -\ 5 \\ \hline \end{array}$

8. $\begin{array}{r} 2 \\ +\ 2 \\ \hline \end{array}$ $\begin{array}{r} 4 \\ -\ 2 \\ \hline \end{array}$

9. $\begin{array}{r} 6 \\ +\ 6 \\ \hline \end{array}$ $\begin{array}{r} 12 \\ -\ 6 \\ \hline \end{array}$

10. $\begin{array}{r} 10 \\ +10 \\ \hline \end{array}$ $\begin{array}{r} 20 \\ -10 \\ \hline \end{array}$

Resta.

11. Camila tiene 6 pares de gafas de sol. Rompe 3. ¿Cuántos pares de gafas de sol le quedan?

_____ pares de gafas de sol

Práctica para la prueba

12. Halla la suma de dobles que se relaciona.

$9 + 9 = 18$

$16 - 9 = 7$ ○ $18 - 9 = 9$  $7 + 7 = 14$ ○ $18 - 9 = 8$ ○

Las mates en casa Escriba una suma de dobles como 7 + 7 = 14. Pida a su niño o niña que le diga una operación de resta relacionada.

Nombre ....

Resolución de problemas

ESTRATEGIA: Escribir un enunciado numérico

Lección 4

PREGUNTA IMPORTANTE
¿Qué estrategias puedo usar para restar?

Observa

Hay 6 gaviotas volando sobre el océano. Se posan 2 en el océano. ¿Cuántas gaviotas siguen volando?

1 Comprende
Subraya lo que sabes. Encierra en un círculo lo que debes hallar.

2 Planea
¿Cómo resolveré el problema?

3 Resuelve
Voy a escribir un enunciado numérico.

____ ◯ ____ ◯ ____ gaviotas

4 Comprueba
¿Es razonable mi respuesta? ¿Por qué?

Practica la estrategia

Hay 11 niños construyendo castillos de arena en la playa. Se van a casa 3. ¿Cuántos niños siguen construyendo castillos de arena?

1 Comprende Subraya lo que sabes. Encierra en un círculo lo que debes hallar.

2 Planea ¿Cómo resolveré el problema?

3 Resuelve Voy a...

_____ ◯ _____ ◯ _____ niños

4 Comprueba ¿Es razonable mi respuesta? ¿Por qué?

Nombre ____________________

Aplica la estrategia

Escribe un enunciado de resta para resolver.

1. Isaac compró 12 caracolas. Perdió 6 caracolas. ¿Cuántas caracolas tiene ahora?

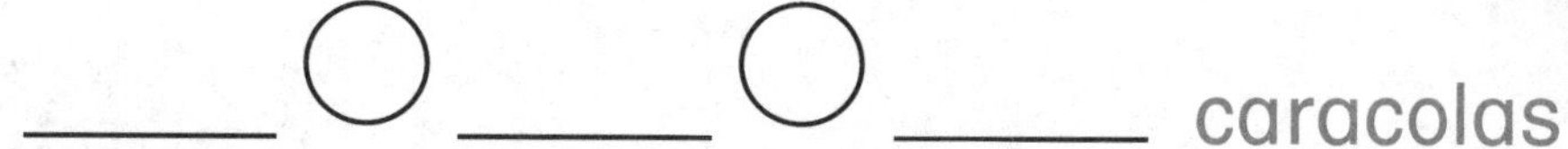
caracolas

2. Juan encontró 11 estrellas de mar en la playa. Le regaló 4 a su hermana. ¿Cuántas estrellas de mar tiene Juan ahora?

_____ ◯ _____ ◯ _____ estrellas de mar

3. Hay 10 caballitos de mar nadando juntos. Se alejan 8. ¿Cuántos caballitos de mar siguen nadando juntos?

_____ ◯ _____ ◯ _____ caballitos de mar

Repasa las estrategias

Escoge una estrategia

- Escribir un enunciado numérico.
- Dibujar un diagrama.
- Representar.

4. Brody vio 12 medusas en el océano. Hunter vio 7 medusas. ¿Cuántas medusas más vio Brody que Hunter?

_____ medusas

5. Hay 5 caimanes nadando. Salen del agua 3. ¿Cuántos caimanes siguen nadando?

_____ caimanes

6. Lina tenía 10 sandalias. Regaló 6. ¿Cuántas sandalias le quedan?

_____ sandalias

Nombre ....

Mi tarea

Lección 4

Resolución de problemas: Escribir un enunciado numérico

Asistente de tareas 

¿Necesitas ayuda? connectED.mcgraw-hill.com

Hay 12 delfines nadando juntos. Se alejan 6. ¿Cuántos delfines siguen nadando juntos?

1 Comprende Subraya lo que sabes. Encierra en un círculo lo que debes hallar.

2 Planea ¿Cómo resolveré el problema?

3 Resuelve Voy a escribir un enunciado numérico.

$$12 - 6 = 6$$

Siguen nadando juntos 6 delfines.

4 Comprueba ¿Es razonable mi respuesta?

Resolución de problemas

Subraya lo que sabes. Encierra en un círculo lo que debes hallar. Escribe un enunciado de resta para resolver.

1. Hay 9 flamencos en el agua. Salen 5 flamencos. ¿Cuántos flamencos siguen en el agua?

_____ ◯ _____ ◯ _____ flamencos

2. Nadan juntas 13 rayas. Se alejan 4. ¿Cuántas rayas siguen nadando juntas?

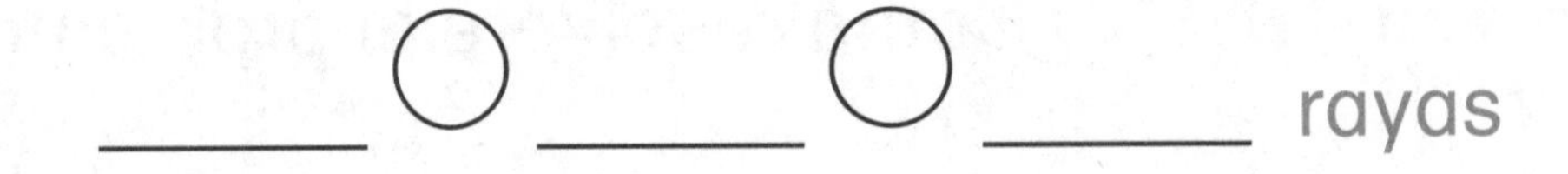

3. Sydney vio 11 cangrejos ermitaños en la playa. Noah vio 6 cangrejos ermitaños. ¿Cuántos cangrejos ermitaños más vio Sydney?

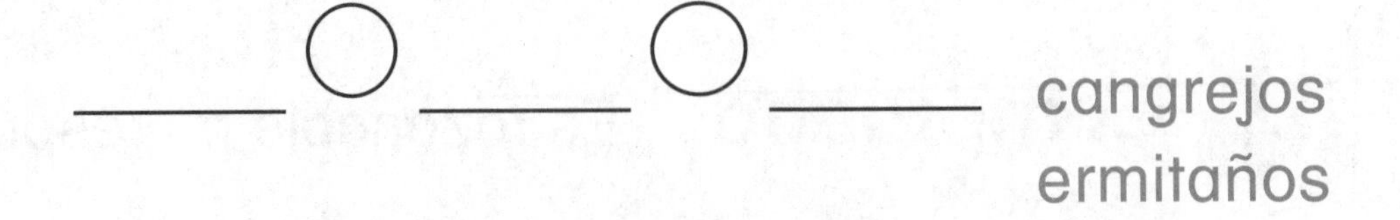

Las mates en casa Diga a su niño o niña un problema de resta sobre cosas de la casa. Pídale que escriba un enunciado de resta para resolver el problema.

Nombre

Compruebo mi progreso

Comprobación del vocabulario 

Encierra en un círculo la respuesta correcta.

contar hacia atrás **seguir contando**

1. Puedes empezar en un número y ________ para restar.

Comprobación del concepto

Cuenta hacia atrás para restar.

2. $9 - 1 =$ ____

3. $11 - 3 =$ ____

4. $5 - 2 =$ ____

5. $7 - 3 =$ ____

6. $10 - 1 =$ ____

7. $8 - 3 =$ ____

8. $\begin{array}{r} 12 \\ -\ 2 \\ \hline \end{array}$

9. $\begin{array}{r} 6 \\ -\ 2 \\ \hline \end{array}$

10. $\begin{array}{r} 11 \\ -\ 2 \\ \hline \end{array}$

Usa la recta numérica para restar. Escribe la diferencia.

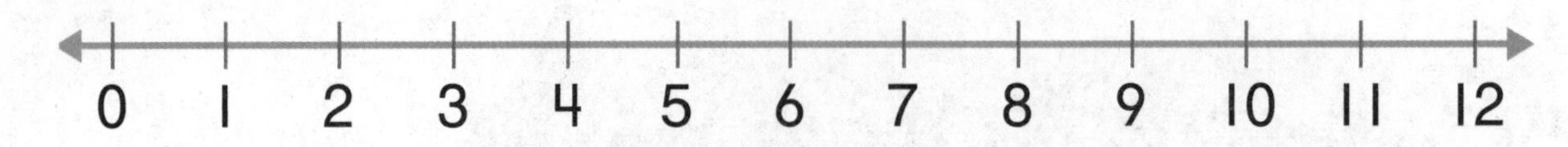

11. $\begin{array}{r} 10 \\ -\ 3 \\ \hline \end{array}$

12. $\begin{array}{r} 8 \\ -\ 2 \\ \hline \end{array}$

13. $\begin{array}{r} 12 \\ -\ 3 \\ \hline \end{array}$

Resuelve las sumas de dobles. Luego, resta.

14. $\begin{array}{r} 4 \\ +\ 4 \\ \hline \end{array}$ $\begin{array}{r} 8 \\ -\ 4 \\ \hline \end{array}$

15. $\begin{array}{r} 9 \\ +\ 9 \\ \hline \end{array}$ $\begin{array}{r} 18 \\ -\ 9 \\ \hline \end{array}$

Escribe un enunciado de resta para resolver.

16. Hay 10 bicicletas estacionadas en la playa. Se van en sus bicicletas 2 niños. ¿Cuántas bicicletas quedan en la playa?

_____ − _____ = _____ bicicletas

Práctica para la prueba

17. Hay 14 ballenas nadando juntas. Se alejan 7. ¿Cuántas ballenas siguen nadando juntas?

6 ballenas  7 ballenas  9 ballenas  21 ballenas 

Nombre ....

Formar 10 para restar

Lección 5

PREGUNTA IMPORTANTE
¿Qué estrategias puedo usar para restar?

Explorar y explicar

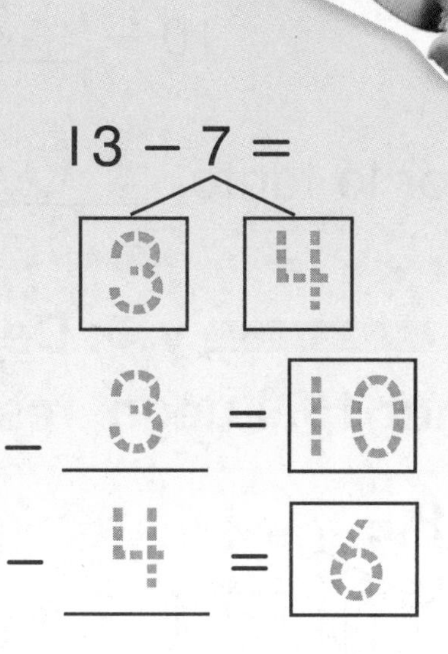

$13 - 7 =$

3 4

$13 - \underline{3} = 10$

$\underline{10} - \underline{4} = 6$

Instrucciones para el maestro: Pida a los niños que usen [cubo] para representar. Diga: *Hay 13 cocos en la isla. Ruedan al océano 7 cocos.* Pregunte: *¿Cuántos cocos quedan en la isla?* Pídales que tracen los números y dibujen el número de cocos que quedan en la isla.

PRÁCTICAS matemáticas

Ver y mostrar

Para restar, primero descompón un número para formar 10. Luego, resta.

16 − 9

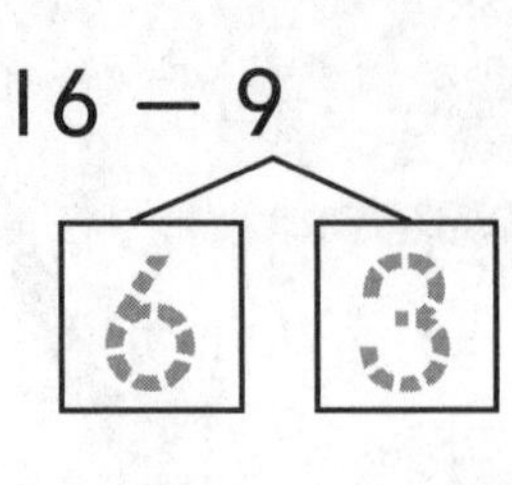

Pista
Piensa que 16 − 6 = 10. Por lo tanto, descompón 9 en 6 y 3.

16 − 6 = 10

10 − 3 = 7

16 − 6 = 10 y
10 − 3 = 7

Por lo tanto, 16 − 9 = 7.

Usa [barra de diez] y [cubo]. Descompón el número para formar 10. Luego, resta.

1. 12 − 7

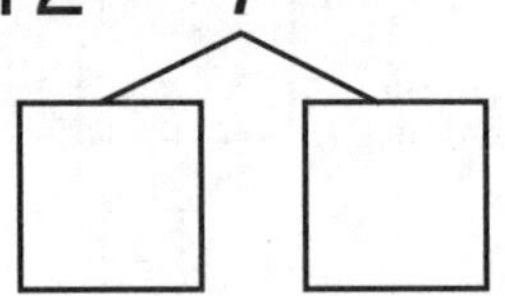

12 − ______ = ☐

______ − ______ = ☐

Por lo tanto,

12 − 7 = ______.

2. 15 − 6

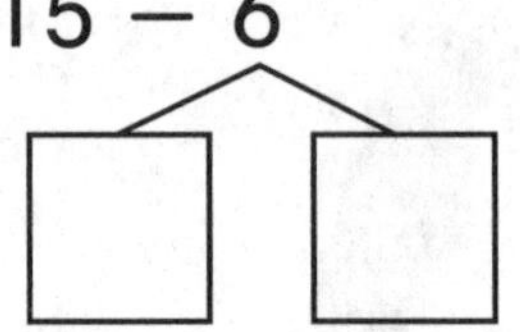

15 − ______ = ☐

______ − ______ = ☐

Por lo tanto,

15 − 6 = ______.

Habla de las mates Explica cómo puedes formar 10 para hallar 13 − 7.

Nombre ____________________

Por mi cuenta

Usa [barra de decenas] y [cubo]. Descompón el número para formar 10. Luego, resta.

3. 17 − 9

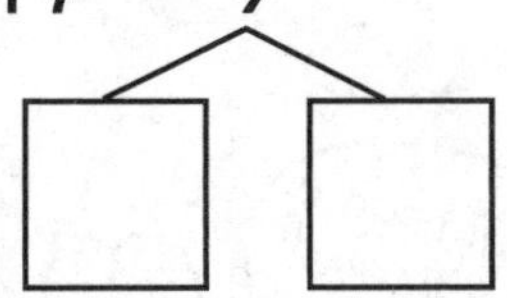

17 − ____ = □

____ − ____ = □

Por lo tanto,

17 − 9 = ____.

4. 12 − 8

12 − ____ = □

____ − ____ = □

Por lo tanto,

12 − 8 = ____.

5. 11 − 5

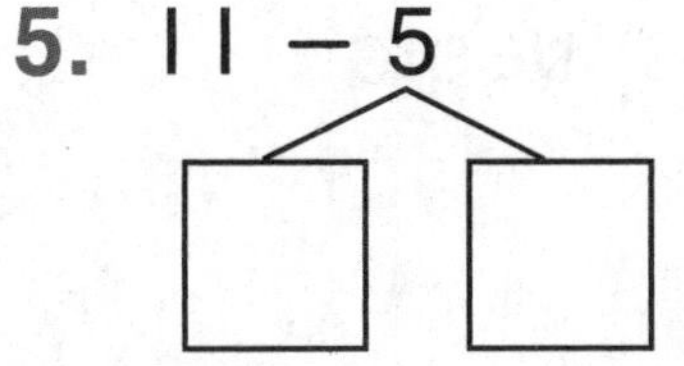

11 − ____ = □

____ − ____ = □

Por lo tanto,

11 − 5 = ____.

6. 14 − 7

14 − ____ = □

____ − ____ = □

Por lo tanto,

14 − 7 = ____.

Resolución de problemas

PRÁCTICAS matemáticas

7. Carly tiene 13 sombreros. Regala 8. ¿Cuántos sombreros le quedan?

_____ sombreros

8. Hay 18 caballitos de mar nadando en un grupo. Se alejan 9 caballitos de mar. ¿Cuántos caballitos de mar siguen nadando en el grupo?

_____ caballitos de mar

Las mates en palabras ¿Cómo descompones un número para restar? Explica tu respuesta.

Nombre ....

Mi tarea

Lección 5
Formar 10 para restar

Asistente de tareas

¿Necesitas ayuda? connectED.mcgraw-hill.com

Puedes formar 10 para restar más fácilmente.

14 − 8

4 | 4

14 − <u>4</u> = 10

<u>10</u> − <u>4</u> = 6

Pista
Piensa que 14 − 4 = 10. Por lo tanto, descompón 8 en 4 y 4.

14 − 4 = 10 y
10 − 4 = 6

Por lo tanto, 14 − 8 = 6.

Práctica

Descompón el número para formar 10. Luego, resta.

1. 17 − 9

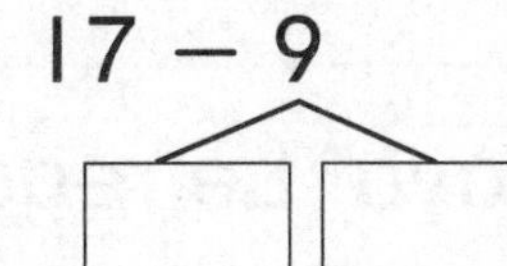

17 − _____ = ☐

_____ − _____ = ☐

Por lo tanto, 17 − 9 = _____.

2. 13 − 7

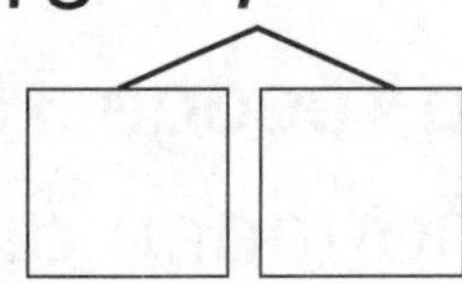

13 − _____ = ☐

_____ − _____ = ☐

Por lo tanto, 13 − 7 = _____.

Descompón el número para formar 10. Luego, resta.

3. $11 - 2$

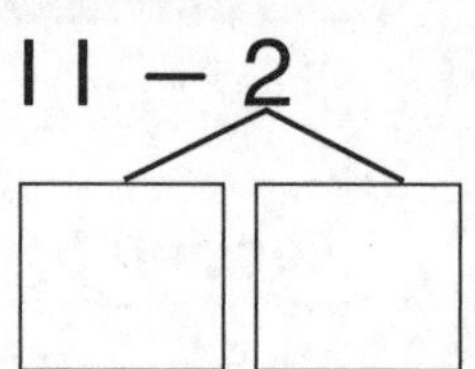

$11 - \_\_\_\_ = \square$

$\_\_\_\_ - \_\_\_\_ = \square$

Por lo tanto,

$11 - 2 = \_\_\_\_$.

4. $16 - 8$

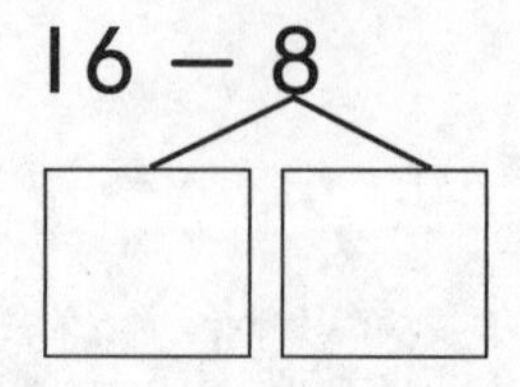

$16 - \_\_\_\_ = \square$

$\_\_\_\_ - \_\_\_\_ = \square$

Por lo tanto,

$16 - 8 = \_\_\_\_$.

5. Hay 18 cocos en un árbol. Se caen 9 cocos. ¿Cuántos cocos quedan en el árbol?

____ cocos

Práctica para la prueba

6. Shana recoge 15 caracolas en la playa. Le regala a su hermano 6. ¿Cuántas caracolas le quedan?

18 caracolas ○ 12 caracolas ○ 11 caracolas ○ 9 caracolas ○

Las mates en casa Escriba $13 - 8 = \_\_$ en una hoja de papel. Pida a su niño o niña que use botones o canicas como ayuda para restar.

Nombre

Usar operaciones relacionadas para sumar y restar

Lección 6

PREGUNTA IMPORTANTE
¿Qué estrategias puedo usar para restar?

Explorar y explicar

Instrucciones para el maestro: Pida a los niños que usen para representar. Diga: *Hay 6 jugadores en un lado de la red y 8 jugadores en el otro lado.* Pregunte: *¿Cuántas personas en total juegan al voleibol?* Pídales que escriban el enunciado de suma y que luego escriban una operación de resta relacionada.

Ver y mostrar

PRÁCTICAS matemáticas

Las operaciones relacionadas tienen los mismos números. Estas operaciones te pueden ayudar a sumar y restar.
Halla 11 − 5.

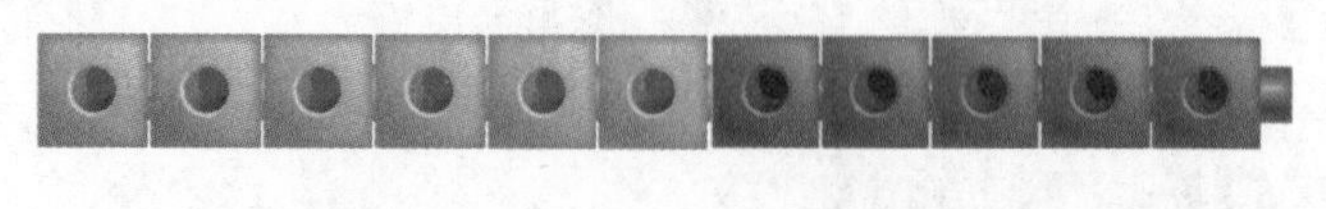

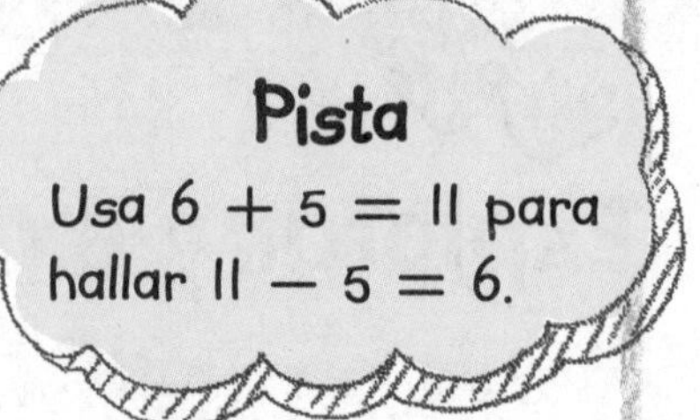

6 + 5 = 11

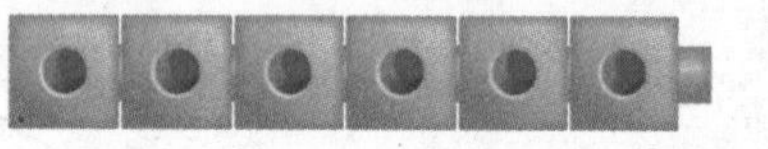

11 − 5 = 6

Usa operaciones relacionadas para sumar y restar.

1. 7 + 9 = ____

   16 − 7 = ____

2. 5 + 8 = ____

   13 − 5 = ____

3. $\begin{array}{r} 5 \\ +\ 7 \\ \hline \end{array}$ $\begin{array}{r} 12 \\ -\ 5 \\ \hline \end{array}$

4. $\begin{array}{r} 8 \\ +\ 7 \\ \hline \end{array}$ $\begin{array}{r} 15 \\ -\ 7 \\ \hline \end{array}$

Habla de las mates ¿Son operaciones relacionadas las operaciones 1 + 5 = 6 y 6 − 1 = 5? ¿Cómo lo sabes?

Nombre ....

Por mi cuenta

Usa operaciones relacionadas para sumar y restar.

5. $9 + 6 =$ _____

$15 - 9 =$ _____

6. $6 + 7 =$ _____

$13 - 6 =$ _____

7. $3 + 9 =$ _____

$12 - 3 =$ _____

8. $8 + 9 =$ _____

$17 - 8 =$ _____

9. $\begin{array}{r} 6 \\ +\ 8 \\ \hline \end{array}$ $\begin{array}{r} 14 \\ -\ 6 \\ \hline \end{array}$

10. $\begin{array}{r} 8 \\ +\ 4 \\ \hline \end{array}$ $\begin{array}{r} 12 \\ -\ 4 \\ \hline \end{array}$

Resta. Escribe una operación de suma para comprobar tu resta.

11. $16 - 9 =$ _____

_____ + _____ = _____

12. $12 - 7 =$ _____

_____ + _____ = _____

13. $14 - 9 =$ _____

_____ + _____ = _____

14. $11 - 4 =$ _____

_____ + _____ = _____

Resolución de problemas

PRÁCTICAS matemáticas

Escribe un enunciado de resta. Luego, escribe una operación de suma relacionada.

15. Debby ve 15 pájaros sobre una roca. Se alejan volando 7 pájaros. ¿Cuántos pájaros siguen en la roca?

_____ − _____ = _____   _____ + _____ = _____

16. Andrés recoge 10 caracolas. Pierde 6. ¿Cuántas caracolas le quedan?

_____ − _____ = _____   _____ + _____ = _____

Las mates en palabras ¿Cómo te pueden ayudar a sumar y a restar las operaciones relacionadas? Explica tu respuesta.

Nombre ....

Mi tarea

Lección 6

Usar operaciones relacionadas para sumar y restar

Asistente de tareas

¿Necesitas ayuda? connectED.mcgraw-hill.com

Las operaciones relacionadas te pueden ayudar a sumar y restar.

$8 + 4 = 12$ $\quad$ $9 + 6 = 15$

$12 - 4 = 8$ $\quad$ $15 - 9 = 6$

Práctica

Usa operaciones relacionadas para sumar y restar.

1. $5 + 9 =$ ______

$14 - 5 =$ ______

2. $9 + 5 =$ ______

$14 - 9 =$ ______

3. $6 + 5 =$ ______

$11 - 6 =$ ______

4. $9 + 9 =$ ______

$18 - 9 =$ ______

5. $\begin{array}{r} 8 \\ +\ 8 \\ \hline \end{array}$ $\quad$ $\begin{array}{r} 16 \\ -\ 8 \\ \hline \end{array}$

6. $\begin{array}{r} 8 \\ +\ 5 \\ \hline \end{array}$ $\quad$ $\begin{array}{r} 13 \\ -\ 8 \\ \hline \end{array}$

Resta. Escribe una operación de suma para comprobar tu resta.

7. $15 - 8 =$ ______

______ + ______ = ______

8. $17 - 9 =$ ______

______ + ______ = ______

Escribe un enunciado de resta. Luego, escribe una operación de suma relacionada.

9. Hay 16 langostas nadando juntas. Se alejan 7. ¿Cuántas langostas siguen nadando juntas?

______ − ______ = ______

______ + ______ = ______

Práctica para la prueba

10. Marca la operación de suma relacionada.

$7 - 3 = 4$

$7 + 3 = 10$	$7 - 4 = 3$	$7 + 1 = 8$	$3 + 4 = 7$
○	○	○	○

Las mates en casa Escriba una operación de suma como 3 + 9 = 12. Pida a su niño o niña que escriba una operación de resta relacionada.

Nombre

Familias de operaciones

Lección 7

PREGUNTA IMPORTANTE
¿Qué estrategias puedo usar para restar?

Explorar y explicar

☐ + ☐ = ☐   ☐ − ☐ = ☐

☐ + ☐ = ☐   ☐ − ☐ = ☐

Instrucciones para el maestro: Pida a los niños que usen [cubo] para representar. Diga: *Hay 7 peces nadando juntos. Se unen 3 peces más al grupo.* Pídales que hagan un dibujo que ilustre el cuento y que escriban los números que faltan para mostrar la familia de operaciones.

Ver y mostrar

PRÁCTICAS matemáticas

Pista
5, 6 y 11 son una familia de operaciones.

Las operaciones relacionadas forman una **familia de operaciones.**

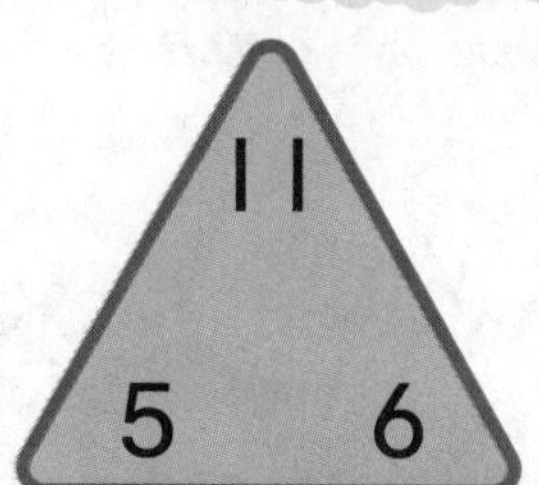

5 + 6 = 11 | 11 − 5 = 6

6 + 5 = 11 | 11 − 6 = 5

Suma y resta. Completa la familia de operaciones.

1.

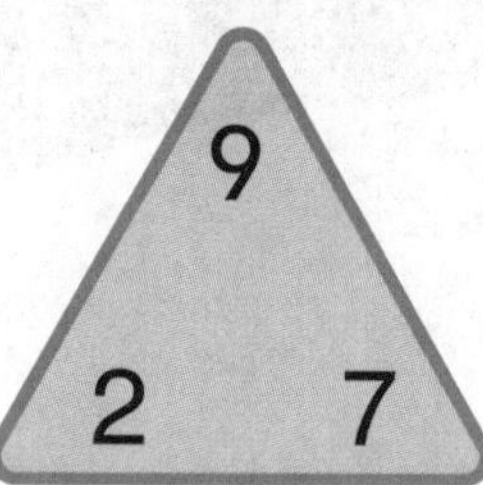

7 + 2 = ☐ | 9 − 7 = ☐

2 + 7 = ☐ | 9 − 2 = ☐

2.

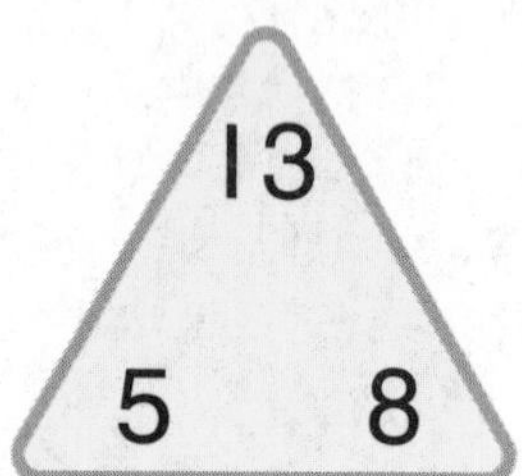

5 + 8 = ☐ | 13 − 5 = ☐

8 + 5 = ☐ | 13 − 8 = ☐

3.

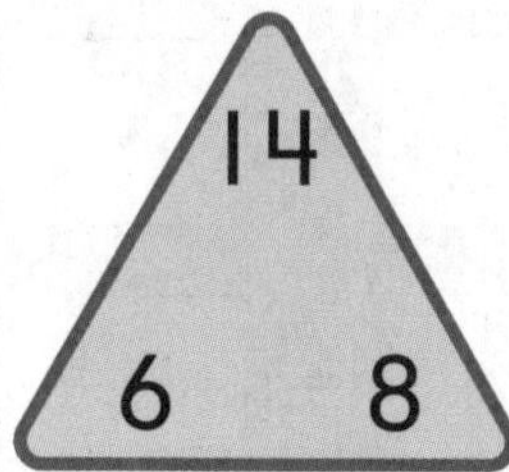

6 + 8 = ☐ | 14 − 6 = ☐

8 + 6 = ☐ | 14 − 8 = ☐

Habla de las mates ¿Qué familia de operaciones puedes formar con los números 4, 9 y 13?

Nombre

Por mi cuenta

Suma y resta. Completa la familia de operaciones.

En una familia de operaciones, todas las operaciones tienen los mismos números.

4.

$9 + 3 =$ ☐ $12 - 9 =$ ☐

$3 + 9 =$ ☐ $12 - 3 =$ ☐

5.

$3 + 5 =$ ☐ $8 - 3 =$ ☐

$5 + 3 =$ ☐ $8 - 5 =$ ☐

6.

$6 + 9 =$ ☐ $15 - 9 =$ ☐

$9 + 6 =$ ☐ $15 - 6 =$ ☐

7.

$2 + 8 =$ ☐ $10 - 2 =$ ☐

$8 + 2 =$ ☐ $10 - 8 =$ ☐

Resolución de problemas

8. Joe encuentra 12 estrellas de mar en la playa. Le regala 5 a su abuela. ¿Cuántas estrellas de mar le quedan a Joe?

_____ estrellas de mar

9. Hay 16 tortugas en el océano. Salen 7 tortugas. ¿Cuántas tortugas siguen en el océano?

_____ tortugas

Problema S.O.S. Cuando me restan de 17, la diferencia es 9. ¿Qué número soy? ¿Por qué?

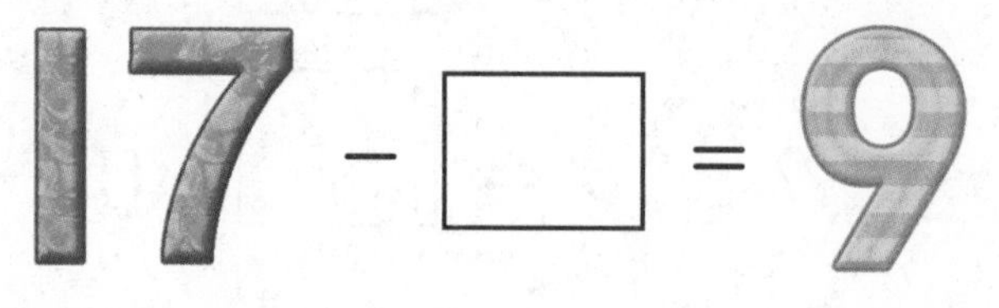

Nombre ....

Mi tarea

Lección 7

Familias de operaciones

Asistente de tareas

¿Necesitas ayuda? connectED.mcgraw-hill.com

Las operaciones relacionadas forman una familia de operaciones.

12

5 7

$5 + 7 = 12$ $12 - 5 = 7$

$7 + 5 = 12$ $12 - 7 = 5$

Práctica

Suma y resta. Completa la familia de operaciones.

1.

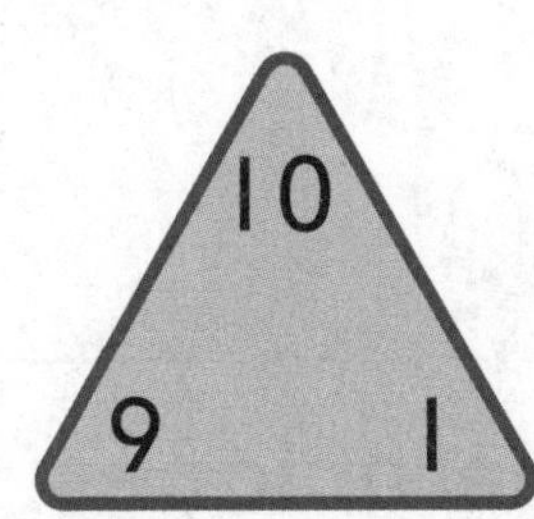

$1 + 9 =$ ☐ $10 - 9 =$ ☐

$9 + 1 =$ ☐ $10 - 1 =$ ☐

2.

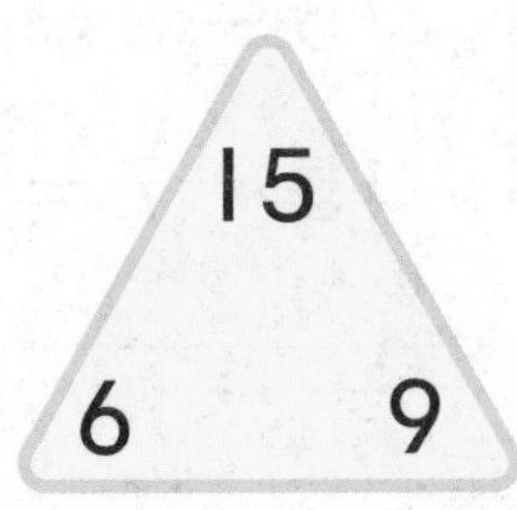

$6 + 9 =$ ☐ $15 - 9 =$ ☐

$9 + 6 =$ ☐ $15 - 6 =$ ☐

Completa la familia de operaciones.

3. Pedro ve 5 flamencos en el agua. Ve 4 flamencos en el pasto. ¿Cuántos flamencos ve en total?

$\square + \square = \square$ $\square - \square = \square$

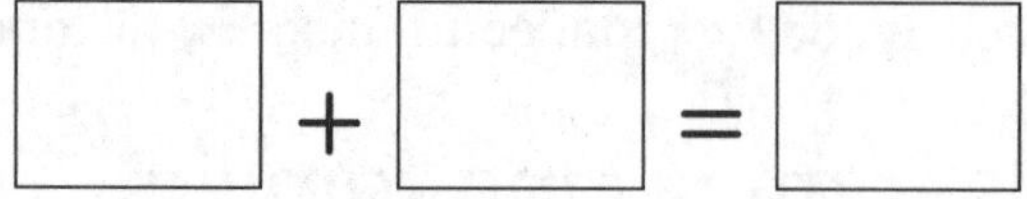

$\square - \square = \square$

4. Helen vio 9 cangrejos en la playa en la mañana. Vio 8 cangrejos más en la tarde. ¿Cuántos cangrejos vio en total?

$\square + \square = \square$ $\square - \square = \square$

$\square + \square = \square$ $\square - \square = \square$

Comprobación del vocabulario

5. Encierra en un círculo la **familia de operaciones.**

$2 + 3 = 5$	$4 - 2 = 2$	$7 + 8 = 15$	$15 - 8 = 7$
$3 + 1 = 4$	$5 - 1 = 4$	$8 + 7 = 15$	$15 - 7 = 8$

Las mates en casa Anime a su niño o niña a que escriba todas las familias de operaciones que forman 15.

Nombre ....

Sumandos que faltan

Lección 8

PREGUNTA IMPORTANTE
¿Qué estrategias puedo usar para restar?

¡1, 2, 3, a volar otra vez!

Explorar y explicar

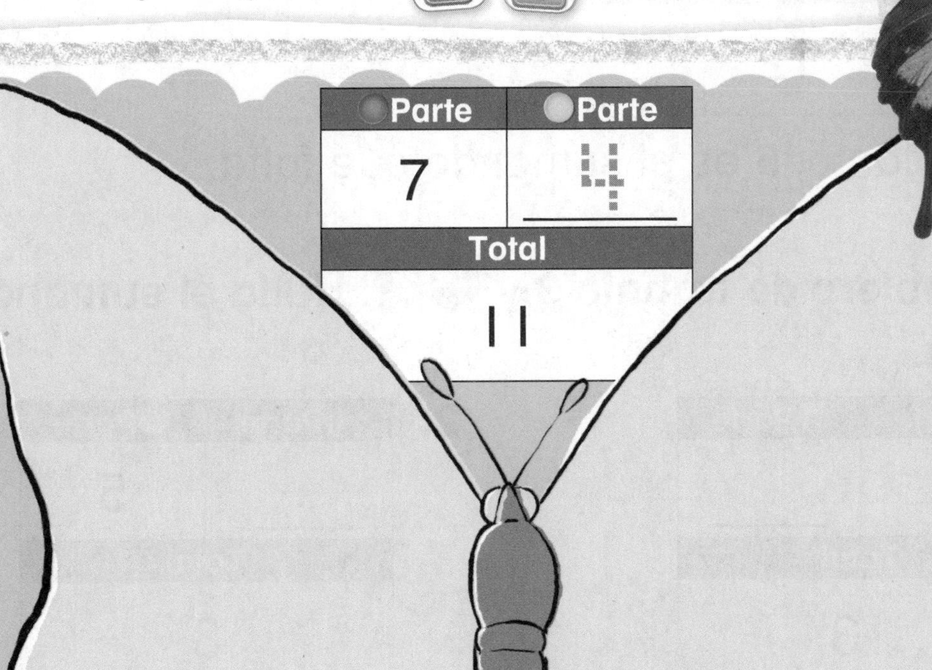

Parte	Parte
7	4
Total	
11	

Instrucciones para el maestro: Pida a los niños que usen ●● para representar. Diga: *La mariposa tiene 7 manchas en el ala izquierda y algunas manchas más en su ala derecha. Tiene 11 manchas en total.* Pregunte: *¿Cuántas manchas tiene en el ala derecha?* Pídales que dibujen el contorno de las fichas para mostrar las manchas y que escriban la parte que falta.

Ver y mostrar

PRÁCTICAS matemáticas

Pista
Para hallar la parte que falta, resta del total la parte conocida.

Usa operaciones relacionadas como ayuda para hallar el **sumando que falta**.

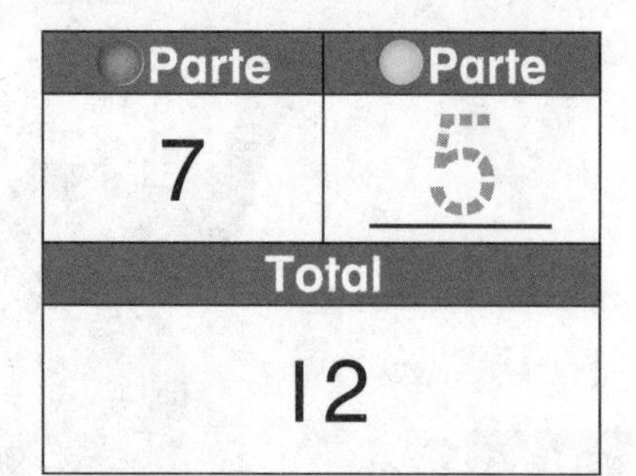

Parte	Parte
7	5
Total	
12	

$7 + \boxed{5} = 12$

$12 - 7 = \boxed{5}$

Por lo tanto, 5 es el sumando que falta.

Usa el tablero de trabajo 3 y ●●. Halla el sumando que falta.

1.

Parte	Parte
5	____
Total	
13	

$5 + \square = 13$

Piensa:

$13 - 5 = \square$

2.

Parte	Parte
____	5
Total	
8	

$\square + 5 = 8$

Piensa:

$8 - 5 = \square$

Habla de las mates Explica cómo hallar el sumando que falta en $\square + 5 = 14$.

Nombre

Puedes hallar los sumandos que faltan restando.

Por mi cuenta

Usa el tablero de trabajo 3 y ●●. Halla el sumando que falta.

3.

Parte	Parte
4	____
Total	
10	

4 + ☐ = 10

10 − 4 = ☐

4.

Parte	Parte
____	6
Total	
14	

☐ + 6 = 14

14 − 6 = ☐

5. 8 + ☐ = 9

9 − 8 = ☐

6. ☐ + 3 = 11

11 − 3 = ☐

7. ☐ + 7 = 13

13 − 7 = ☐

8. 6 + ☐ = 15

15 − 6 = ☐

9. 9 + ☐ = 17

17 − 9 = ☐

10. 9 + ☐ = 16

16 − 9 = ☐

Resolución de problemas

PRÁCTICAS matemáticas

11. Max tiene 5 palas y algunas cubetas de arena en la playa. Tiene en total 14 palas y cubetas de arena. ¿Cuántas cubetas de arena tiene?

_____ cubetas de arena

12. Cuando me suman a 7, la suma es 12. ¿Qué número soy?

_____

Las mates en palabras ¿Cómo usas la resta para hallar el sumando que falta en un problema de suma? Explica tu respuesta.

Nombre ....

Mi tarea

Lección 8
Sumandos que faltan

Asistente de tareas

¿Necesitas ayuda? connectED.mcgraw-hill.com

Puedes usar operaciones relacionadas como ayuda para hallar el sumando que falta.

Parte	Parte
5	4
Total	
9	

$5 + \boxed{4} = 9$

$9 - 5 = \boxed{4}$

Pista
Para hallar la parte que falta, resta del total la parte conocida.

Práctica

Halla el sumando que falta.

1.

Parte	Parte
8	____
Total	
11	

$8 + \boxed{} = 11$

$11 - 8 = \boxed{}$

2.

Parte	Parte
____	8
Total	
16	

$\boxed{} + 8 = 16$

$16 - 8 = \boxed{}$

Halla el sumando que falta.

3. $9 + \square = 18$

$18 - 9 = \square$

4. $\square + 6 = 14$

$14 - 6 = \square$

5. $\square + 8 = 15$

$15 - 8 = \square$

6. $5 + \square = 11$

$11 - 5 = \square$

7. Hay 16 niños haciendo volar papalotes en la playa. Algunos niños se van a casa. Siguen haciendo volar papalotes 9 niños. ¿Cuántos niños se fueron a casa?

______ niños

Comprobación del vocabulario

8. Encierra en un círculo el enunciado numérico que muestra un **sumando que falta**.

$4 + 8 = 12$ $7 + \square = 15$

Las mates en casa Pida a su niño o niña que le diga la operación de resta que le será de ayuda para hallar el sumando que falta en $8 + \square = 15$.

Nombre ....

Práctica de fluidez

Resta.

1. $5 - 3 =$ ______
2. $18 - 9 =$ ______
3. $4 - 2 =$ ______
4. $10 - 6 =$ ______
5. $11 - 5 =$ ______
6. $7 - 0 =$ ______
7. $9 - 9 =$ ______
8. $4 - 1 =$ ______
9. $14 - 6 =$ ______
10. $3 - 0 =$ ______
11. $1 - 1 =$ ______
12. $8 - 3 =$ ______
13. $13 - 6 =$ ______
14. $6 - 3 =$ ______
15. $5 - 4 =$ ______
16. $16 - 8 =$ ______
17. $4 - 4 =$ ______
18. $15 - 6 =$ ______
19. $10 - 8 =$ ______
20. $17 - 8 =$ ______
21. $9 - 1 =$ ______
22. $7 - 3 =$ ______
23. $14 - 7 =$ ______
24. $10 - 5 =$ ______

Práctica de fluidez

Resta.

1. 10 − 3 = ____
2. 7 − 6 = ____
3. 14 − 7 = ____
4. 8 − 4 = ____
5. 2 − 0 = ____
6. 17 − 9 = ____
7. 10 − 5 = ____
8. 5 − 5 = ____
9. 6 − 1 = ____
10. 11 − 3 = ____
11. 4 − 2 = ____
12. 12 − 6 = ____
13. 1 − 0 = ____
14. 3 − 2 = ____
15. 8 − 4 = ____
16. 15 − 7 = ____
17. 13 − 5 = ____
18. 8 − 8 = ____
19. 9 − 3 = ____
20. 10 − 1 = ____
21. 6 − 2 = ____
22. 3 − 3 = ____
23. 16 − 9 = ____
24. 11 − 2 = ____

Nombre ....

Mi repaso

Capítulo 4
Estrategias para restar hasta el 20

Comprobación del vocabulario 

Encierra en un círculo la respuesta correcta.

1. **contar hacia atrás**

$6 - 2 =$

0 1 2 3 4 5 6 7 8 9 10

$6 - 2 =$

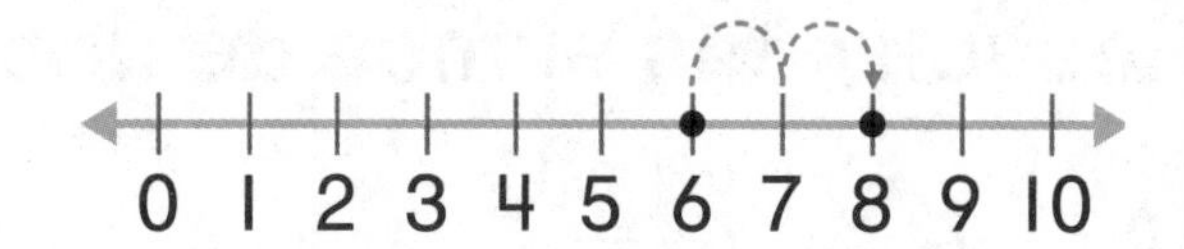

2. **familia de operaciones**

$7 + 3 = 10$
$3 + 7 = 10$
$10 - 7 = 3$
$10 - 3 = 7$

$6 + 4 = 10$
$4 + 6 = 10$
$5 + 5 = 10$
$8 + 2 = 10$

3. **sumando que falta**

$8 + 3 = 11$

$8 + \square = 11$

4. **diferencia**

↓
$9 - 4 = 5$

↓
$6 - 1 = 5$

Comprobación del concepto

Cuenta hacia atrás para restar.

5. 7 − 3 = ____

6. 9 − 2 = ____

Usa la recta numérica como ayuda para restar.

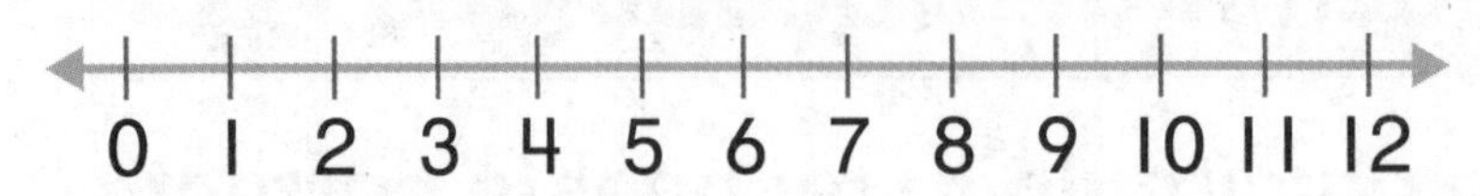

7. 11 − 2 = ____

8. 10 − 1 = ____

Resuelve las sumas de dobles. Luego, resta.

9. 6 + 6 = ____

12 − 6 = ____

10. 8 + 8 = ____

16 − 8 = ____

Suma y resta. Completa la familia de operaciones.

11.

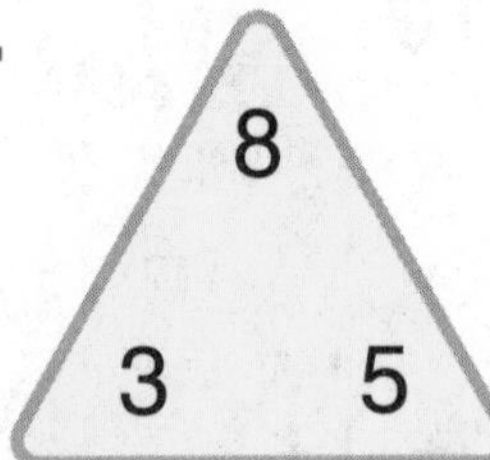

3 + 5 = ☐ 8 − 3 = ☐

5 + 3 = ☐ 8 − 5 = ☐

Halla el sumando que falta.

12. 5 + ☐ = 12

12 − 5 = ☐

13. 9 + ☐ = 14

14 − 9 = ☐

Nombre ....

Resolución de problemas

14. Pam escribe dos operaciones relacionadas con estos números. ¿Cuáles operaciones relacionadas pudo haber escrito?

12, 8, 4

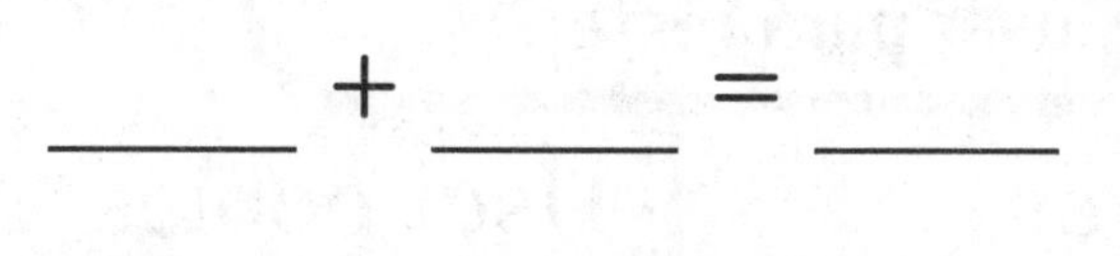

_____ + _____ = _____

_____ − _____ = _____

15. Jim pescó 15 peces. Alika pescó 7 peces. ¿Cuántos peces más pescó Jim que Alika?

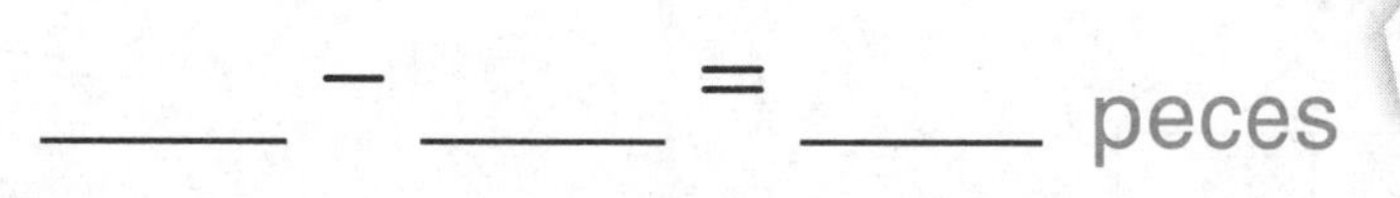

_____ − _____ = _____ peces

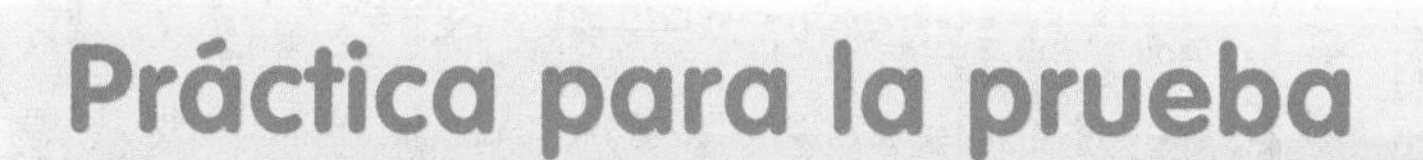

Práctica para la prueba

16. Cris tiene 14 cuerdas de saltar. ¿Cuál suma de dobles muestra el número de cuerdas que tiene Cris?

7 + 8 = 14 cuerdas ○

7 + 7 = 14 cuerdas ○

14 − 5 = 9 cuerdas 

6 + 6 = 12 cuerdas ○

Pienso

Capítulo 4

Respuesta a la pregunta importante

Muestra las formas de restar.

PREGUNTA IMPORTANTE

¿Qué estrategias puedo usar para restar?

Contar hacia atrás	Usar dobles
12, ____, ____, ____ $12 - 3 =$ ____	$10 + 10 =$ ____ $20 - 10 =$ ____
Formar diez $17 - 8$ □ □ ____ $-$ ____ $=$ □ ____ $-$ ____ $=$ □ Por lo tanto, $17 - 8 =$ ____.	**Sumando que falta** $5 +$ □ $= 14$ $14 - 5 =$ □

¡Ahora ya sé!

Capítulo

El valor posicional

PREGUNTA IMPORTANTE
¿Cómo puedo usar el valor posicional?

¡Estamos en la juguetería!

¡Mira el video!

Mis estándares estatales

Números y operaciones del sistema decimal

CCSS

1.NBT.1 Contar hasta 120, comenzando por cualquier número menor que 120. Dentro de ese rango, leer y escribir números y representar una cantidad de objetos con un número escrito.

1.NBT.2 Comprender que en un número de dos dígitos, estos representan cantidades de decenas y unidades. Comprender los siguientes casos como especiales:

1.NBT.2a El número 10 puede pensarse como un grupo de diez unidades llamado "decena".

1.NBT.2b Los números del 11 al 19 se componen de una decena y una, dos, tres, cuatro, cinco, seis, siete, ocho o nueve unidades.

1.NBT.2c Los números 10, 20, 30, 40, 50, 60, 70, 80 y 90 indican una, dos, tres, cuatro, cinco, seis, siete, ocho o nueve decenas (y 0 unidades).

1.NBT.3 Comparar dos números de dos dígitos basándose en los significados de los dígitos en la posición de las decenas y las unidades, y registrar los resultados de las comparaciones con los símbolos >, = y <.

1.NBT.5 Dado un número de dos dígitos, hallar mentalmente un número que sea 10 unidades mayor o 10 unidades menor, sin necesidad de contar; explicar el razonamiento usado.

Estándares para las
PRÁCTICAS matemáticas

1. Entender los problemas y perseverar en la búsqueda de una solución.
2. Razonar de manera abstracta y cuantitativa.
3. Construir argumentos viables y hacer un análisis del razonamiento de los demás.
4. Representar con matemáticas.
5. Usar estratégicamente las herramientas apropiadas.
6. Prestar atención a la precisión.
7. Buscar una estructura y usarla.
8. Buscar y expresar regularidad en el razonamiento repetido.

= Se trabaja en este capítulo.

Nombre ....

Antes de seguir...

Encierra en un círculo grupos de 10.

1.

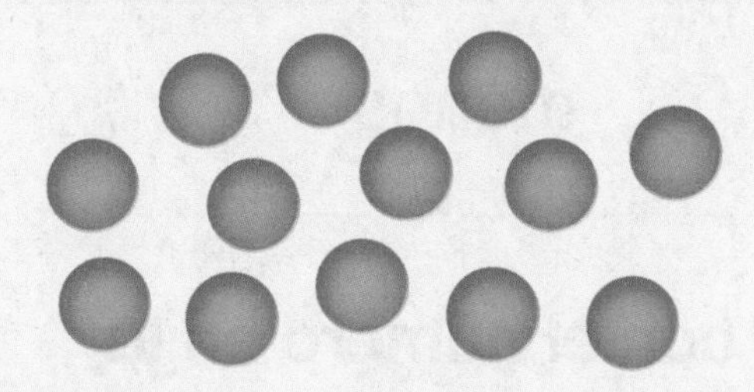

2.

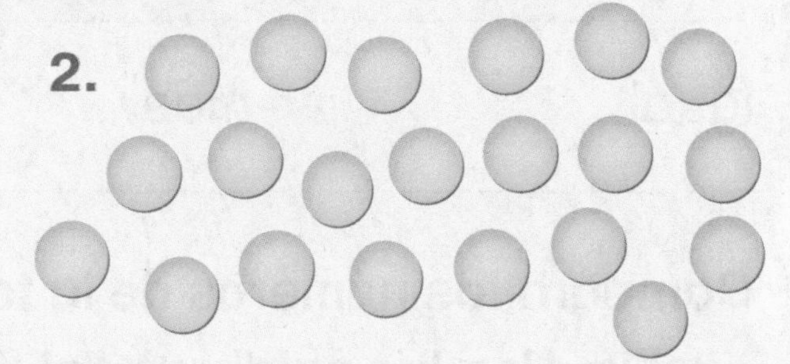

3. Escribe los números que faltan.

1	2	3		5	6	7	8	9	
11		13	14	15		17	18	19	20

4. Encierra en un círculo grupos de 10. Cuenta.
Escribe el número.

______ ranas

5. Hay 4 cajas. Cada caja tiene 10 juguetes.
¿Cuántos juguetes hay en total?

______ juguetes

¿Cómo me fue?

Sombrea las casillas para mostrar los problemas que respondiste correctamente.

1	2	3	4	5

Nombre

Las palabras de mis mates

Repaso del vocabulario

igual más menos

Compara los números de la tabla con el número en la casilla. Usa las palabras del repaso para completar la tabla.

17

¡Dilo!	¡Escríbelo!	¡Dibújalo!
menos	16	
igual	17	
más	18	

Mis tarjetas de vocabulario

Lección 5-12

centena

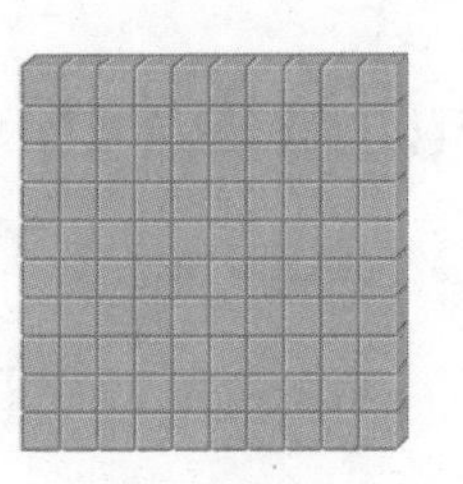

Lección 5-2

decenas

2 decenas, 3 unidades

$20 + 3$

Lección 5-10

igual a (=)

 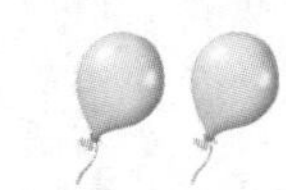

$4 = 4$

Lección 5-10

mayor que (>)

$6 > 3$

Lección 5-10

menor que (<)

$3 < 4$

Lección 5-5

reagrupar

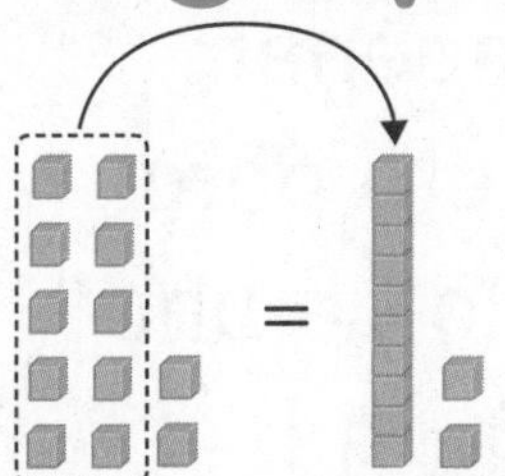

1 decena, 2 unidades

Instrucciones para el maestro: Sugerencias

- Pida a los estudiantes que inventen adivinanzas para cada palabra. Pídales que trabajen con un compañero o una compañera para adivinar las palabras.
- Pida a los estudiantes que dibujen ejemplos para cada tarjeta. Pídales que hagan dibujos diferentes a los que se muestran.

Los números en el rango de 10 a 99.

100 unidades o 10 decenas.

El número o grupo con más cantidad.

Es igual a.

Descomponer un número para escribirlo de una nueva forma.

El número o grupo con menos cantidad.

Mis tarjetas de vocabulario

Lección 5-5

unidades

2 decenas, 3 unidades

20 + 3

Instrucciones para el maestro:
Más sugerencias

- Pida a los estudiantes que usen las tarjetas en blanco para hacer un dibujo que los ayude a comprender conceptos como grupos de diez o más, y diez más o diez menos.
- Pida a los estudiantes que usen las tarjetas en blanco para escribir una palabra de un capítulo anterior que les gustaría repasar.

Los números en el rango de 0 a 9.

Mi modelo de papel

FOLDABLES® Sigue los pasos que aparecen en el reverso para hacer tu modelo de papel.

decenas

unidades

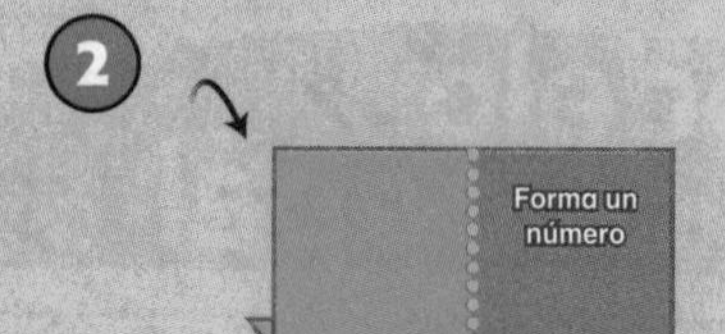

Forma un número

Nombre

Los números del 11 al 19

Lección 1

PREGUNTA IMPORTANTE
¿Cómo puedo usar el valor posicional?

Explorar y explicar

¡Listos para construir!

10 y 4 más

Instrucciones para el maestro: Diga: *Dibujen un juguete en cada casilla de la caja roja. Coloreen los juguetes con rojo. Encierren en un círculo el grupo de 10 juguetes rojos. Dibujen 4 juguetes más en las casillas de la caja amarilla. Coloreen estos juguetes con amarillo.* Pregunte: *¿Hay 10 y cuántos juguetes más?* Pídales que tracen la respuesta.

Ver y mostrar

Los números del 11 al 19 se pueden formar con un grupo de 10 y algunos más.

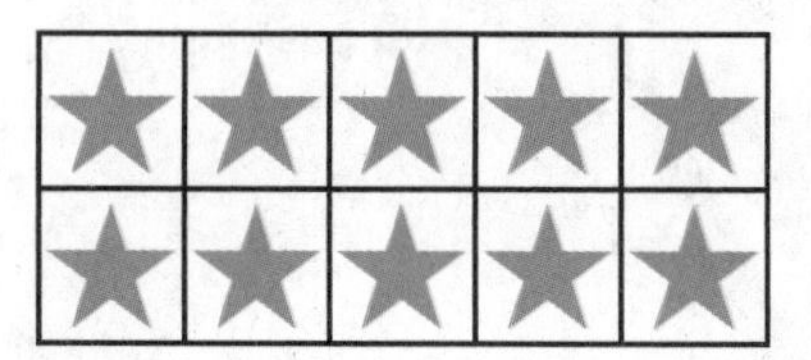 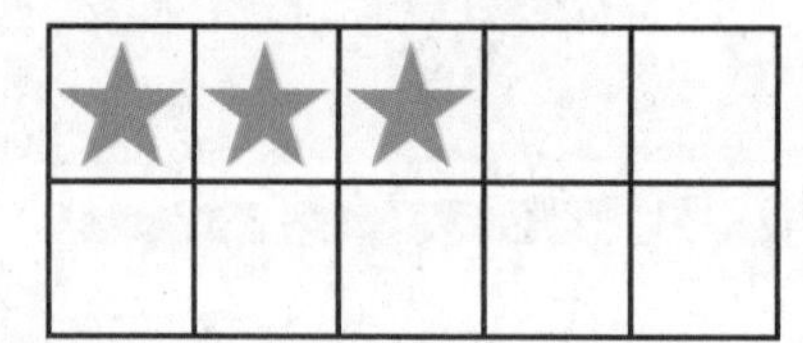

trece

10 y 3 más

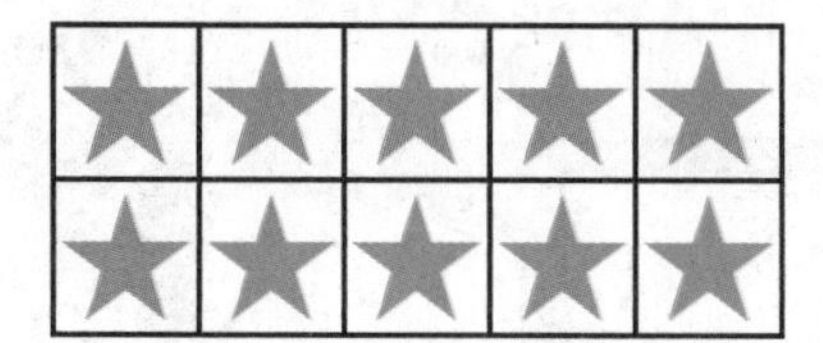 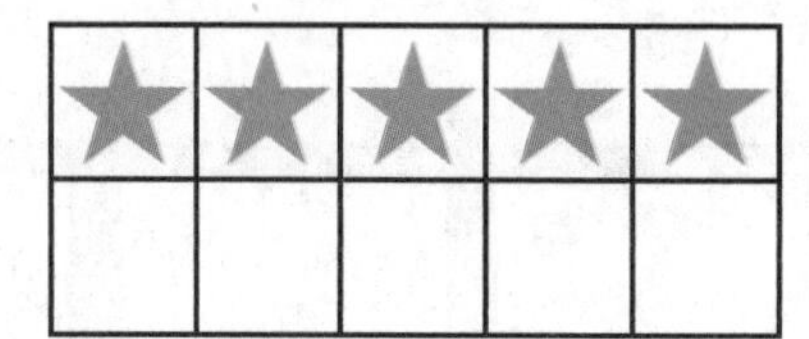

quince

10 y 5 más

Encierra en un círculo el grupo de diez. Escribe cuántos más hay. Luego, escribe el número.

11 once
12 doce
13 trece
14 catorce
15 quince

1. 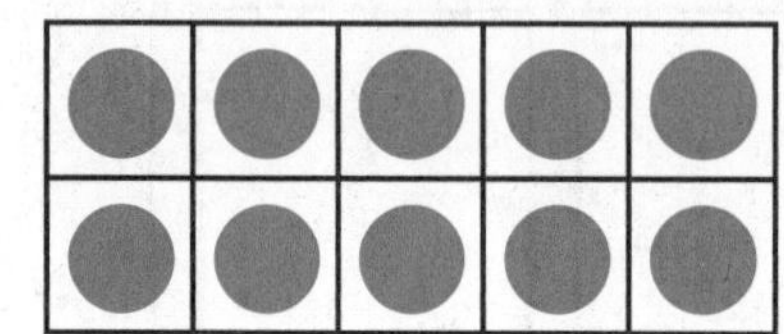 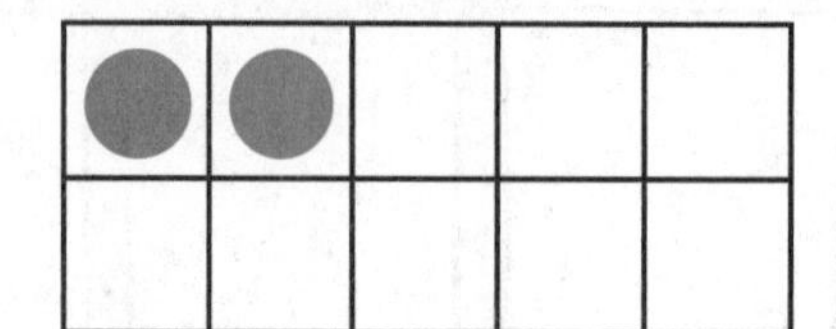

10 y _____ más

_____ doce

2. 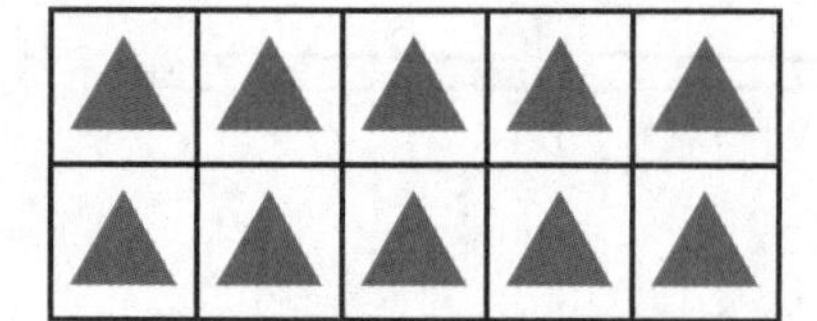 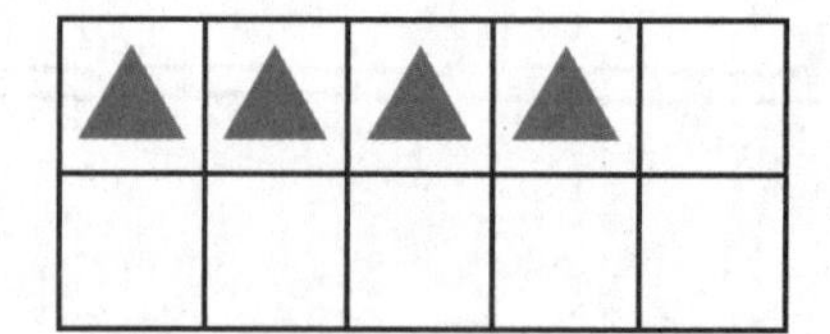

10 y _____ más

_____ catorce

Habla de las mates ¿En qué se parecen los números 11, 12, 13, 14 y 15?

Nombre ....

16 dieciséis
17 diecisiete
18 dieciocho
19 diecinueve

Por mi cuenta

Encierra en un círculo el grupo de diez.
Escribe cuántos más hay. Luego, escribe el número.

3. 

_____
diecisiete

10 y _____ más

4.  

_____
dieciséis

10 y _____ más

5. 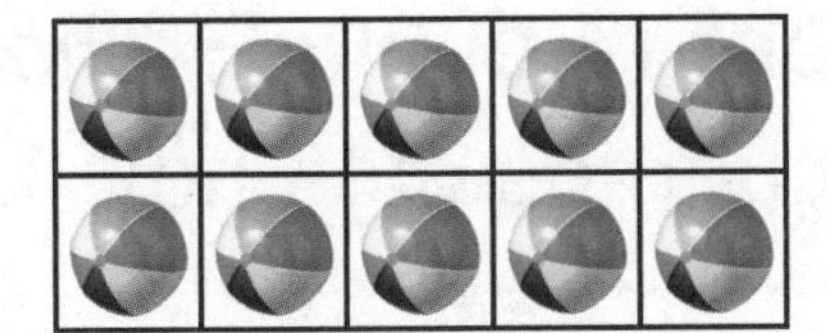 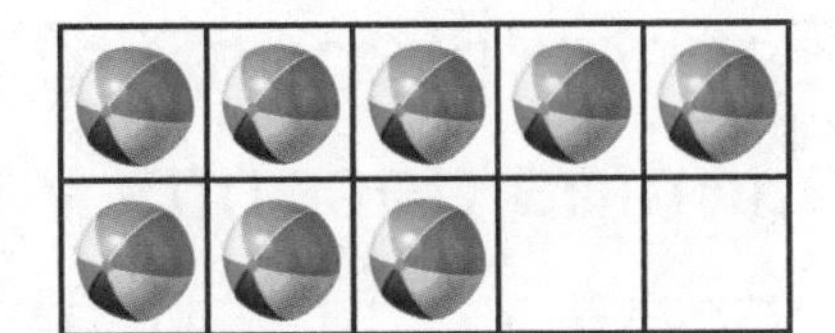

_____
dieciocho

10 y _____ más

6. 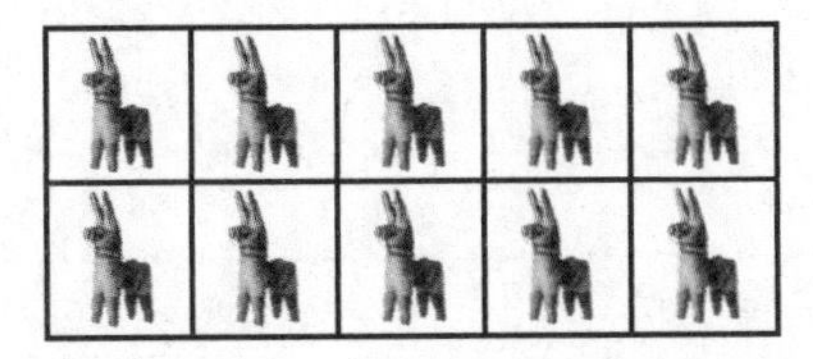 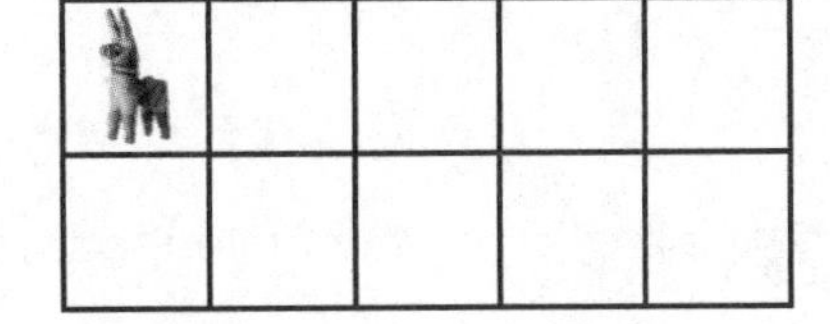

_____
once

10 y _____ más

Resolución de problemas

7. Ben tiene los carros que se muestran. Encierra en un círculo un grupo de diez carros. Escribe cuántos más hay. ¿Cuántos carros tiene Ben en total?

10 y _____ más _____ carros

8. Mara tenía 10 osos de peluche en su cuarto. También tenía 2 robots. ¿Cuántos juguetes tenía Mara en total?

_____ juguetes

Las mates en palabras Escoge un número del 16 al 20. Explica cuántas decenas y cuántos más hay.

Nombre ....

Mi tarea

Lección 1
Los números del 11 al 19

Asistente de tareas

¿Necesitas ayuda? connectED.mcgraw-hill.com

Los números del 11 al 19 se pueden formar con un grupo de 10 y algunos más.

10 y 4 más

14
catorce

Práctica

Encierra en un círculo el grupo de diez.
Escribe cuántos más hay. Luego, escribe el número.

1\.

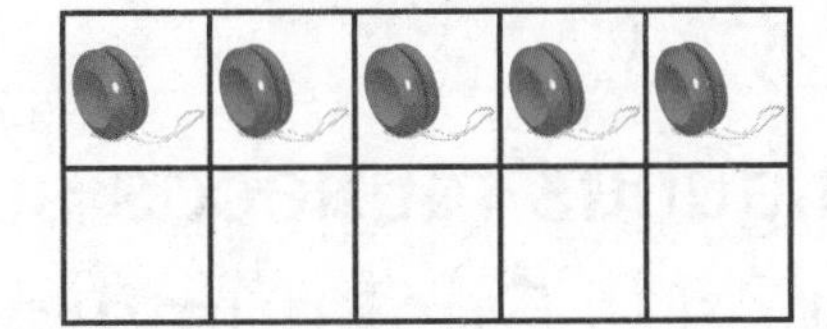

10 y _______ más

____
quince

2\.

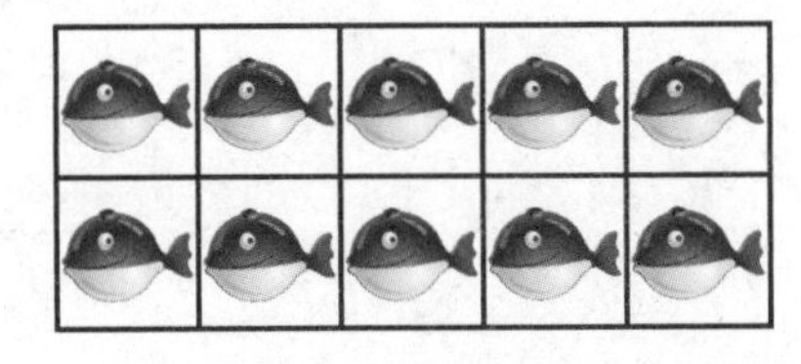

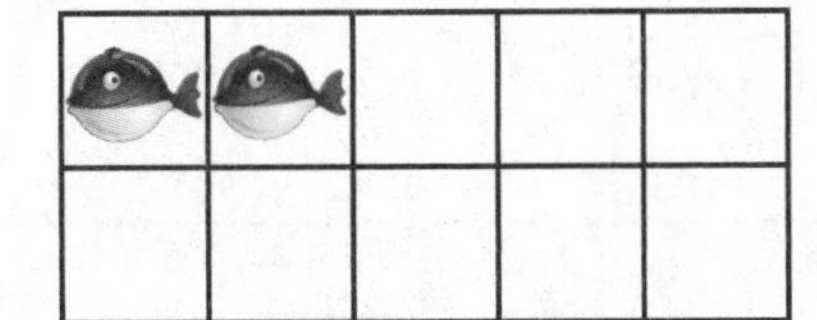

10 y _______ más

____
doce

Encierra en un círculo el grupo de diez.
Escribe cuántos más hay. Luego, escribe el número.

3.

10 y ______ más

______
diecisiete

4.

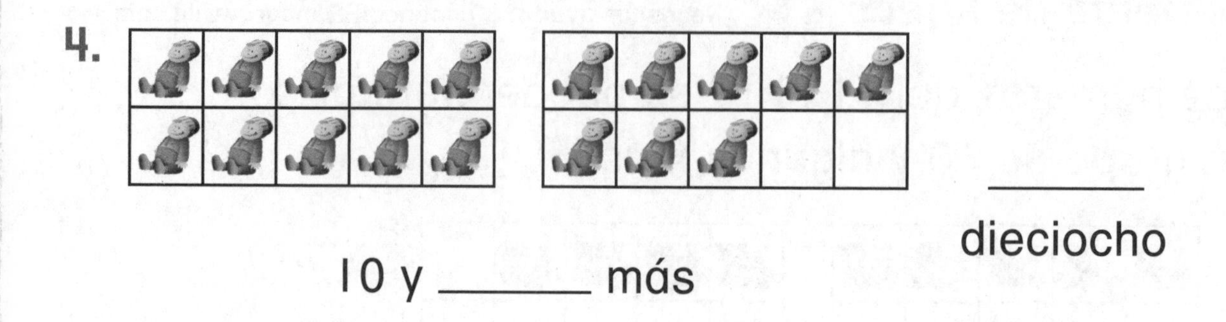

10 y ______ más

______
dieciocho

5.

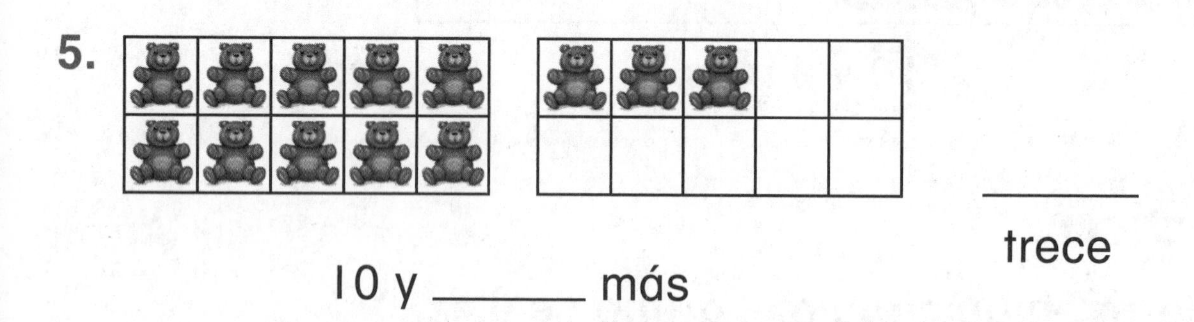

10 y ______ más

______
trece

Práctica para la prueba

6. Hanna tiene algunas muñecas sobre su cama. Tiene 10 y 6 más. ¿Cuál número muestra cuántas muñecas tiene Hanna sobre su cama?

4	6	10	16
○	○	○	○

Las mates en casa Diga un número entre 11 y 19. Pida a su niño o niña que dibuje esa cantidad de objetos y escriba el número. Pídale que diga cuántos grupos de diez y cuántos más hay.

Nombre

Las decenas

Lección 2

PREGUNTA IMPORTANTE
¿Cómo puedo usar el valor posicional?

Explorar y explicar

¡Guía el camino!

Instrucciones para el maestro: Diga a los niños: *Coloquen un ▪ en cada ventana del vagón del tren. Unan los cubos para formar un tren y retírenlo de la vía férrea. Repitan esto dos veces más. Cuenten de diez en diez. Escriban el número.*

Ver y mostrar

Puedes agrupar 10 unidades para formar una **decena**.

=

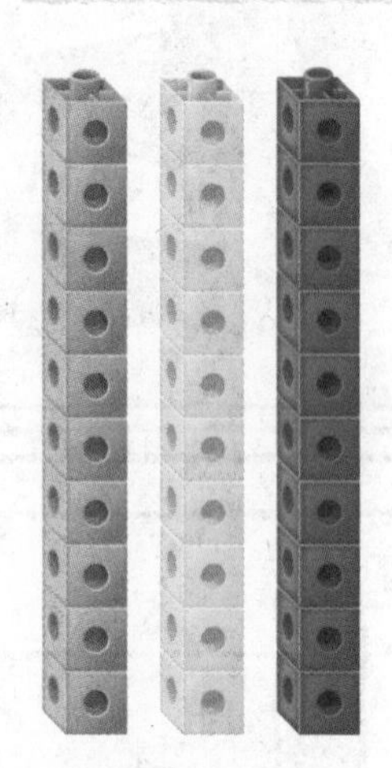

3 decenas = 30

treinta

Pista

Estos cubos están en grupos de 10. Cuenta de diez en diez para hallar cuántos cubos hay en total.

Usa . Forma grupos de diez. Cuenta de diez en diez. Escribe los números.

1.

_______ decenas = _______

cuarenta

2.

_______ decenas = _______

setenta

¿Cómo usarías los cubos para representar el número 100?

Nombre ____________

Por mi cuenta

Usa [cubo]. Forma grupos de diez. Escribe los números.

3.

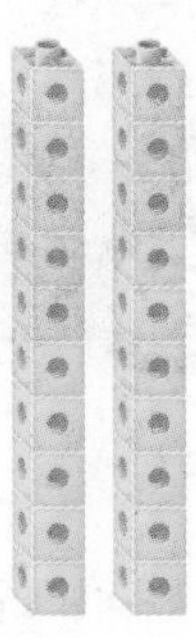

_____ decenas = _____
veinte

4.

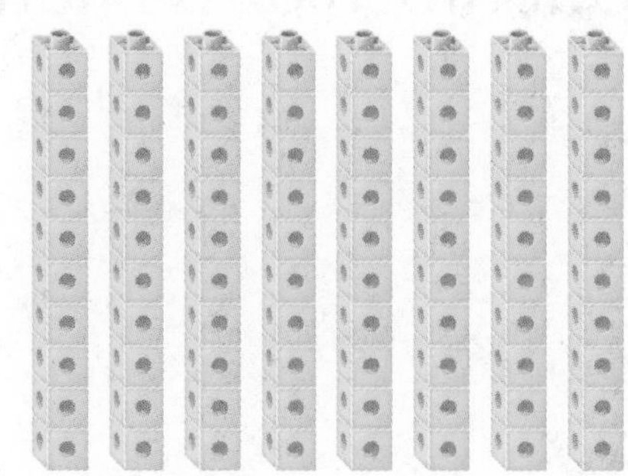

_____ decenas = _____
ochenta

5.

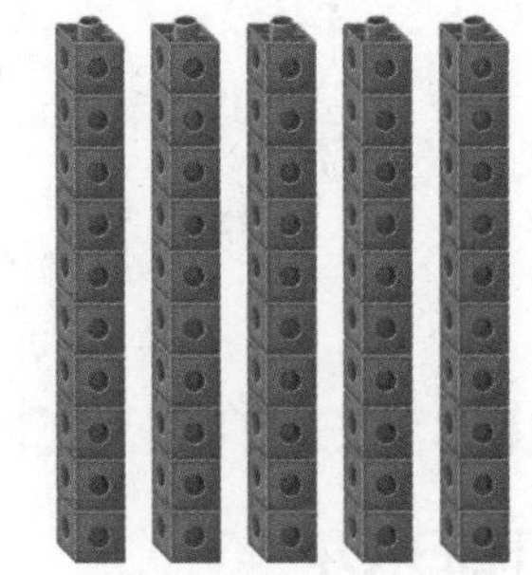

_____ decenas = _____
cincuenta

6.

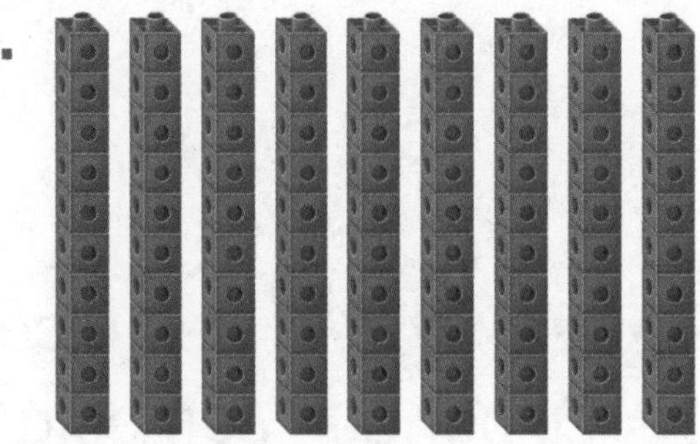

_____ decenas = _____
noventa

7.

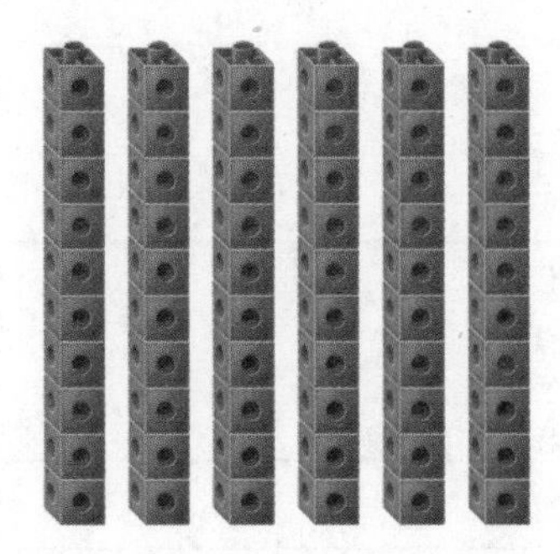

_____ decenas = _____
sesenta

8.

_____ decenas = _____
treinta

Resolución de problemas

9. Kevin tiene 7 grupos de carros. Hay 10 carros en cada grupo. ¿Cuántos carros tiene en total?

______ carros

10. La Sra. Brown hace galletas para los jugadores de fútbol. Hay 4 equipos de 10. ¿Cuántas galletas necesita?

______ galletas

Problema S.O.S. Jeff dice que hay 2 decenas de monedas de 1¢. Di por qué Jeff está equivocado. Corrígelo.

Nombre

Mi tarea

Lección 2
Las decenas

Asistente de tareas

¿Necesitas ayuda? connectED.mcgraw-hill.com

Cuenta de diez en diez para hallar cuántos hay en total.

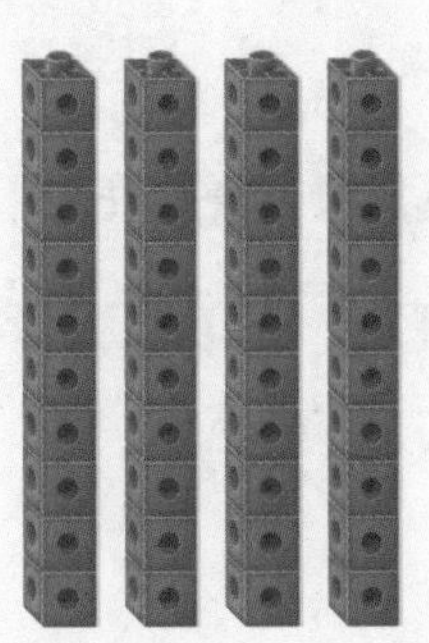

Pista
Cuenta diez, veinte, treinta y cuarenta.

4 decenas = 40

Práctica

Cuenta grupos de diez. Escribe los números.

1. 

______ decenas = ______
veinte

2. 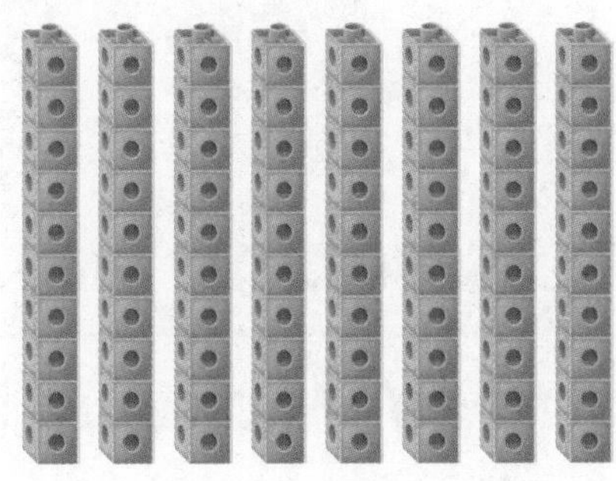

______ decenas = ______
ochenta

Cuenta grupos de diez. Escribe los números.

3. 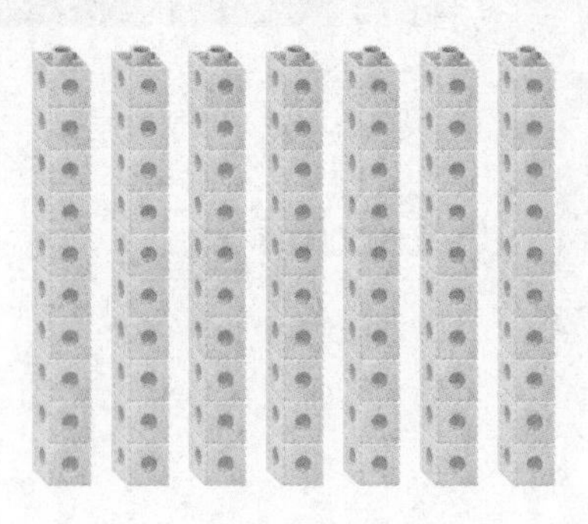

______ decenas = ______
setenta

4. 

______ decenas = ______
cincuenta

5. Hay 4 cajas. Cada caja tiene 10 botones.
¿Cuántos botones hay en total?

______ botones

6. Hay 3 floreros. Cada florero tiene 10 flores.
¿Cuántas flores hay en total?

______ flores

Comprobación del vocabulario

Encierra en un círculo la respuesta correcta.

7. ¿Cuál grupo muestra conteo por **decenas**?

5, 10, 15, 20, 25   10, 20, 30, 40, 50

Las mates en casa Dé a su niño o niña varios artículos pequeños, como botones o monedas de 1¢, para contar. Ayúdelo a formar grupos de diez y a contar luego los artículos de diez en diez.

Nombre ....

Contar de diez en diez usando monedas de 10¢

Lección 3

PREGUNTA IMPORTANTE
¿Cómo puedo usar el valor posicional?

Explorar y explicar

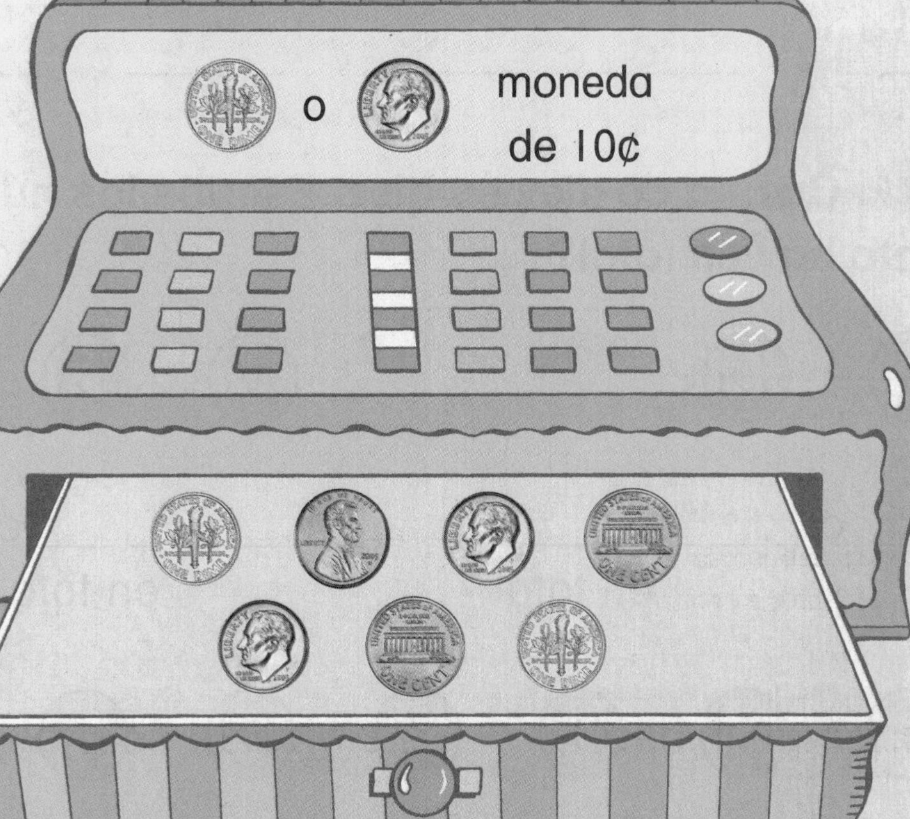

_____ monedas de 10¢ ¿Cuánto hay? _____¢

Instrucciones para el maestro: Diga a los niños: *Encierren en un círculo todas las* (moneda de 10¢) *en la registradora. Escriban el número que muestra el número total de monedas de 10¢. Cuenten de diez en diez para hallar cuántos centavos (¢) hay en la registradora. Escriban cuántos hay.*

Ver y mostrar

Puedes contar de diez en diez para contar monedas de 10¢.

 o 

moneda de 10¢

10¢ = diez centavos

Pista
10 monedas de 1¢ son iguales a 1 moneda de 10¢.

10 ¢ 20 ¢ 30 ¢ 40 ¢ 50 ¢

Usa . Cuenta de diez en diez. Escribe los números. ¿Cuánto hay en total?

1.   

____¢ ____¢ ____¢
en total

2.  

____¢ ____¢
en total

3.       

____¢ ____¢ ____¢ ____¢ ____¢ ____¢ ____¢
en total

Habla de las mates ¿Cuántas monedas de 10¢ son iguales a 40 monedas de 1¢?

Nombre ....

CCSS

Por mi cuenta

Usa (moneda de 10¢). Cuenta de diez en diez. Escribe los números. ¿Cuánto hay en total?

4.    

______¢ ______¢ ______¢ ______¢
en total

5.      

______¢ ______¢ ______¢ ______¢ ______¢ ______¢
en total

6.     

______¢ ______¢ ______¢ ______¢ ______¢
en total

7.       

______¢ ______¢ ______¢ ______¢ ______¢ ______¢ ______¢
en total

Resolución de problemas

8. Tienes 2 monedas. Son iguales a 20 centavos. Dibuja las monedas que tienes.

9. Kira está en una feria. Juega a un juego de arrojar monedas de 10¢. Arroja 90¢ en monedas de 10¢. Encierra en un círculo las monedas que arroja.

Problema S.O.S. Kendal tiene 2 monedas de 10¢, Adam tiene 4 monedas de 10¢ y Lucas tiene 1 moneda de 10¢. ¿Cuánto dinero tienen en total? Explica tu respuesta.

Nombre ....

Mi tarea

Lección 3
Contar de diez en diez usando monedas de 10¢

Asistente de tareas

¿Necesitas ayuda? connectED.mcgraw-hill.com

Puedes contar de diez en diez para contar monedas de 10¢.

 o  = 10¢

10¢ 20¢ 30¢ 40¢ 50¢ 60¢ en total

Práctica

Cuenta de diez en diez. Escribe los números.
¿Cuánto hay en total?

1.   

_____¢ _____¢ _____¢
en total

2.       

_____¢ _____¢ _____¢ _____¢ _____¢ _____¢ _____¢
en total

Cuenta de diez en diez. Escribe los números.
¿Cuánto hay en total?

3.     

______¢ ______¢ ______¢ ______¢ ______¢
en total

---

4.      

______¢ ______¢ ______¢ ______¢ ______¢ ______¢
en total

---

5. Angie tiene 8 monedas de 10¢ en su bolso. ¿Cuánto hay en total?

______ ¢

Práctica para la prueba

6. Manuel compra una pelota pequeña de básquetbol por 90¢. ¿Cuántas monedas de 10¢ son 90¢?

10 monedas de 10¢	9 monedas de 10¢	8 monedas de 10¢	7 monedas de 10¢
○	○ 	○	○

Las mates en casa Dé a su niño o niña distintas cantidades de monedas de 10¢ del 1 al 9. Pídale que le diga cuántas monedas de 10¢ tiene y cuánto dinero hay en total.

Nombre ....

Diez y algo más

Lección 4

PREGUNTA IMPORTANTE
¿Cómo puedo usar el valor posicional?

Explorar y explicar

¡Hora de hacer pompas de jabón!

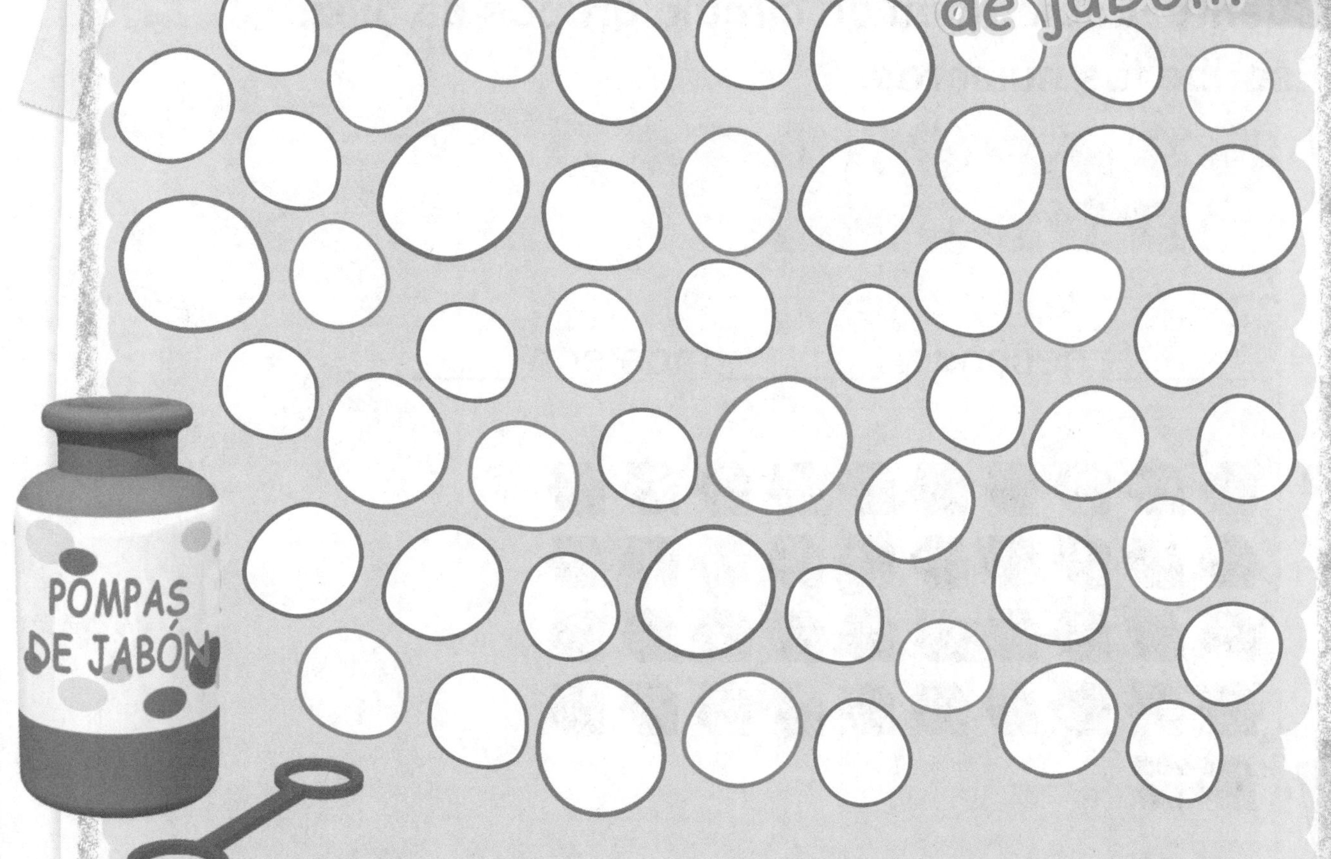

_____ decenas y _____ más son _____.

Instrucciones para el maestro: Diga a los niños: *Usen crayones para colorear grupos de diez. Coloreen cada grupo con un color diferente. Escriban los números.*

Ver y mostrar

PRÁCTICAS matemáticas

Puedes contar grupos de diez y algo más.

Pista
Hay dos grupos de diez. Hay 9 cubos más.

2 decenas y 9 más son 29.

Cuenta. Encierra en un círculo grupos de diez. Escribe los números.

1.

______ decena y ______ más son ______.

2.

______ decenas y ______ más son ______.

¿Qué número es 7 decenas y 0 más? ¿Cómo lo sabes?

Nombre ______________________

CCSS

Por mi cuenta

Cuenta. Encierra en un círculo grupos de diez. Escribe los números.

3.

______ decena y ______ más son ______.

4.

______ decenas y ______ más son ______.

5.

______ decenas y ______ más son ______.

6.

______ decenas y ______ más son ______.

Resolución de problemas

7. Julia tiene 4 grupos de 10 pulseras. Tiene 3 pulseras más. ¿Cuántas pulseras tiene en total?

_____ pulseras

8. Landon tiene 5 grupos de 10 tarjetas de béisbol. Tiene 7 tarjetas de béisbol más. ¿Cuántas tarjetas de béisbol tiene en total?

_____ tarjetas de béisbol

Problema S.O.S. Morgan escribió este enunciado. Di por qué Morgan está equivocado. Corrígelo.

Nombre ....

Mi tarea

Lección 4
Diez y algo más

Asistente de tareas

¿Necesitas ayuda? connectED.mcgraw-hill.com

Puedes contar grupos de diez y algo más.

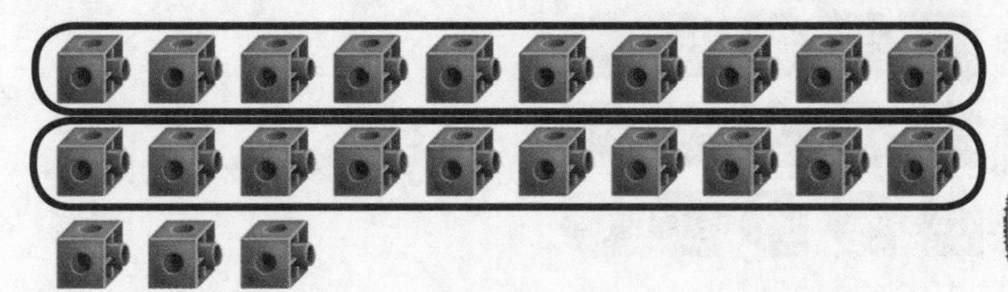

2 decenas y 3 más son 23.

Pista
Cuenta decenas y luego cuenta unidades.

Práctica

Cuenta. Encierra en un círculo grupos de diez. Escribe los números.

1.

_____ decenas y _____ más son _____.

2.

_____ decena y _____ más son _____.

Cuenta. Encierra en un círculo grupos de diez. Escribe los números.

3. 

_____ decenas y _____ más son _____.

4. 

_____ decenas y _____ más son _____.

5. Sara tiene 30 anillos. Consigue 2 anillos más. ¿Cuántos anillos tiene en total?

_____ anillos

Práctica para la prueba

6. Paul piensa en un número. Tiene 6 grupos de diez y 3 más. ¿Cuál es el número?

63	36	9	3
○	○	○	○

Las mates en casa Pida a su niño o niña que cuente algún cereal de uno en uno y forme luego grupos de diez y algo más. Pregúntele cuántas hojuelas de cereal hay en total.

Nombre ....

Decenas y unidades

Lección 5

PREGUNTA IMPORTANTE
¿Cómo puedo usar el valor posicional?

Explorar y explicar

23 unidades = ____ decenas y ____ unidades = ____

Instrucciones para el maestro: Diga a los niños: *Usen* [cubo] *para representar 23 unidades. Conecten los cubos para formar grupos de 10 y algo más. Dibujen el contorno de los cubos. Escriban cuántos grupos de decenas y unidades hay. Luego, escriban el número.*

Ver y mostrar

PRÁCTICAS matemáticas

Puedes mostrar un número como decenas y unidades. Puedes **reagrupar** 10 **unidades** como 1 decena.

Pista
Reúne 10 unidades para formar 1 decena.

16 unidades = 1 decena y 6 unidades = 16

Usa [cubo]. Encierra en un círculo grupos de diez. Escribe cuántas decenas y unidades hay. Escribe cuánto hay en total.

1.

14 unidades = ____ decena y ____ unidades = ____

2.

21 unidades = ____ decenas y ____ unidad = ____

¿Cómo reagruparías 30 unidades?

Nombre ....

Por mi cuenta

¡Tu turno!

Usa [cubo]. Encierra en un círculo grupos de diez. Escribe cuántas decenas y unidades hay. Escribe cuánto hay en total.

3\.

13 unidades = ____ decena y ____ unidades = ____

4\.

26 unidades = ____ decenas y ____ unidades = ____

Forma grupos de decenas y unidades. Escribe cuánto hay.

5\. 35 unidades = ____ decenas y ____ unidades = ____

6\. 47 unidades = ____ decenas y ____ unidades = ____

7\. 67 unidades = ____ decenas y ____ unidades = ____

8\. 29 unidades = ____ decenas y ____ unidades = ____

Resolución de problemas

PRÁCTICAS matemáticas

9. Hay 24 unidades. Escribe cuántas decenas y unidades hay. Escribe cuánto hay en total.

   24 unidades = ____ decenas y ____ unidades = ____

10. Abby tiene 45 adhesivos. Tiene 4 grupos de 10 adhesivos que son flores. El resto son mariposas. ¿Cuántos adhesivos son mariposas?

    _____ adhesivos

Las mates en palabras Explica cómo reagrupar 51 unidades como decenas y unidades.

Nombre ....

Mi tarea

Lección 5
Decenas y unidades

Asistente de tareas

Ayuda en línea ¿Necesitas ayuda? connectED.mcgraw-hill.com

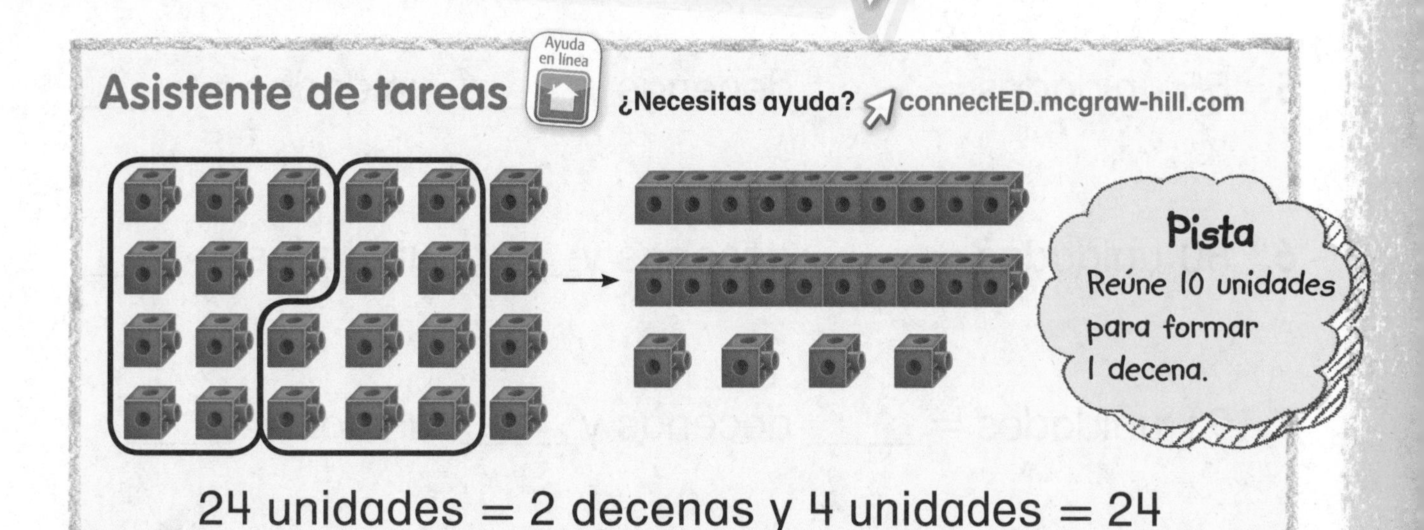

24 unidades = 2 decenas y 4 unidades = 24

Práctica

Encierra en un círculo grupos de diez. Escribe cuántas decenas y unidades hay. Escribe cuánto hay en total.

1.

15 unidades = _____ decena y _____ unidades = _____

2.

32 unidades = _____ decenas y _____ unidades = _____

Forma grupos de decenas y unidades. Escribe cuánto hay.

3. 52 unidades = ____ decenas y ____ unidades = ____

4. 77 unidades = ____ decenas y ____ unidades = ____

5. 55 unidades = ____ decenas y ____ unidades = ____

6. 80 unidades = ____ decenas y ____ unidades = ____

7. 91 unidades = ____ decenas y ____ unidad = ____

8. María tiene 20 lápices en una caja.
Tiene 3 lápices en otra caja.
¿Cuántos lápices tiene en total?

______ lápices

Comprobación del vocabulario

Escribe la palabra que falta.

reagrupar **unidades**

9. Puedes ____________ 10 unidades como 1 decena.

Las mates en casa Pida a su niño o niña que reagrupe 83 como decenas y unidades.

Nombre ....

Compruebo mi progreso

Comprobación del vocabulario

Completa las oraciones.

decenas **reagrupar**

1. El 2 en el número 25 muestra las ______________.
2. Puedes ______________ al descomponer un número y escribirlo de una nueva forma.

Comprobación del concepto

Encierra en un círculo el grupo de diez. Escribe cuántos más hay. Luego, escribe el número.

3. 

10 y _____ más

_____ dieciocho

4. 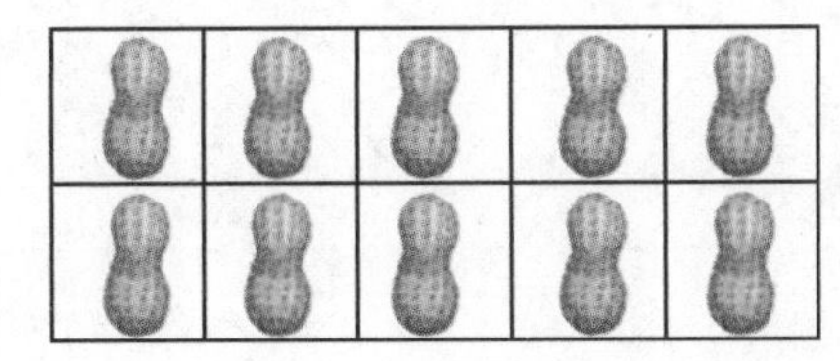 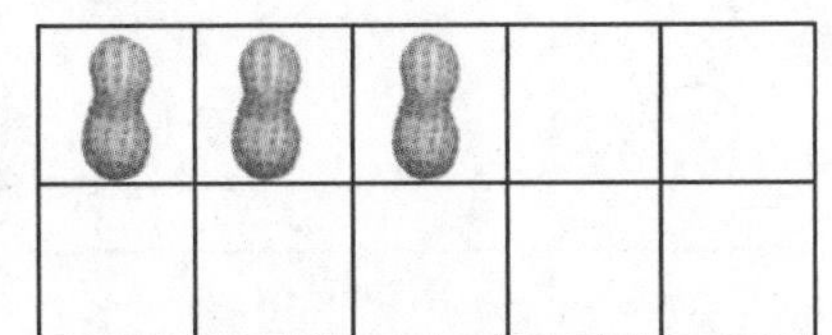

10 y _____ más

_____ trece

Cuenta grupos de diez. Escribe los números.

5.

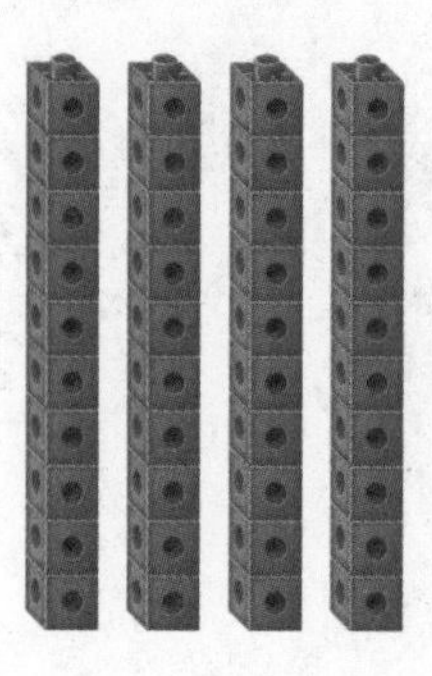

_____ decenas = _____
cuarenta

6.

_____ decenas = _____
treinta

Cuenta. Encierra en un círculo grupos de diez. Escribe los números.

7.

_______ decenas y _______ más son _______.

Práctica para la prueba

8. Susi piensa en un número. Tiene 9 decenas y 7 unidades. ¿Cuál es el número?

70	79	90	97
○	○	○	○

Nombre

Resolución de problemas

ESTRATEGIA: Hacer una tabla

Lección 6

PREGUNTA IMPORTANTE
¿Cómo puedo usar el valor posicional?

Observa

Joel bebe 10 vasos de leche cada semana. ¿Cuántos vasos de leche bebe en 4 semanas?

1 Comprende Subraya lo que sabes. Encierra en un círculo lo que debes hallar.

2 Planea ¿Cómo resolveré el problema?

3 Resuelve Voy a hacer una tabla.

4 decenas = 40
cuarenta

40 vasos

Semana	Vasos
1	10
2	20
3	30
4	40

4 Comprueba ¿Es razonable mi respuesta? ¿Por qué?

Practica la estrategia

Liz jugó con 10 juguetes diferentes cada día. ¿Con cuántos juguetes habrá jugado en 5 días?

1 Comprende Subraya lo que sabes. Encierra en un círculo lo que debes hallar.

2 Planea ¿Cómo resolveré el problema?

3 Resuelve Voy a...

_______ decenas = _______

_______ juguetes

Día	Juguetes

4 Comprueba ¿Es razonable mi respuesta? ¿Por qué?

Nombre ....

Aplica la estrategia

1. Bobby encontró caracolas en la playa. Encontró 10 caracolas cada día por 6 días. ¿Cuántas caracolas encontró en 6 días?

Día	Caracolas

_____ caracolas

2. Un doctor atiende a 10 niños cada día. ¿Cuántos niños atiende en 4 días?

Día	Niños

_____ niños

3. Cada día vuelan 10 pájaros al sur. ¿Cuántos pájaros volarán al sur después de 7 días?

Día	Pájaros

_____ pájaros

Repasa las estrategias

Escoge una estrategia

- Hacer una tabla.
- Representar.
- Escribir un enunciado numérico.

4. Brianna coloca 10 peras en cada uno de 2 recipientes. ¿Cuántas peras hay en total?

_____ + _____ = _____ peras

5. La Srta. Kim tiene 18 globos. Le da a Ross y Dan el mismo número de globos. ¿Cuántos globos le da a cada niño?

¡Arriba, arriba y a volar!

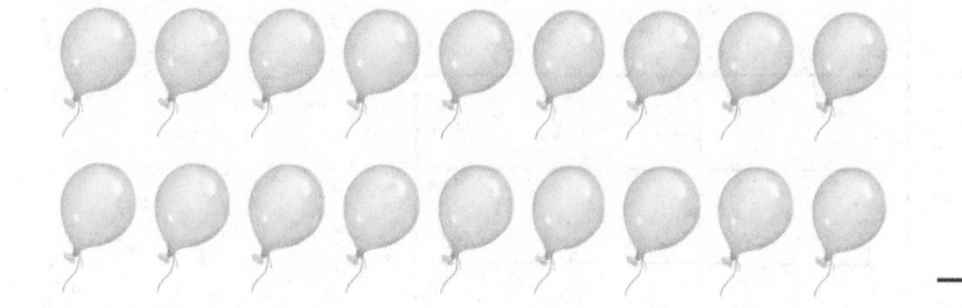

_____ globos

6. La Escuela Primaria Hill tiene 4 equipos para el concurso de ortografía. Cada equipo tiene 10 estudiantes. ¿Cuántos estudiantes hay en total?

Equipo	Estudiantes
1	
2	
3	
4	

_____ estudiantes

Nombre

Mi tarea

Lección 6
Resolución de problemas: Hacer una tabla

Asistente de tareas

¿Necesitas ayuda? connectED.mcgraw-hill.com

Dany coloca 10 juguetes de peluche en cada caja. Hay 6 cajas. ¿Cuántos juguetes de peluche tiene Dany?

1 Comprende Subraya lo que sabes. Encierra en un círculo lo que debes hallar.

2 Planea ¿Cómo resolveré el problema?

3 Resuelve Voy a hacer una tabla.

6 decenas = 60

60 juguetes

Caja	Juguetes
1	10
2	20
3	30
4	40
5	50
6	60

4 Comprueba ¿Es razonable mi respuesta?

Resolución de problemas

1. Mara tiene 3 grupos de 10 pelotas. ¿Cuántas pelotas tiene Mara en total?

Grupo	Pelotas

_______ pelotas

2. Hay 10 patos en cada laguna. ¿Cuántos patos hay en 4 lagunas?

Laguna	Patos

_______ patos

3. Se venden silbatos de juguete en bolsas de 10. Alexis necesita 50 silbatos. ¿Cuántas bolsas debe comprar?

Bolsa	Silbatos

_______ bolsas

Las mates en casa Aproveche las oportunidades para la resolución de problemas durante las rutinas diarias, como los viajes en carro, la hora de dormir, el lavado de la ropa, guardar los víveres, planear horarios, etc.

Nombre

Los números hasta el 100

Lección 7

PREGUNTA IMPORTANTE
¿Cómo puedo usar el valor posicional?

¿Cuál es tu juego favorito?

Explorar y explicar

decenas	unidades

____
treinta y ocho

Instrucciones para el maestro: Diga a los niños: *Usen* [barra de decena] y [cubo]. *Muestren 38 en grupos de decenas y unidades. Escriban el número.*

Ver y mostrar

PRÁCTICAS matemáticas

Puedes escribir números de diferentes maneras.

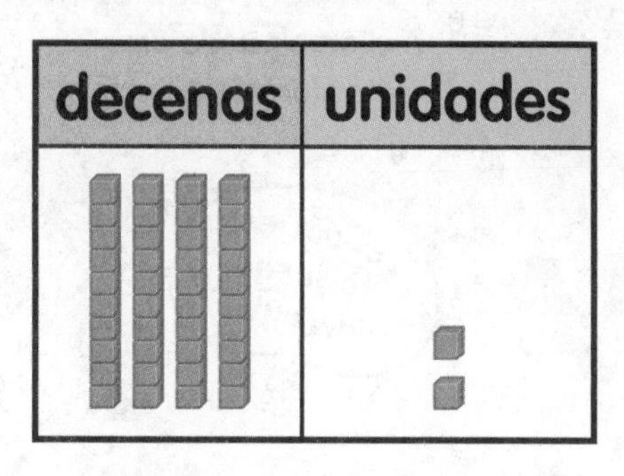

decenas	unidades
4	2

4 decenas, 2 unidades

42 cuarenta y dos

Usa el tablero de trabajo 7 y [barra de decena] y [cubo de unidad]. Muestra grupos de decenas y unidades. Escribe las decenas y unidades. Luego, escribe el número.

1.

decenas	unidades

decenas	unidades

______ treinta y uno

2.

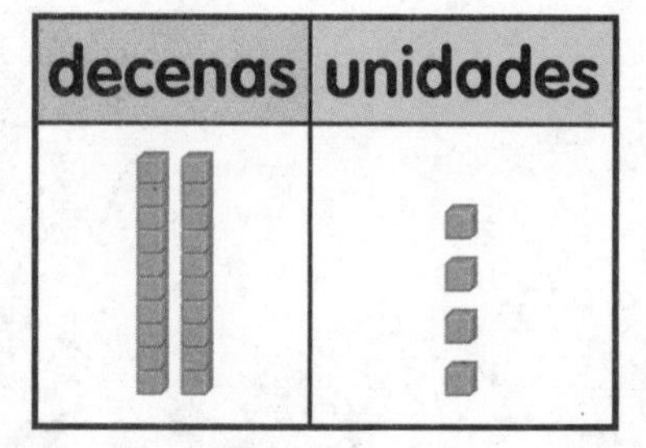

decenas	unidades

______ veinticuatro

Habla de las mates ¿Cómo puedes escribir 72 de más de una manera?

Nombre ....

Por mi cuenta

Usa el tablero de trabajo 7 y [barra de decena] y [cubo de unidad]. Muestra grupos de decenas y unidades. Escribe las decenas y unidades. Luego, escribe el número.

3.

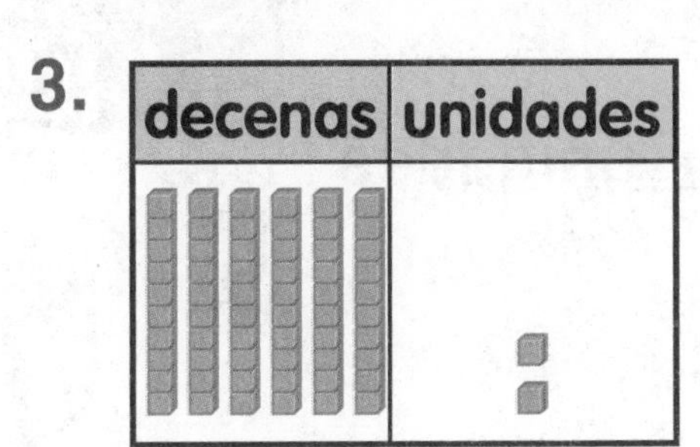

decenas	unidades

______

sesenta y dos

4.

decenas	unidades

decenas	unidades

______

cincuenta y ocho

5.

decenas	unidades

decenas	unidades

______

ochenta y cinco

6.

decenas	unidades

decenas	unidades

______

setenta y tres

Resolución de problemas

PRÁCTICAS matemáticas

7. Édgar tiene 47 bloques. ¿Cuántos grupos de diez tiene? ¿Cuántas unidades?

_____ decenas y _____ unidades

8. Iván encontró 34 hojas en el parque. ¿Cuántos grupos de 10 tiene? ¿Cuántas unidades?

_____ decenas y _____ unidades

Las mates en palabras Explica cómo mostrar 84 usando decenas y algunas unidades.

Nombre ....

Mi tarea

Lección 7
Los números hasta el 100

Asistente de tareas

¿Necesitas ayuda? connectED.mcgraw-hill.com

Puedes escribir números de diferentes maneras.

decenas	unidades

decenas	unidades
2	8

28
veintiocho

2 decenas, 8 unidades

Práctica

Cuenta grupos de decenas y unidades. Escribe las decenas y las unidades. Luego, escribe el número.

1.

decenas	unidades

decenas	unidades

______
cuarenta y nueve

2.

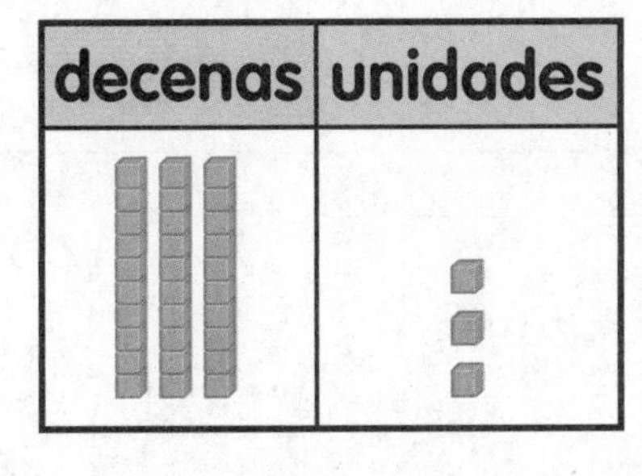

decenas	unidades

decenas	unidades

______
treinta y tres

Cuenta grupos de decenas y unidades. Escribe las decenas y las unidades. Luego, escribe el número.

3.

decenas	unidades

decenas	unidades

_______ noventa y tres

4.

decenas	unidades

decenas	unidades

_______ setenta

5. Scarlet tiene 23 muñecas. ¿Cuántos grupos de diez tiene? ¿Cuántas unidades?

_______ decenas y _______ unidades

Práctica para la prueba

6. ¿Cuántas decenas y unidades hay en 58?

○ 5 decenas y 9 unidades

○ 4 decenas y 8 unidades

○ 4 decenas y 9 unidades

○ 5 decenas y 8 unidades

Las mates en casa Pida a su niño o niña que muestre 64 de dos maneras diferentes.

Nombre ....

Diez más, diez menos

Lección 8

PREGUNTA IMPORTANTE
¿Cómo puedo usar el valor posicional?

¡Vámonos de aquí!

Explorar y explicar

Instrucciones para el maestro: Diga: *El mono está señalando el número 43.* Pida a los niños que coloquen una ficha en el número, que encierren en un círculo azul el número que es 10 más y que lo tracen en la línea de abajo. Pídales que encierren en un círculo rojo el número que es 10 menos y que lo tracen en la línea de abajo.

Ver y mostrar

PRÁCTICAS matemáticas

Puedes usar el cálculo mental para hallar diez más o diez menos que un número.

24 34 44

44 es diez más que 34.

24 es diez menos que 34.

Escribe el número que falta.

1.

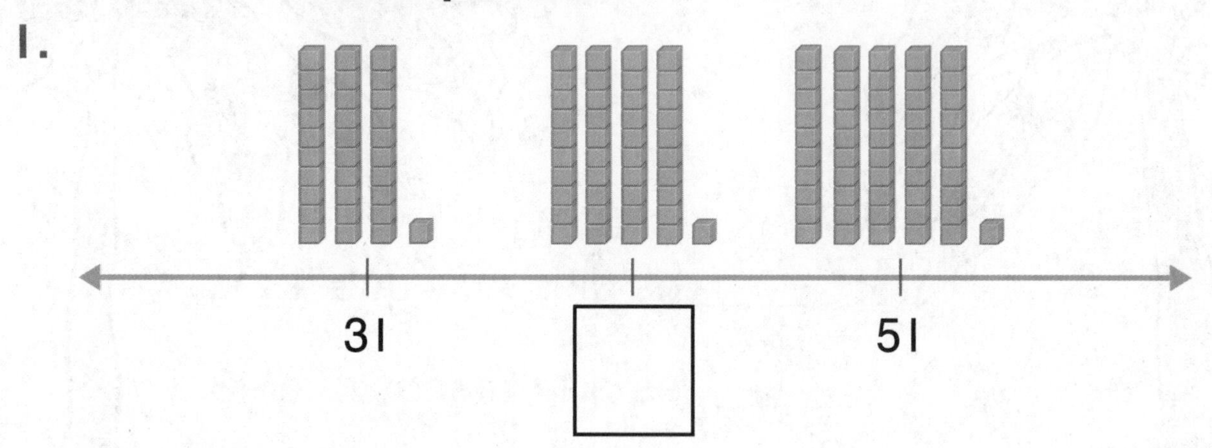

Di cómo hallar el número que es diez más que 62.

Nombre ....

CCSS

Por mi cuenta

Escribe el número que falta.

2. 36, 46, ☐

3. 75, 85, ☐

4. 68, ☐, 88

5. ☐, 21, 31

Escribe el número que es diez más.

6. 0, ______

7. 89, ______

8. 14, ______

9. 72, ______

10. 28, ______

11. 55, ______

Escribe el número que es diez menos.

12. ______, 100

13. ______, 73

14. ______, 91

15. ______, 47

16. ______, 36

17. ______, 68

18. ¿Qué número es diez más que 34?

______

Resolución de problemas

19. Jack tenía 29 carros de juguete. En su fiesta le regalaron 10 carros de juguete más. ¿Cuántos carros de juguete tiene ahora?

_____ carros de juguete

Escribe los números que son diez más o diez menos que el número.

20. _____, 31, _____

21. _____, 79, _____

22. _____, 24, _____

23. _____, 88, _____

Problema S.O.S. Heidy tiene 50 monedas de 1¢. Logan tiene diez monedas de 1¢ menos. La respuesta es 40 monedas de 1¢. ¿Cuál es la pregunta?

Nombre ....

Mi tarea

Lección 8

Diez más, diez menos

Asistente de tareas

¿Necesitas ayuda? connectED.mcgraw-hill.com

Puedes usar el cálculo mental para hallar diez más o diez menos que un número.

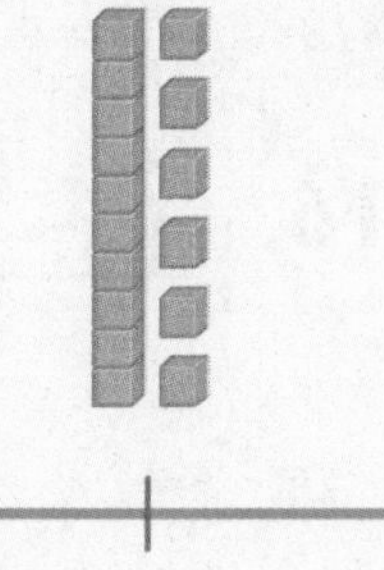

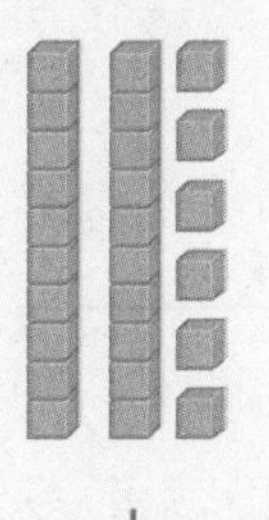

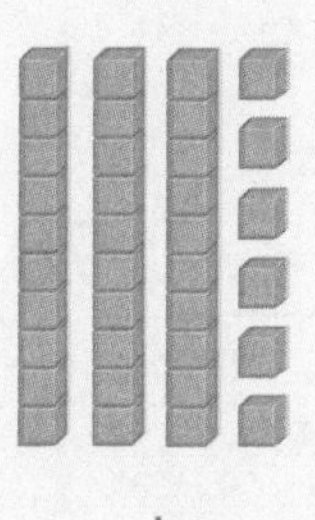

16 26 36

36 es diez más que 26.

16 es diez menos que 26.

Pista
Cuenta de 10 en 10.
16, 26, 36

Escribe el número que falta.

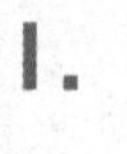

1. 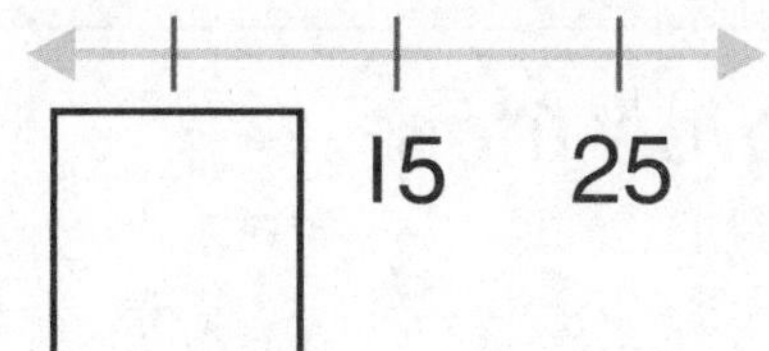

☐ 15 25

2. 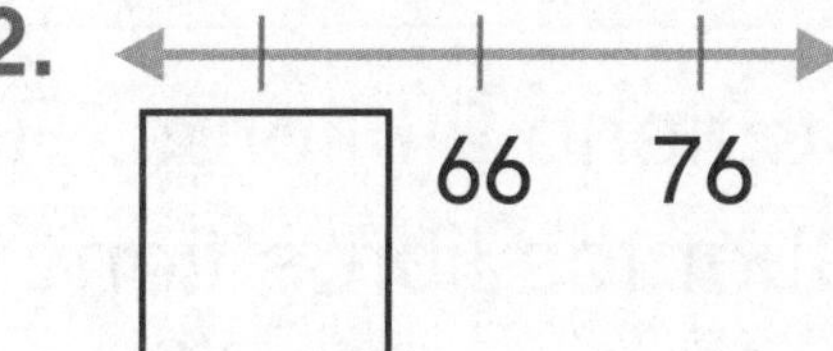

☐ 66 76

3. 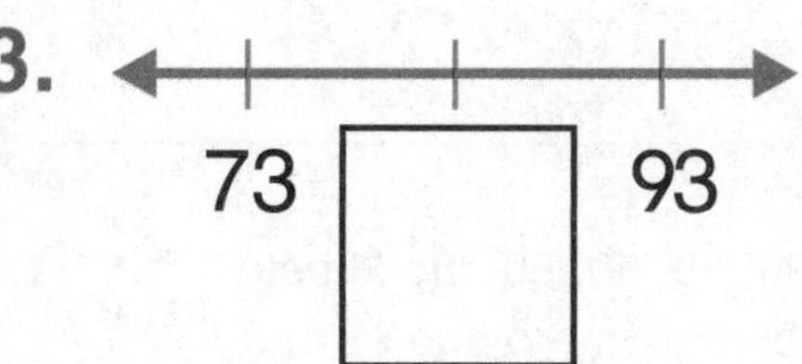

73 ☐ 93

4. 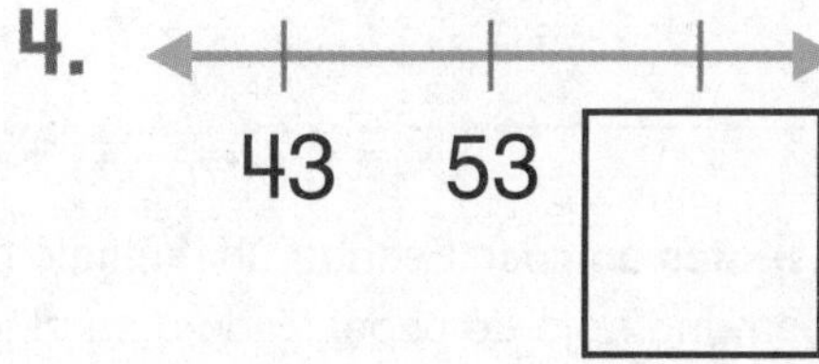

43 53 ☐

Escribe el número que es diez más.

5. 12, ______	**6.** 20, ______	**7.** 77, ______
8. 9, ______	**9.** 26, ______	**10.** 55, ______

Escribe el número que es diez menos.

11. ______, 57	**12.** ______, 31	**13.** ______, 82
14. ______, 98	**15.** ______, 20	**16.** ______, 71

17. Miguel tiene 25 dinosaurios. Tiene 10 robots más que dinosaurios. ¿Cuántos robots tiene?

______ robots

Práctica para la prueba

18. Rita tiene 24 libros. Recibe 10 libros más. ¿Cuántos libros tiene en total?

70 ○ 55 ○ 34 ○ 18 ○

Las mates en casa Escriba un múltiplo de diez como 10, 20, 30, 40, 50, etc., hasta 80, en una hoja de papel. Pida a su niño o niña que escriba el número que es diez más o diez menos que ese número.

Nombre ....

Contar de cinco en cinco usando monedas de 5¢

Lección 9

PREGUNTA IMPORTANTE
¿Cómo puedo usar el valor posicional?

Explorar y explicar

 o  moneda de 5¢

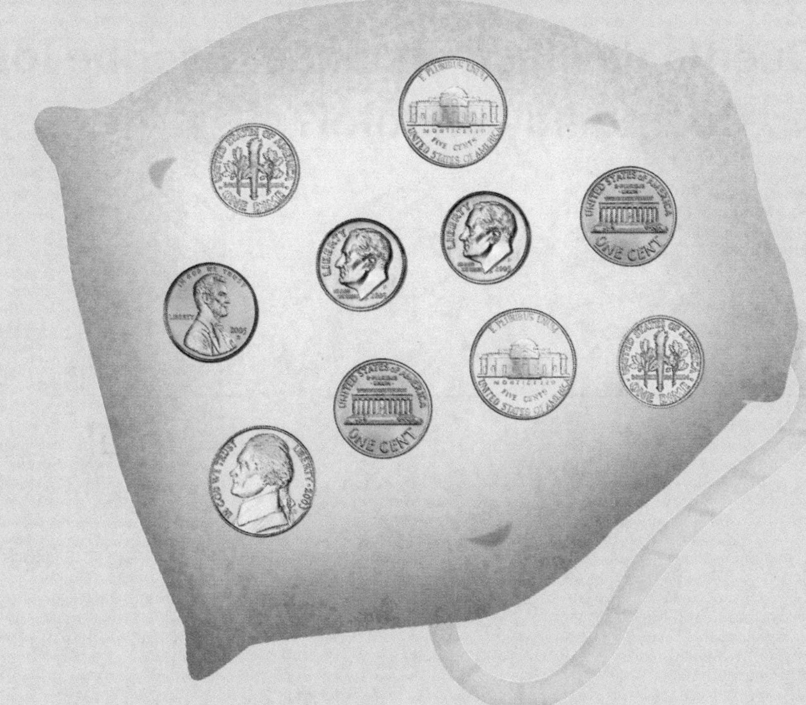

_____ monedas de 5¢ ¿Cuánto hay? _____¢

Instrucciones para el maestro: Diga a los niños: *Encierren en un círculo todas las* (moneda de 5¢) *que hay en la bolsa. Escriban el número que muestra el número total de monedas de 5¢. Cuenten de cinco en cinco para hallar cuántos centavos (¢) hay en la bolsa. Escriban cuánto hay en la bolsa.*

Ver y mostrar

PRÁCTICAS matemáticas

Puedes contar de cinco en cinco para contar monedas de 5¢.

 o

moneda de 5¢

5¢ = cinco centavos

Pista

5 monedas de 1¢ son iguales a 1 moneda de 5¢; por lo tanto, puedes intercambiar 5 monedas de 1¢ por 1 moneda de 5¢.

5¢ 10¢ 15¢ 20¢ 25¢

Usa moneda de 5¢. Cuenta de cinco en cinco. Escribe los números. ¿Cuánto hay en total?

1.   

_____¢ _____¢ _____¢ _____¢ en total

2.   

_____¢ _____¢ _____¢ en total

Habla de las mates

Mi amigo quiere darme 1 moneda de 5¢ a cambio de 10 monedas de 1¢. ¿Es justo este intercambio? ¿Por qué?

Nombre ______________________

CCSS

Por mi cuenta

Usa [moneda de 5¢]. Cuenta de cinco en cinco. Escribe los números. ¿Cuánto hay en total?

3.  

_____¢ _____¢

en total

4.     

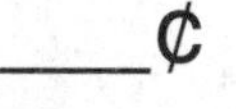 

_____¢ _____¢ _____¢ _____¢ _____¢

_____¢ _____¢

en total

5.     

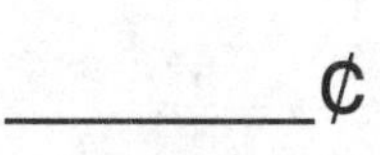 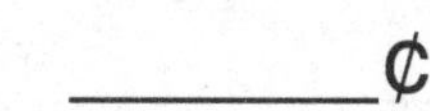

_____¢ _____¢ _____¢ _____¢ _____¢

_____¢ _____¢ _____¢

en total

Resolución de problemas

Haz un dibujo para resolver.

6. Mindy tiene 11 monedas de 5¢.
¿Cuánto dinero tiene?

_____ ¢

7. Beny compra un juguete que cuesta 30¢.
Solo usa monedas de 5¢. ¿Cuántas monedas de 5¢ usó para comprar el juguete?

_____ monedas de 5¢

Problema S.O.S. Tamika tiene 14 monedas de 5¢.
¿Cuánto dinero tiene? ¿Cuántas monedas de 10¢ se usan para mostrar esa misma cantidad?

Nombre ....

Mi tarea

Lección 9

Contar de cinco en cinco usando monedas de 5¢

Asistente de tareas

¿Necesitas ayuda? connectED.mcgraw-hill.com

Puedes contar de cinco en cinco para contar monedas de 5¢.

5¢ 10¢ 15¢ 20¢ 25¢ 30¢ en total

Práctica

Cuenta de cinco en cinco. Escribe los números. Escribe cuánto hay en total.

1.   

_______¢ _______¢ _______¢ en total

2.     

_______¢ _______¢ _______¢ _______¢ _______¢ en total

Cuenta de cinco en cinco. Escribe los números. Escribe cuánto hay en total.

3.    

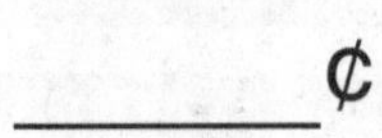 

_____¢ _____¢ _____¢ _____¢ _____¢

_____¢ _____¢ _____¢ _____¢ _____¢

en total

4. Jada compra una muñeca por 60¢. Si usa solo monedas de 5¢, ¿cuántas monedas de 5¢ usará?

_____ monedas de 5¢

Práctica para la prueba

5. Cuenta las monedas. ¿Cuánto dinero se muestra?

10¢	15¢	20¢	25¢
○	○	○	○

Las mates en casa Dé a su niño o niña varias monedas de 5¢. Pídale que las cuente y le diga cuánto dinero tiene en total.

Nombre ....

Usar modelos para comparar números

Lección 10

PREGUNTA IMPORTANTE
¿Cómo puedo usar el valor posicional?

Explorar y explicar

¡Construyamos!

______ ______

Instrucciones para el maestro: Diga a los niños: *Usen* [barra de decenas] y [cubo]. *Representen 38 en una toalla. Representen 19 en la otra toalla. Escriban los números. Encierren en un círculo el número mayor. Coloquen una X sobre el número menor.*

Ver y mostrar

PRÁCTICAS matemáticas

Se pueden usar modelos para comparar números.

mayor que		**menor que**		**igual a**	
26	15	34	35	33	33
26 es mayor que 15.		34 es menor que 35.		33 es igual a 33.	

Usa [barra de decenas] y [cubo]. Escribe los números. Encierra en un círculo *es mayor que, es menor que* o *es igual a*.

1. 

es mayor que
es menor que
es igual a

______ ______

2. 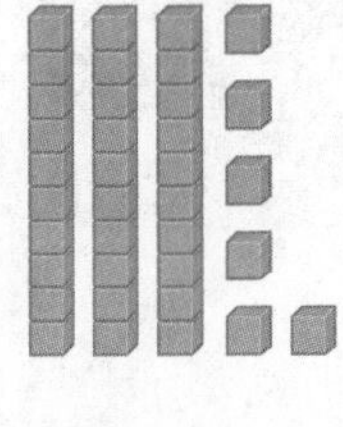

es mayor que
es menor que
es igual a

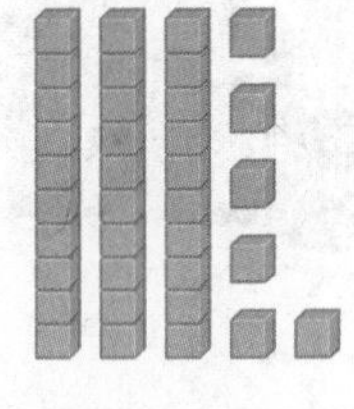

______ ______

Habla de las mates ¿Cómo sabes que 48 es mayor que 38?

Nombre ....

CCSS

Por mi cuenta

Usa [decena] y [unidad]. Escribe los números. Encierra en un círculo *es mayor que, es menor que* o *es igual a*.

3. 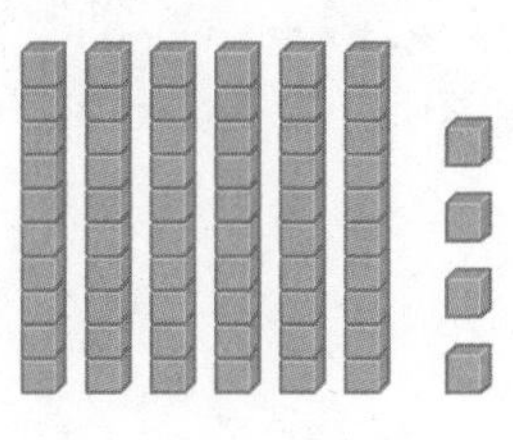

es mayor que
es menor que
es igual a

______ ______

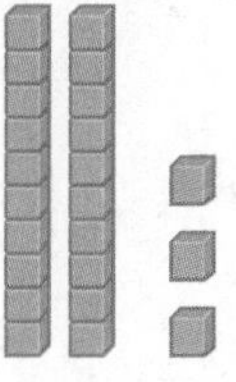

4. 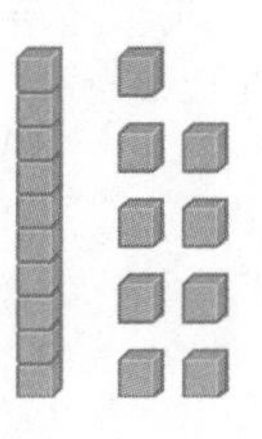

es mayor que
es menor que
es igual a

______ ______

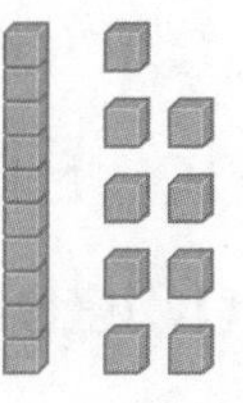

5. 

es mayor que
es menor que
es igual a

______ ______

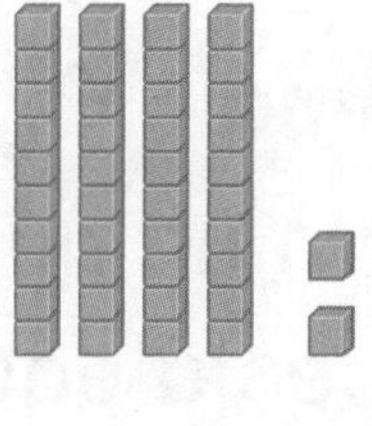

Usa [decena] y [unidad]. Encierra en un círculo sí o no.

6. ¿Es 41 menor que 91?
sí no

7. ¿Es 53 igual a 53?
sí no

8. ¿Es 37 mayor que 50?
sí no

9. ¿Es 56 menor que 65?
sí no

Resolución de problemas

10. Tengo menos de 25 bellotas.
Tengo más de 21 bellotas.
Dibuja cuántas bellotas podría tener.

11. El cachorro de Beth tiene 63 días de nacido. El cachorro de Jon tiene 12 días de nacido. ¿Cuál cachorro es mayor?

el cachorro de ______________

Problema S.O.S. Henry dice que el modelo muestra un número menor que 34. Di por qué Henry está equivocado. Corrígelo.

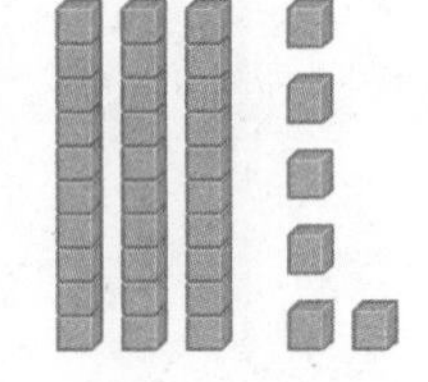

Nombre ....

Mi tarea

Lección 10

Usar modelos para comparar números

Asistente de tareas

¿Necesitas ayuda? connectED.mcgraw-hill.com

Puedes usar modelos para comparar números.

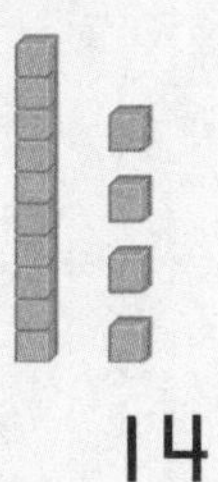

14

es mayor que
es menor que
es igual a

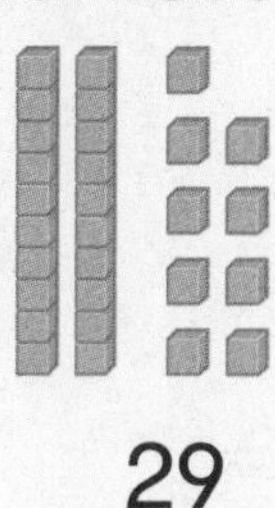

29

Práctica

Escribe los números. Encierra en un círculo *es mayor que, es menor que* o *es igual a.*

1\.

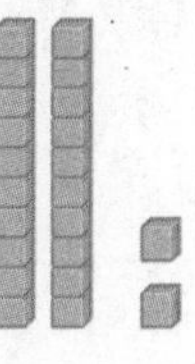

______

es mayor que
es menor que
es igual a

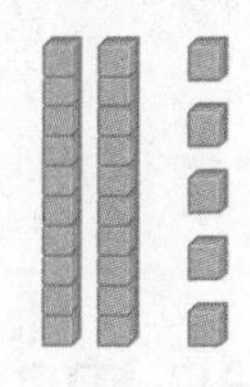

______

2\.

______

es mayor que
es menor que
es igual a

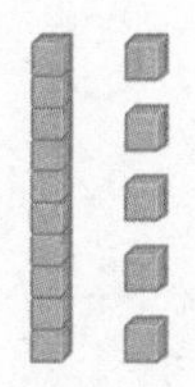

______

Escribe los números. Encierra en un círculo *es mayor que, es menor que* o *es igual a.*

3. 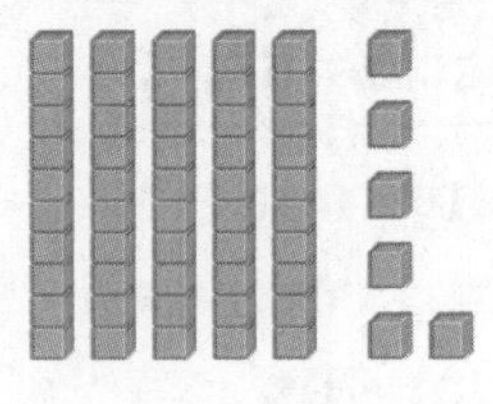

es mayor que
es menor que
es igual a

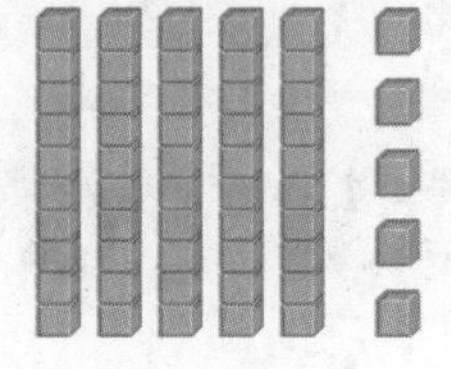

______ ______

4. 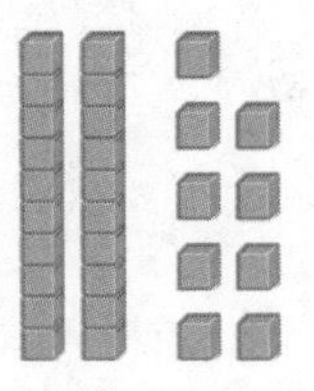

es mayor que
es menor que
es igual a

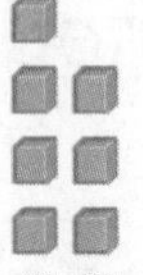

______ ______

5. Adrián lee 29 libros y Eli lee 52 libros.
¿Quién lee menos libros?

____

Práctica para la prueba

6. Un número es mayor que 11 y menor que 13.
¿Cuál es el número?

10	12	15	20
○	○	○	○

Las mates en casa Escriba un número. Pida a su niño o niña que diga dos números menores y dos números mayores que este. Pregúntele cuál número es igual a ese número.

Nombre ....

Usar signos para comparar números

Lección 11
PREGUNTA IMPORTANTE
¿Cómo puedo usar el valor posicional?

¿Pasas por aquí con frecuencia?

Explorar y explicar

Viernes ______ Sábado ______

mayor que (>) menor que (<) igual a (=)

Instrucciones para el maestro: Diga: *Un almacén vendió 32 juguetes el viernes. Vendió 16 juguetes el sábado.* Pida a los niños que usen y para representar cada grupo. Diga: *Escriban los números. Comparen los números. Encierren en un círculo mayor que (>), menor que (<) o igual a (=).*

Ver y mostrar

PRÁCTICAS matemáticas

Se pueden usar signos para comparar números.

mayor que (>)

decenas	unidades
2	8
3	7

37 es mayor que 28.

37 (>) 28

menor que (<)

decenas	unidades
4	9
5	1

49 es menor que 51.

49 (<) 51

igual a (=)

decenas	unidades
1	5
1	5

15 es igual a 15.

15 (=) 15

Compara. Escribe >, < o =.

1.

decenas	unidades
6	3
3	5

63 ◯ 35

2.

decenas	unidades
2	1
2	1

21 ◯ 21

3.

decenas	unidades
1	2
2	4

12 ◯ 24

4.

decenas	unidades
3	5
4	3

35 ◯ 43

Habla de las mates Di un número que sea mayor que 38 y menor que 46.

Nombre

Pista
Para comparar dos números, piensa en la cantidad de decenas y unidades que hay en cada número.

CCSS

Por mi cuenta

Compara. Escribe >, < o =.

5.

decenas	unidades
6	5
5	4

65 ◯ 54

6.

decenas	unidades
3	3
3	3

33 ◯ 33

7. 45 ◯ 75
8. 80 ◯ 26
9. 12 ◯ 12
10. 95 ◯ 59
11. 85 ◯ 85
12. 60 ◯ 98
13. 62 ◯ 67
14. 49 ◯ 90
15. 96 ◯ 69
16. 42 ◯ 24
17. 53 ◯ 57
18. 41 ◯ 41

Encierra en un círculo el número menor que el número verde.

19. 80
84 79

20. 95
100 90

21. 23
9 99

Encierra en un círculo el número mayor que el número verde.

22. 65
61 71

23. 38
52 25

24. 6
10 0

PRÁCTICAS
matemáticas

Resolución de problemas

25. Hay 23 niños en el autobús de Brent. Hay 32 niños en el autobús de Karie. ¿Cuál autobús tiene más personas?

el autobús de ______________

26. El gatito de Jon tiene 76 días de nacido. El gatito de Makala tiene 83 días de nacido. ¿Cuál gatito es más joven?

el gatito de ______________

Las mates en palabras ¿Qué significan los signos $>$, $<$ y $=$?

____

____

____

Nombre ....

Mi tarea

Lección 11

Usar signos para comparar números

Asistente de tareas

¿Necesitas ayuda? connectED.mcgraw-hill.com

Puedes usar signos para comparar números.

mayor que (>)

decenas	unidades
2	1
1	8

21 es mayor que 18.

21 > 18

menor que (<)

decenas	unidades
5	9
6	0

59 es menor que 60.

59 < 60

igual a =

decenas	unidades
2	4
2	4

24 es igual a 24.

24 = 24

Práctica

Compara. Escribe >, < o =.

1.

decenas	unidades
7	1
3	3

71 ◯ 33

2.

decenas	unidades
2	9
3	1

29 ◯ 31

3. 12 ◯ 14

4. 82 ◯ 82

Compara. Escribe >, < o =.

5. 1 ◯ 50	**6.** 85 ◯ 62	**7.** 100 ◯ 100
8. 16 ◯ 8	**9.** 96 ◯ 62	**10.** 39 ◯ 42
11. 75 ◯ 55	**12.** 18 ◯ 96	**13.** 40 ◯ 37

14. Morris tiene 25 juguetes. Lucy tiene 31 juguetes. ¿Quién tiene más juguetes?

____

Comprobación del vocabulario

Encierra en un círculo la respuesta correcta.

15. ¿Cuál número es **igual a** (=) 88?

75 87 88

16. ¿Cuál número es **menor que** (<) 10?

15 9 11

17. ¿Cuál número es **mayor que** (>) 23?

25 16 22

Las mates en casa Escriba un número. Deje algo de espacio y escriba otro número. Pida a su niño o niña que compare los dos números con el signo correcto, >, < o =. Repite varias veces con distintos números.

Nombre ....

Compruebo mi progreso

Comprobación del vocabulario

Escribe la palabra y el símbolo correctos.

mayor que (>)   **menor que (<)**   **igual a (=)**

1. 16 es ______________________ 33.
2. 34 es ______________________ 34.
3. 72 es ______________________ 70.

Comprobación del concepto

Escribe las decenas y las unidades. Luego, escribe el número.

4.

decenas	unidades

decenas	unidades

_____
cuarenta y cinco

Escribe el número que es diez más.

5. 18, _____
6. 79, _____
7. 11, _____

Escribe el número que es diez menos.

8. _____, 54
9. _____, 98
10. _____, 40

Compara. Escribe >, < o =.

11.

decenas	unidades
2	2
2	3

22 ○ 23

12.

decenas	unidades
5	9
5	9

59 ○ 59

13. 16 ○ 17

14. 18 ○ 10

15. 21 ○ 21

16. 42 ○ 34

17. 59 ○ 79

18. 96 ○ 98

19. Armando tiene 19 pelotas de béisbol. Tiene 10 bolas de bochas más que pelotas de béisbol. ¿Cuántas bolas de bochas tiene Armando?

_____ bolas de bochas

Práctica para la prueba

20. Los niños tienen 65 vagones de tren de juguete. ¿Cuántas decenas y unidades tienen?

- ○ 60 decenas y 5 unidades
- ○ 6 decenas y 5 unidades
- ○ 6 decenas y 0 unidades
- ○ 5 decenas y 6 unidades

Nombre ....

Los números hasta el 120

Lección 12

PREGUNTA IMPORTANTE
¿Cómo puedo usar el valor posicional?

Explorar y explicar

I centena = ______ decenas = ______ unidades

Instrucciones para el maestro: Pida a los niños que usen [centena], [decena] y [unidad] para representar 100 de tres maneras diferentes. Dígales que escriban cuántas decenas y cuántas unidades usaron para hacerlo.

Ver y mostrar

Puedes usar centenas, decenas y unidades para representar un número.

centenas	decenas	unidades

centenas	decenas	unidades
1		

1 centena, 1 decena, 6 unidades

116

ciento dieciséis

Usa el tablero de trabajo 8, ▦, ▭ y ▪ para representar los números. Luego, escribe el número de dos maneras.

1.

centenas	decenas	unidades

centenas	decenas	unidades

______

ciento catorce

¿Cuántas centenas, decenas y unidades hay en el número 102?

CCSS

Nombre ....

Por mi cuenta

Usa el tablero de trabajo 8, ▦, ▭ y ▫ para representar los números. Luego, escribe cada número de dos maneras.

2.

centenas	decenas	unidades

centenas	decenas	unidades

______

ciento once

3.

centenas	decenas	unidades

centenas	decenas	unidades

______

ciento dieciocho

4.

centenas	decenas	unidades

centenas	decenas	unidades

______

ciento nueve

Resolución de problemas

5. Jessica representa un número en la tabla.
¿Qué número representa?

centenas	decenas	unidades

____
ciento diecinueve

6. Eva colecciona adhesivos. Tiene
1 centena, 1 decena y 2 unidades.
¿Cuántos adhesivos tiene Eva?

_______ adhesivos

Las mates en palabras Explica la diferencia entre los números 15 y 115.

Nombre ....

Mi tarea

Lección 12
Los números hasta el 120

Asistente de tareas 

¿Necesitas ayuda? connectED.mcgraw-hill.com

Puedes usar centenas, decenas y unidades para representar un número.

centenas	decenas	unidades

centenas	decenas	unidades
1	1	7

1 centena, 1 decena, 7 unidades

117

ciento diecisiete

Práctica

Escribe el número de dos maneras.

1.

centenas	decenas	unidades

centenas	decenas	unidades

______

ciento tres

Escribe el número de dos maneras.

2.

centenas	decenas	unidades

centenas	decenas	unidades

_____

ciento trece

3.

centenas	decenas	unidades

centenas	decenas	unidades

_____

cien

4. Owen tiene 1 centena, 0 decenas y 1 unidad de canicas. ¿Cuántas canicas tiene Owen?

_____ canicas

Comprobación del vocabulario

Vocabulario

Encierra en un círculo la respuesta correcta.

5. ¿Cuál número muestra cuántas centenas hay?

1 1 0

Las mates en casa Escriba el número 104. Pida a su niño o niña que le diga cuántas centenas, decenas y unidades hay.

Nombre

Contar hasta el 120

Lección 13

PREGUNTA IMPORTANTE
¿Cómo puedo usar el valor posicional?

Explorar y explicar

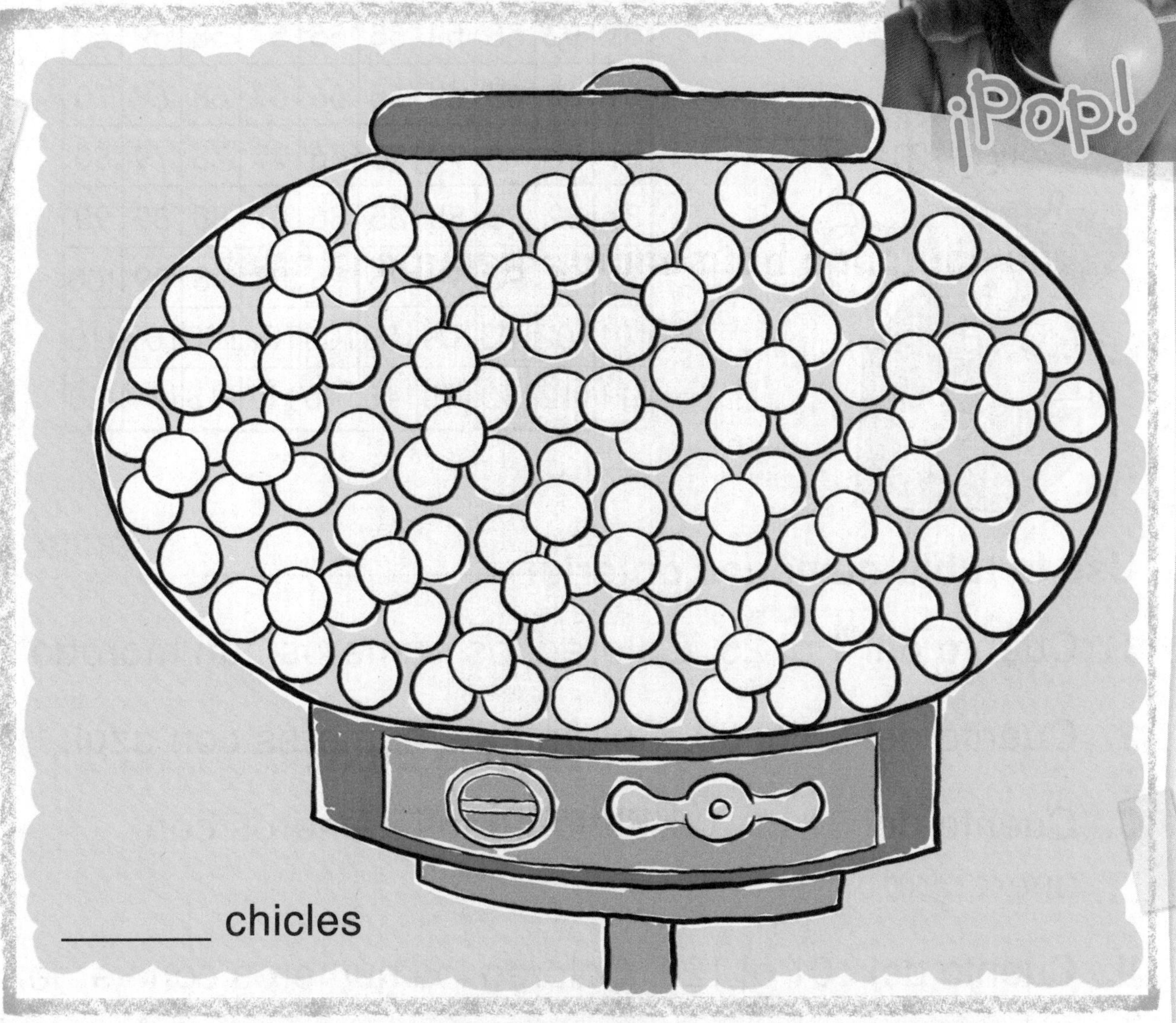

_______ chicles

Instrucciones para el maestro: Diga a los niños: *Coloreen grupos de diez con diferente color. Cuenten de diez en diez. Escriban cuántos hay en total.*

Ver y mostrar

PRÁCTICAS matemáticas

Puedes contar números en orden hasta el 120.

Cuenta del 21 al 28. Encierra en un círculo el número que sigue.

27 29 30

1	2	3	4	5	6	7	8	9	10
11	12	13	14	15	16	17	18	19	20
21	22	23	24	25	26	27	28	29	30
31	32	33	34	35	36	37	38	39	40
41	42	43	44	45	46	47	48	49	50
51	52	53	54	55	56	57	58	59	60
61	62	63	64	65	66	67	68	69	70
71	72	73	74	75	76	77	78	79	80
81	82	83	84	85	86	87	88	89	90
91	92	93	94	95	96	97	98	99	100
101	102	103	104	105	106	107	108	109	110
111	112	113	114	115	116	117	118	119	120

Usa la tabla numérica anterior.

1. Cuenta del 1 al 25. Colorea los números con morado.
2. Cuenta del 26 al 50. Colorea los números con azul.
3. Cuenta del 51 al 100. Colorea los números con anaranjado.
4. Cuenta del 101 al 120. Colorea los números con verde.

Describe un patrón que veas en la tabla numérica.

Nombre

Por mi cuenta

Usa la tabla numérica. Encierra en un círculo el número que sigue.

1	2	3	4	5	6	7	8	9	10
11	12	13	14	15	16	17	18	19	20
21	22	23	24	25	26	27	28	29	30
31	32	33	34	35	36	37	38	39	40
41	42	43	44	45	46	47	48	49	50
51	52	53	54	55	56	57	58	59	60
61	62	63	64	65	66	67	68	69	70
71	72	73	74	75	76	77	78	79	80
81	82	83	84	85	86	87	88	89	90
91	92	93	94	95	96	97	98	99	100
101	102	103	104	105	106	107	108	109	110
111	112	113	114	115	116	117	118	119	120

5. Cuenta del 1 al 13.
¿Qué número sigue?
10 14 20

6. Cuenta del 16 al 23.
¿Qué número sigue?
24 23 22

7. Cuenta del 29 al 35.
¿Qué número sigue?
30 33 36

8. Cuenta del 65 al 77.
¿Qué número sigue?
11 78 79

Encierra en un círculo el grupo que muestra los números en orden de conteo.

9. 52, 36, 48, 65 97, 98, 99, 100

10. 84, 85, 86, 87 3, 30, 13, 31

Resolución de problemas

11. Este número está antes de 57. Está después de 53. Tiene 5 decenas y 5 más. ¿Qué número es?

______

12. Este número está antes de 76. Está después de 72. Tiene 7 decenas y 4 unidades. ¿Qué número es?

______

Las mates en palabras ¿Cuáles son algunas de las cosas que son iguales en una tabla numérica?

Nombre ....

Mi tarea

Lección 13
Contar hasta el 120

Asistente de tareas 

¿Necesitas ayuda? connectED.mcgraw-hill.com

Cuenta del 11 al 22.
¿Qué número sigue?

22 

24

Cuenta del 73 al 85.
¿Qué número sigue?

(86) 87 88

1	2	3	4	5	6	7	8	9	10
11	12	13	14	15	16	17	18	19	20
21	22	23	24	25	26	27	28	29	30
31	32	33	34	35	36	37	38	39	40
41	42	43	44	45	46	47	48	49	50
51	52	53	54	55	56	57	58	59	60
61	62	63	64	65	66	67	68	69	70
71	72	73	74	75	76	77	78	79	80
81	82	83	84	85	86	87	88	89	90
91	92	93	94	95	96	97	98	99	100
101	102	103	104	105	106	107	108	109	110
111	112	113	114	115	116	117	118	119	120

Práctica

Usa la tabla numérica. Encierra en un círculo el número que sigue.

1. Cuenta del 79 al 90.
   ¿Qué número sigue?

   80 93 91

2. Cuenta del 112 al 118.
   ¿Qué número sigue?

   117 108 119

Usa la tabla numérica.

3. Cuenta del 1 al 33. Colorea los números con morado.

4. Cuenta del 34 al 66. Colorea los números con anaranjado.

5. Cuenta del 67 al 99. Colorea los números con verde.

6. Cuenta del 100 al 119. Colorea los números con azul.

1	2	3	4	5	6	7	8	9	10
11	12	13	14	15	16	17	18	19	20
21	22	23	24	25	26	27	28	29	30
31	32	33	34	35	36	37	38	39	40
41	42	43	44	45	46	47	48	49	50
51	52	53	54	55	56	57	58	59	60
61	62	63	64	65	66	67	68	69	70
71	72	73	74	75	76	77	78	79	80
81	82	83	84	85	86	87	88	89	90
91	92	93	94	95	96	97	98	99	100
101	102	103	104	105	106	107	108	109	110
111	112	113	114	115	116	117	118	119	120

Práctica para la prueba

7. Alison comenzó a contar en 47. ¿Cuál opción muestra los siguientes 4 números que contó?

57, 67, 78, 79 ○

48, 49, 50, 51 ○

82, 81, 83, 90 ○

48, 50, 52, 54 ○

Las mates en casa Pida a su niño o niña que escoja un número en la tabla de cien y le muestre cómo contar hasta el 120 desde ese número.

Nombre ....

Leer y escribir los números hasta el 120

Lección 14

PREGUNTA IMPORTANTE
¿Cómo puedo usar el valor posicional?

Explorar y explicar

1	2	3	4	5	6	7	8	9	10
11	12	13	14	15	16	17	18	19	20
	22	23	24	25	26	27	28	29	30
31	32	33	34	35	36	37	38	39	40
41	42	43	44	45	46	47	48	49	50
51	52	53	54		56	57	58	59	60
61	62	63	64	65	66	67	68	69	70
71	72	73	74	75	76	77	78	79	80
81	82	83	84	85	86	87	88	89	90
91	92	93	94	95	96	97	98	99	100
101	102	103	104	105	106	107		109	110
111	112		114	115	116	117	118	119	120

Instrucciones para el maestro: Diga: *En la tabla faltan algunos números.* Pida a los niños que encuentren y escriban estos números y que lean los números del 1 al 120. Pídales ahora que lean los números del 71 al 80 y los coloreen con amarillo.

Ver y mostrar

Puedes leer y escribir números hasta el 120.

1	2	3	4	5	6	7	8	9	10
11	12	13	14	15	16	17	18	19	20
21	22	23	24	25	26	27	28	29	30
31	32	33	34	35	36	37	38	39	40
41	42	43	44	45	46	47	48	49	50
51	52	53	54	55	56	57	58	59	60
61	62	63	64	65	66	67	68	69	70
71	72	73	74	75	76	77	78	79	80
81	82	83	84	85	86	87	88	89	90
91	92	93	94	95	96	97	98	99	100
101	102	103	104	105	106	107	108	109	110
111	112	113	114		116	117	118	119	120

Pista
Halla 101 en la tabla numérica.

Escribe el número que falta. Lee los números del 101 al 120. Colorea esos números con verde.

115

Escribe los números que faltan. Lee los números.

1. 103, ______, 105, 106, 107, ______, 109

2. 114, 115, 116, ______, 118, 119, ______

3. 97, ______, 99, ______, ______, 102, 103

4. Escribe cincuenta y nueve usando números. ______

Di cómo lees 116. Explica cómo escribes ciento diez en números.

CCSS

Nombre

Por mi cuenta

Escribe los números que faltan. Lee los números.

5.

1	2	3		5	6	7	8	9	10
11		13	14	15	16		18	19	20
21	22	23	24		26	27	28	29	
31	32		34	35		37	38	39	40
	42	43	44	45	46	47		49	50
51	52		54		56	57	58		60
61		63	64	65	66		68	69	70
	72	73	74	75	76	77	78	79	80
81	82	83		85	86	87	88	89	
91	92	93	94	95		97		99	100
101		103	104		106	107		109	110
	112		114	115	116	117		119	

Escribe el número.

6. ______ ochenta y tres

7. ______ treinta y siete

8. ______ ciento diecinueve

9. ______ ciento cinco

Resolución de problemas

10. Se borró un número.
¿Qué número falta?

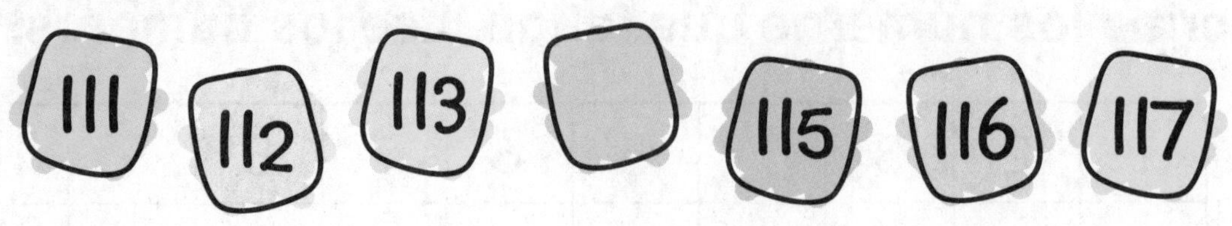

______

11. Gina piensa en un número.
Está antes de 88 y después
de 86. ¿Cuál es el número?

______

Problema S.O.S. Molly lee los números de la derecha como sesenta y cinco, cincuenta y siete y ochenta y cinco.
Di por qué Molly está equivocada. Corrígela.

65, 75, 85

Nombre ....

Mi tarea

Lección 14

Leer y escribir los números hasta el 120

Asistente de tareas

¿Necesitas ayuda? connectED.mcgraw-hill.com

1	2	3	4	5	6	7	8	9	10
11	12	13	14	15	16	17	18	19	20
21	22	23	24	25	26	27	28	29	30
31	32	33	34	35	36	37	38	39	40
41	42	43	44	45	46	47	48	49	50
51	52	53	54	55	56	57	58	59	60
61	62	63	64	65	66	67	68	69	70
71	72	73	74	75	76	77	78	79	80
81	82	83	84	85	86	87	88	89	90
91	92	93	94	95	96	97	98	99	100
101	102	103	104	105	106	107	108	109	110
111	112	113	114	115	116	117	118	119	120

Puedes leer y escribir números hasta el 120.

Los números del 88 al 93 se escriben como 88, 89, 90, 91, 92 y 93.

El número ciento seis se escribe como 106.

Escribe los números que faltan. Lee los números.

1. 85, ______, 87, 88, ______, 90

2. ______, 101, 102, ______, ______

3. 71, 72, ______, 74, 75, ______, 77

Lee y escribe los números que faltan.

4. 114, ______, 116, 117, 118, ______, 120

Escribe el número.

5. ______ veintisiete	6. ______ trece
7. ______ noventa	8. ______ setenta y cuatro
9. ______ sesenta y dos	10. ______ ciento once

11. Matt piensa en un número. Está antes de 39 y después de 37. ¿Cuál es el número?

______

Práctica para la prueba

12. Freddy contó hasta 103. ¿Cuál número sigue?

94	102	104	114
○	○	○	○

Las mates en casa Escriba un número del 1 al 120. Pida a su niño o niña que lo lea. Luego, pídale que cuente los siguientes diez números.

Nombre ....

Mi repaso

Capítulo 5
El valor posicional

Comprobación del vocabulario

Traza una línea a la palabra correcta.

1. decenas	=
2. igual a	<
3. centena	>
4. menor que	10 unidades
5. reagrupar	10 decenas
6. mayor que	19 unidades = 1 decena y 9 unidades

Comprobación del concepto

Escribe el número de diferentes maneras.

7.

decenas	unidades

decenas	unidades

_______ ochenta y tres

Escribe el número de diferentes maneras.

8.

centenas	decenas	unidades
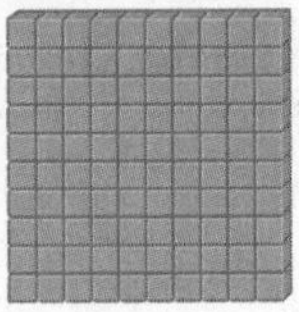		

centenas	decenas	unidades

_____

ciento cinco

Usa la tabla numérica. Encierra en un círculo el número que sigue.

1	2	3	4	5	6	7	8	9	10
11	12	13	14	15	16	17	18	19	20
21	22	23	24	25	26	27	28	29	30
31	32	33	34	35	36	37	38	39	40
41	42	43	44	45	46	47	48	49	50
51	52	53	54	55	56	57	58	59	60
61	62	63	64	65	66	67	68	69	70
71	72	73	74	75	76	77	78	79	80
81	82	83	84	85	86	87	88	89	90
91	92	93	94	95	96	97	98	99	100
101	102	103	104	105	106	107	108	109	110
111	112	113	114	115	116	117	118	119	120

9. Cuenta del 34 al 47.
¿Qué número sigue?

46 47 48

10. Cuenta del 86 al 99.
¿Qué número sigue?

98 100 90

11. Encierra en un círculo el grupo que muestra estos números en orden de conteo.

58, 59, 60, 61 60, 58, 61, 59

12. Liz come 26 pasas en su almuerzo.
¿Cuántas decenas y unidades hay en 26?

_____ decenas y _____ unidades

Nombre ....

Resolución de problemas

13. Brandon tiene 5 canastas. Cada canasta tiene 10 cacahuates. ¿Cuántos cacahuates hay en total?

_______ cacahuates

14. Tom compra 10 canicas cada semana. ¿Cuántas canicas tendrá en 6 semanas?

_______ canicas

15. Sofía hace 3 grupos de 10 pastelitos. Hace 7 pastelitos más. ¿Cuántos pastelitos hace en total?

_______ pastelitos

Práctica para la prueba

16. Lee los números. ¿Cuál es el número que falta?

96, 97, _____, 99, 100, 101

95	98	102	104
○	○	○	○

Pienso

Capítulo 5

Respuesta a la pregunta importante

Muestra lo que sabes sobre el valor posicional.

Escribir el número.

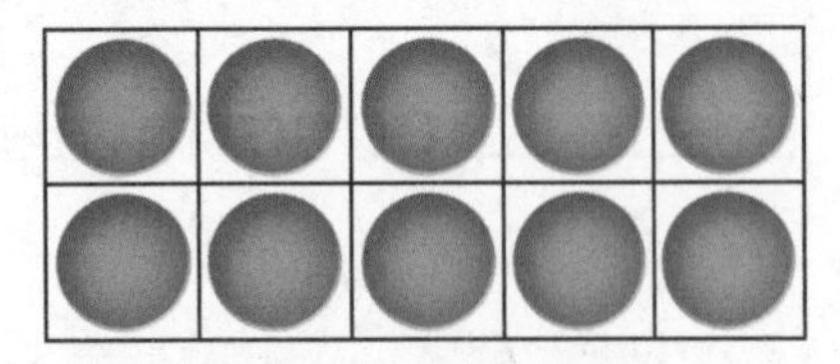

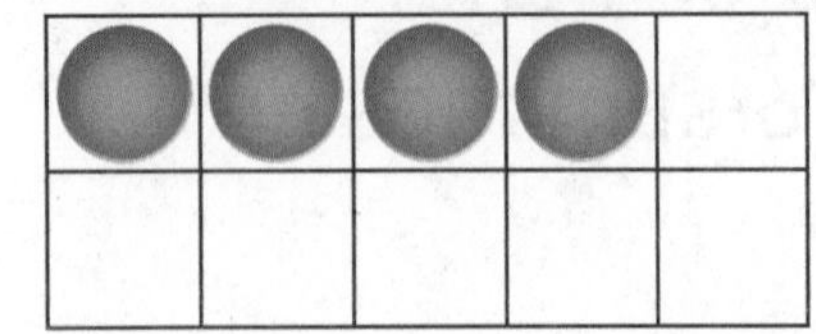

____

catorce

Comparar.
Usa >, < o =.

19 ◯ 19

86 ◯ 23

4 ◯ 14

PREGUNTA IMPORTANTE

¿Cómo puedo usar el valor posicional?

¿Cuántas decenas y unidades hay?

____ decenas, ____ unidades

____

cincuenta y ocho

¿Cuántas centenas, decenas y unidades hay?

centenas	decenas	unidades
____ centena	____ decena	____ unidades

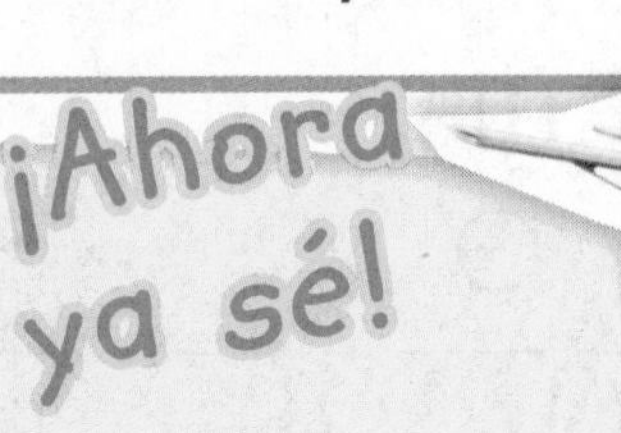

Capítulo

Suma y resta con números de dos dígitos

PREGUNTA IMPORTANTE

¿Cómo puedo sumar y restar números de dos dígitos?

¡Mis actividades favoritas!

¡Mira el video!

Observa

Mis estándares estatales

Números y operaciones del sistema decimal

CCSS

1.NBT.4 Sumar hasta el 100, incluyendo la operación de suma de un número de dos dígitos y un número de un dígito, y sumar un número de dos dígitos y un múltiplo de 10, usando modelos concretos o dibujos y estrategias basadas en el valor posicional, las propiedades de las operaciones o la relación entre la suma y la resta; relacionar la estrategia con un método escrito y explicar el razonamiento usado. Comprender que en la suma de números de dos dígitos se suman decenas con decenas y unidades con unidades, y que a veces es necesario formar una decena.

1.NBT.6 Restar usando múltiplos de 10 mayores que 10 y menores que 90 (con diferencia positiva o igual a 0) usando modelos concretos o dibujos y estrategias basadas en el valor posicional, las propiedades de las operaciones o la relación entre la suma y la resta; relacionar la estrategia con un método escrito y explicar el razonamiento usado.

Estándares para las
PRÁCTICAS matemáticas

1. Entender los problemas y perseverar en la búsqueda de una solución.
2. Razonar de manera abstracta y cuantitativa.
3. Construir argumentos viables y hacer un análisis del razonamiento de los demás.
4. Representar con matemáticas.
5. Usar estratégicamente las herramientas apropiadas.
6. Prestar atención a la precisión.
7. Buscar una estructura y usarla.
8. Buscar y expresar regularidad en el razonamiento repetido.

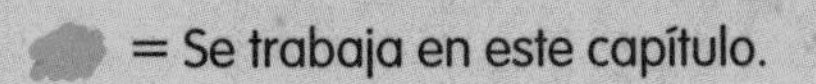

Nombre

Antes de seguir...

Conéctate para hacer la prueba de preparación.

Escribe cuántas decenas y unidades hay.

1. 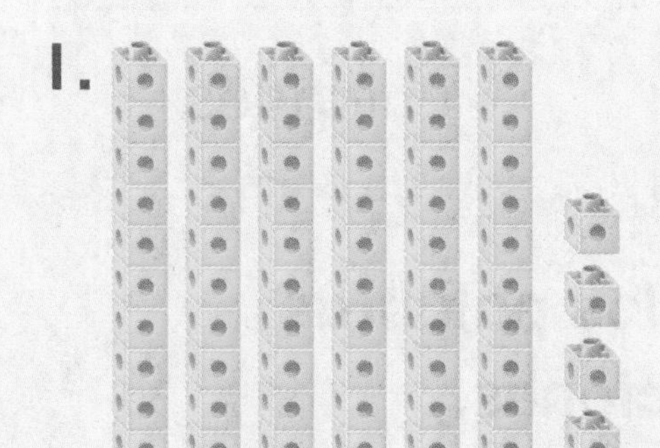

___ decenas, ___ unidades = ___

2. 

___ decenas, ___ unidades = ___

Suma.

3. 9 + 1 = ______

4. 4 + 2 = ______

Resta.

5. 6 − 2 = ______

6. 7 − 6 = ______

7. Maggy tiene 18 adhesivos. Regala 9. ¿Cuántos adhesivos le quedan?

______ adhesivos

¿Cómo me fue?

Sombrea las casillas para mostrar los problemas que respondiste correctamente.

1	2	3	4	5	6	7

Nombre ....

Las palabras de mis mates

Repaso del vocabulario

decenas   restar   sumar   unidades

Halla la suma o la diferencia. Usa las palabras del repaso para completar las oraciones.

$\begin{array}{r} 26 \\ +\ 2 \\ \hline \end{array}$	$\begin{array}{r} 19 \\ -\ 7 \\ \hline \end{array}$

El número 28
tiene 2 ______________
y 8 unidades.

Puedo ______________
para hallar la suma.

El número 12
tiene 1 decena
y 2 ______________.

Puedo ______________
para hallar la diferencia.

Mis tarjetas de vocabulario

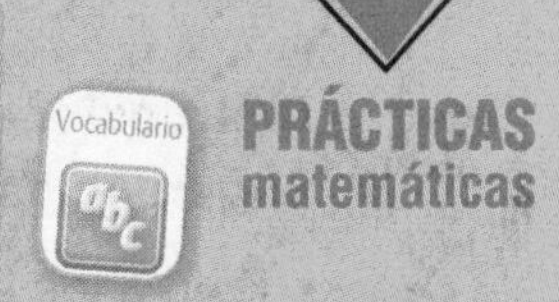

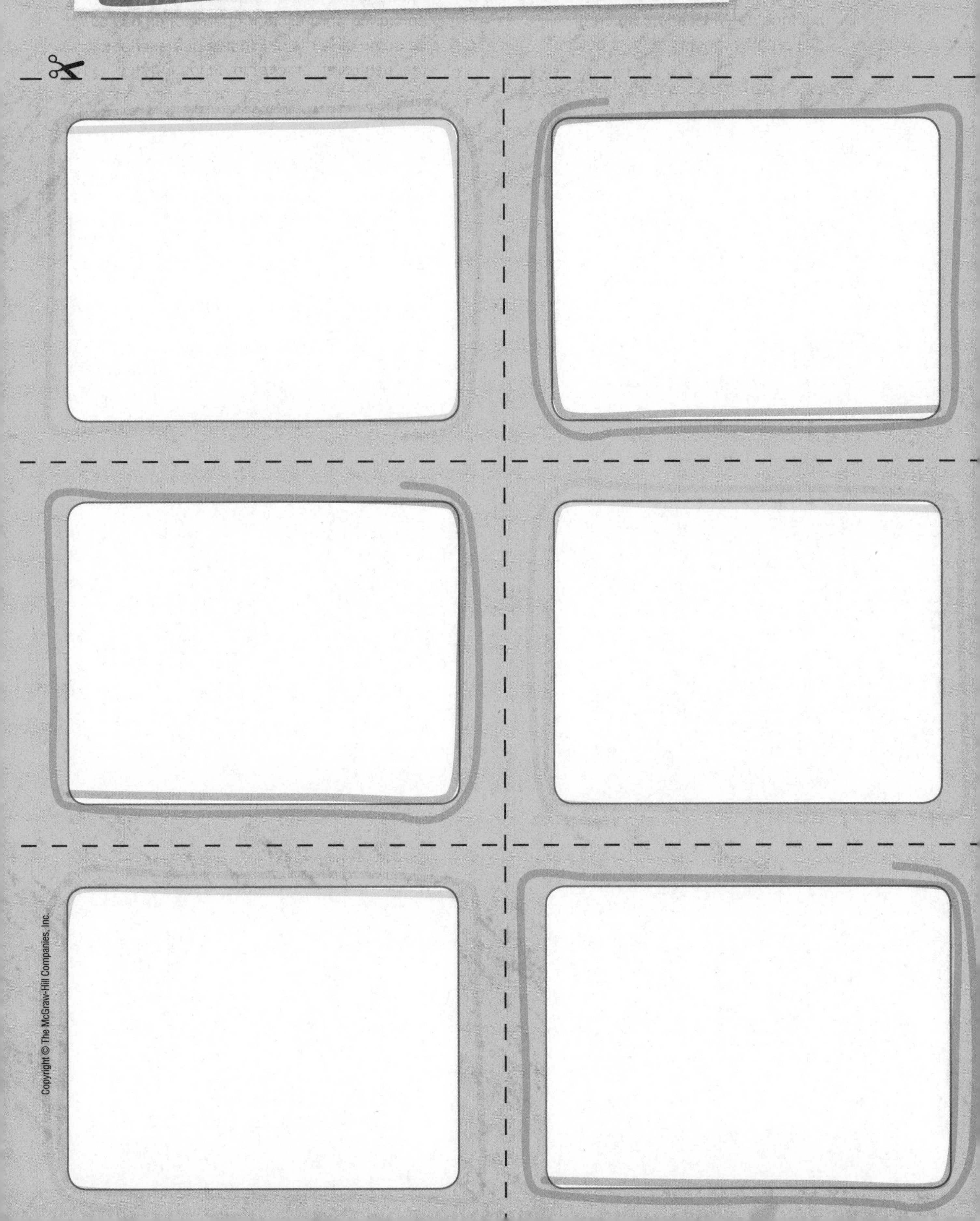

Instrucciones para el maestro: Sugerencias

- Pida a los estudiantes que usen las tarjetas en blanco para crear sus propias tarjetas de vocabulario.
- Pida a los estudiantes que usen las tarjetas en blanco para escribir operaciones básicas de suma y de resta. Pídales que escriban las respuestas en el reverso de las tarjetas.

Mi modelo de papel

FOLDABLES® Sigue los pasos que aparecen en el reverso para hacer tu modelo de papel.

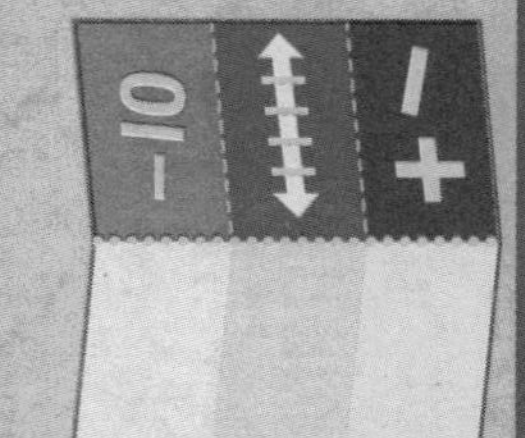

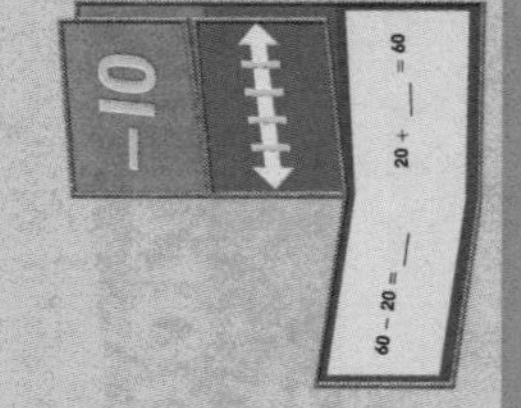

6 decenas − 2 decenas = ____ decenas

60 − 20 = ____

0	10	20	30	40	50	60	70	80	90	100

60 − 20 = ____

60 − 20 = ____

20 + ____ = 60

Nombre ....

Sumar decenas

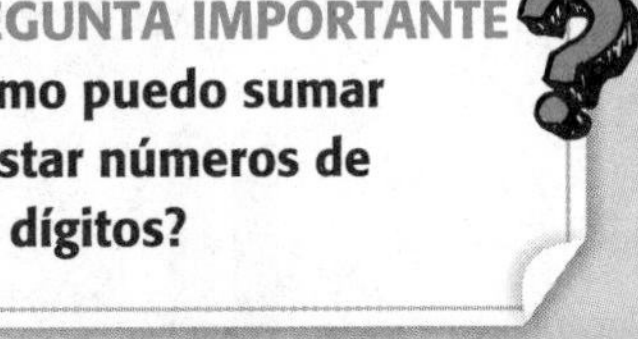

Lección 1

PREGUNTA IMPORTANTE
¿Cómo puedo sumar y restar números de dos dígitos?

Explorar y explicar

¡Hagamos galletas con malvaviscos!

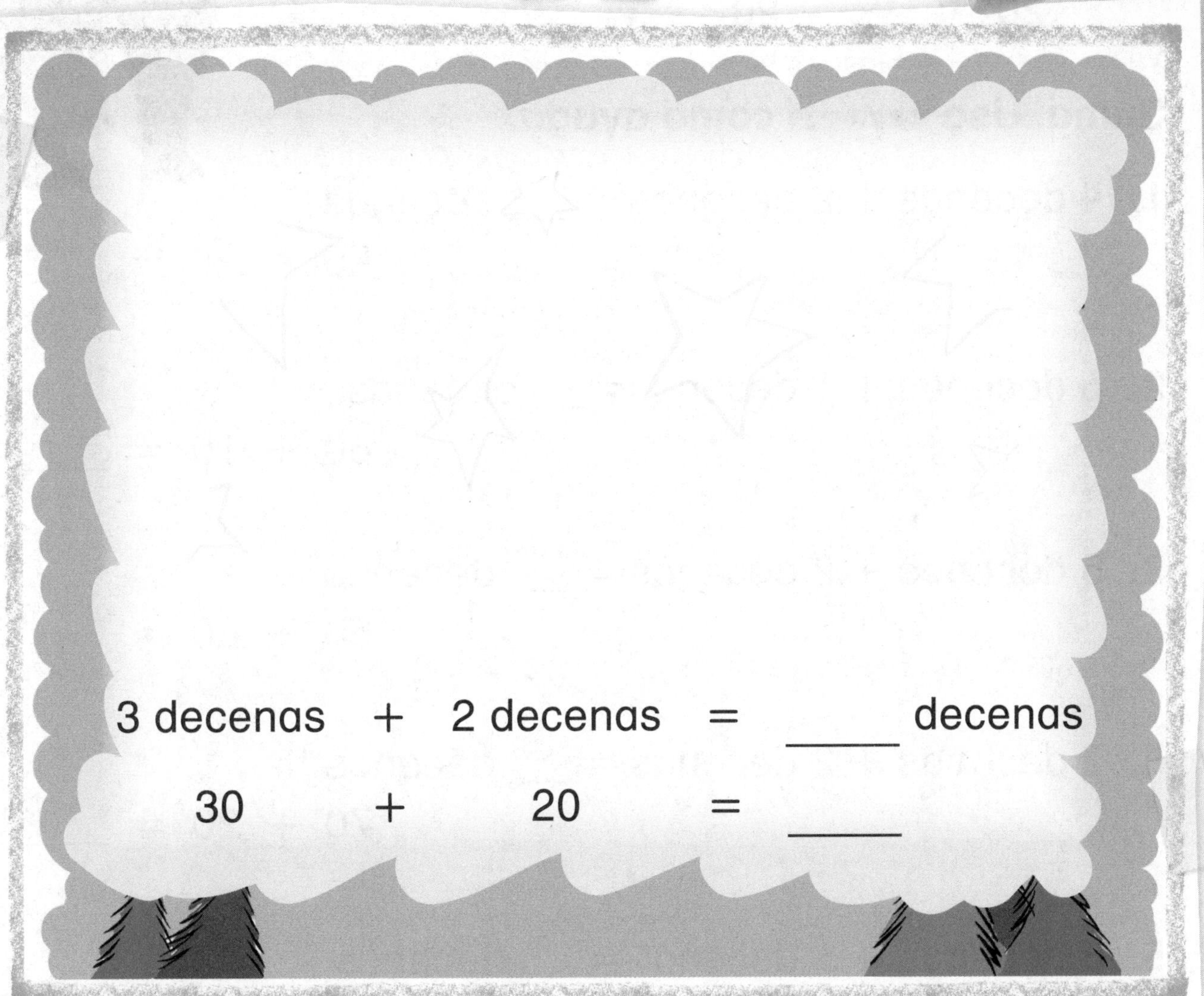

3 decenas + 2 decenas = _____ decenas

30 + 20 = _____

Instrucciones para el maestro: Pida a los niños que usen [barra de decenas] para representar. Diga: *Una familia compra 30 trozos de leña. Luego compra 20 trozos más.* Pregunte: *¿Cuántos trozos de leña compró en total?* Pídales que dibujen las barras que usaron, que escriban cuántas decenas hay y que le expliquen a un compañero o una compañera cómo hallaron la respuesta.

Ver y mostrar

PRÁCTICAS matemáticas

Pista
Para hallar 20 + 20, suma 2 decenas + 2 decenas, que es igual a 4 decenas o 40.

Halla 20 + 20 sumando las decenas.

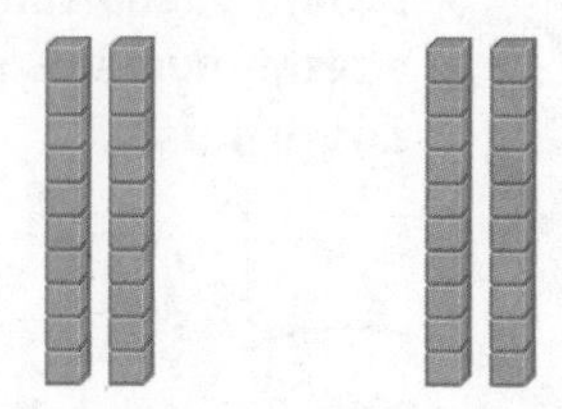

2 decenas + 2 decenas = 4 decenas

20 + 20 = 40

Suma. Usa 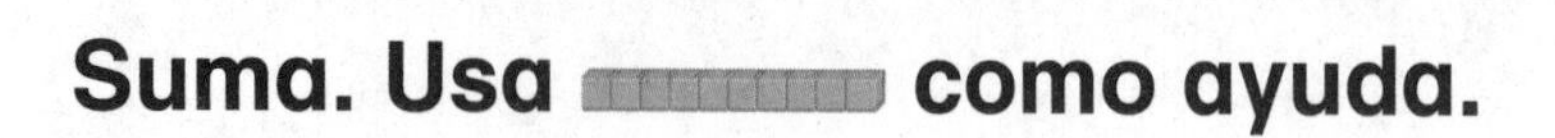 como ayuda.

1. 4 decenas + 2 decenas = ___ decenas
   40 + 20 = ____

2. 6 decenas + 1 decena = ___ decenas
   60 + 10 = ____

3. 5 decenas + 2 decenas = ___ decenas
   50 + 20 = ____

4. 7 decenas + 2 decenas = ___ decenas
   70 + 20 = ____

5. 8 decenas + 1 decena = ___ decenas
   80 + 10 = ____

Habla de las mates ¿Cómo te ayuda conocer 2 + 5 a hallar 20 + 50?

Nombre ....

CCSS

Por mi cuenta

Suma. Usa [tren de cubos] como ayuda.

6. 7 decenas + 1 decena = ___ decenas 70 + 10 = ____

7. 2 decenas + 3 decenas = ___ decenas 20 + 30 = ____

8. 1 decena + 3 decenas = ___ decenas 10 + 30 = ____

9. 5 decenas + 4 decenas = ___ decenas 50 + 40 = ____

10. 6 decenas + 1 decena = ___ decenas 60 + 10 = ____

11. 5 decenas + 3 decenas = ___ decenas 50 + 30 = ____

12. 3 decenas + 4 decenas = ___ decenas; 30 + 40 = ____

13. 1 decena + 5 decenas = ___ decenas; 10 + 50 = ____

14. 1 decena + 2 decenas = ___ decenas; 10 + 20 = ____

15. 2 decenas + 6 decenas = ___ decenas; 20 + 60 = ____

Resolución de problemas

16. En un campo de básquetbol hay 50 niños y 20 niñas. ¿Cuántos niños y niñas hay en total en el campo de básquetbol?

_____ niños y niñas

17. El martes asisten 30 niños a la clase de baile. El miércoles asisten 30 niños a la clase de baile. ¿Cuántos niños en total asisten a la clase de baile?

_____ niños

Las mates en palabras ¿Habrá unidades en la respuesta cuando sumas 50 + 40? Explica tu respuesta.

Nombre ....

Mi tarea

Lección 1
Sumar decenas

Asistente de tareas

¿Necesitas ayuda? connectED.mcgraw-hill.com

Halla 60 + 20.

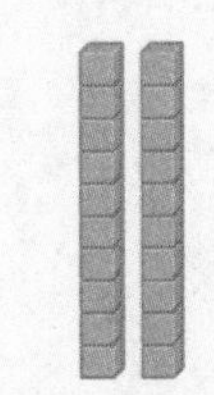

Pista
Para hallar 60 + 20, suma 6 decenas y 2 decenas.

6 decenas + 2 decenas = 8 decenas

60 + 20 = 80

Práctica

Suma.

1. 3 decenas + 4 decenas = ___ decenas   30 + 40 = ____

2. 1 decena + 2 decenas = ___ decenas   10 + 20 = ____

3. 5 decenas + 4 decenas = ___ decenas   50 + 40 = ____

4. 3 decenas + 3 decenas = ___ decenas   30 + 30 = ____

5. 3 decenas + 5 decenas = ___ decenas   30 + 50 = ____

Suma.

6. 2 decenas + 2 decenas = ____ decenas; 20 + 20 = ____

7. 7 decenas + 1 decena = ____ decenas; 70 + 10 = ____

8. 2 decenas + 3 decenas = ____ decenas; 20 + 30 = ____

9. 3 decenas + 6 decenas = ____ decenas; 30 + 60 = ____

10. Hoy en la tarde 40 personas jugaron minigolf. En la noche jugaron 30 personas. ¿Cuántas personas en total jugaron minigolf?

____ personas

Práctica para la prueba

11. 4 decenas + 4 decenas = ____

6 decenas  7 decenas  8 decenas  9 decenas 

Las mates en casa Pida a su niño o niña que le diga por qué conocer 4 + 2 le sirve de ayuda para hallar 40 + 20.

Nombre

Seguir contando decenas y unidades

Lección 2

PREGUNTA IMPORTANTE
¿Cómo puedo sumar y restar números de dos dígitos?

¡Adelante equipo!

Explorar y explicar

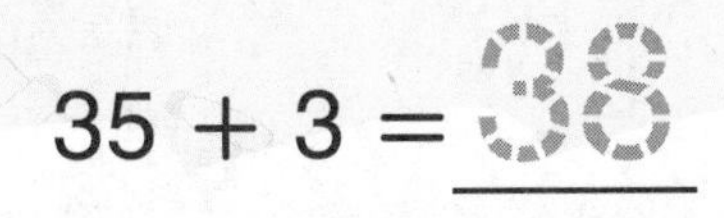

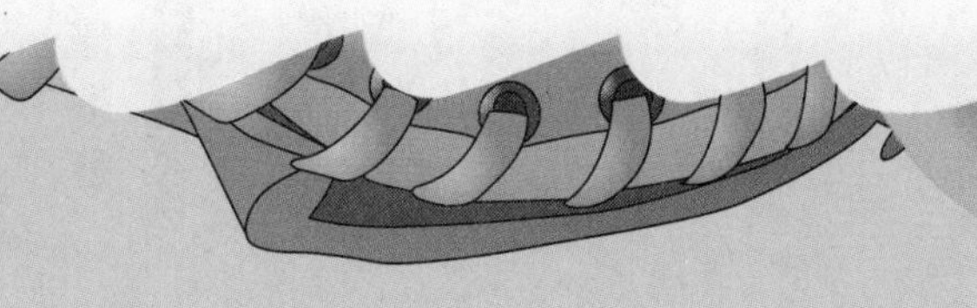

$35 + 3 =$ 38

Instrucciones para el maestro: Pida a los niños que usen [barra de decenas] y [cubo] para representar. Diga: *Hay 35 personas en un juego de béisbol. Llegan al juego 3 personas más.* Pregunte: *¿Cuántas personas en total hay en el juego?* Pídales que dibujen las barras y unidades que usaron y que le expliquen a un compañero o una compañera cómo hallaron la respuesta.

Ver y mostrar

PRÁCTICAS matemáticas

Halla 26 + 3. Sigue contando de 1 en 1.

Comienza en 26.
Cuenta 27, 28, 29.
La suma es 29.

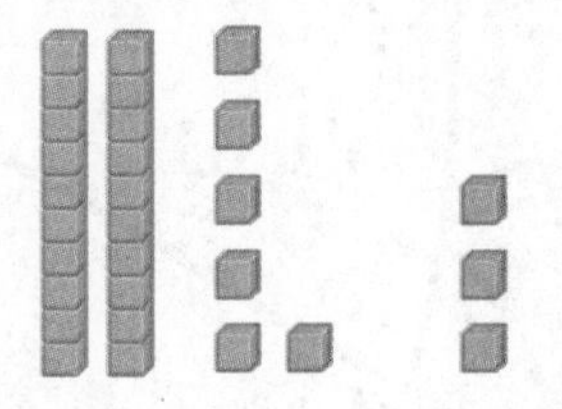

26 + 3 = 29

Halla 26 + 30. Sigue contando de 10 en 10.

Comienza en 26.
Cuenta 36, 46, 56.
La suma es 56.

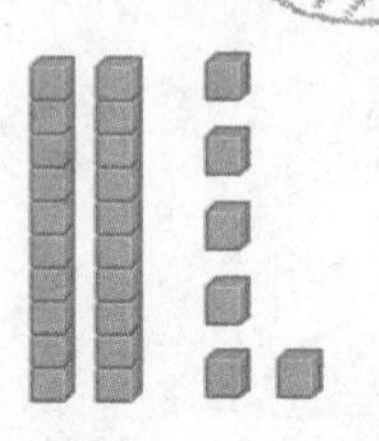

26 + 30 = 56

Sigue contando para sumar. Usa [barra de decena] y [cubo]. Escribe la suma.

1.

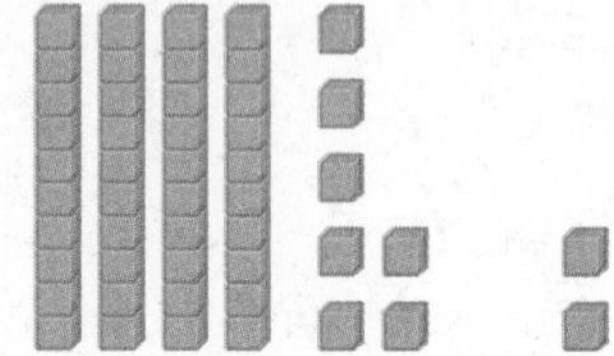

47 + 2 = ______

2.

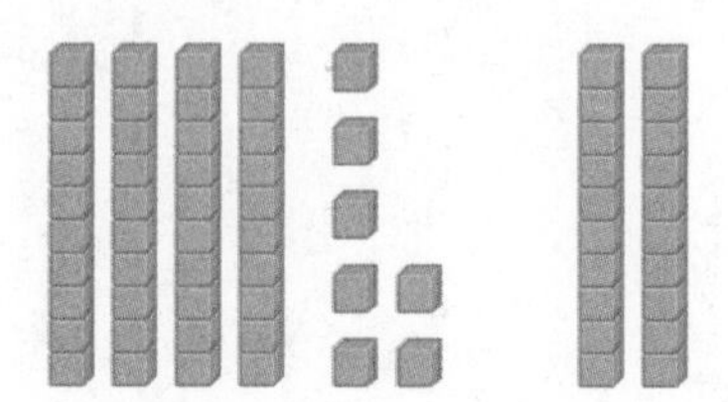

47 + 20 = ______

3.

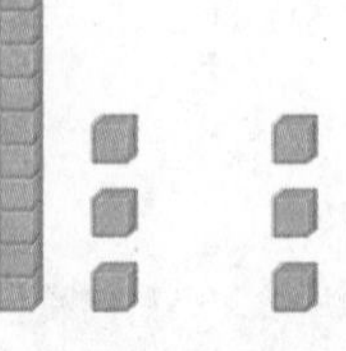

13 + 3 = ______

4.

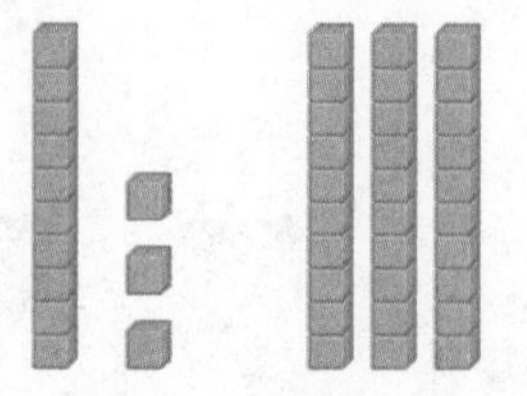

13 + 30 = ______

Habla de las mates ¿Cuántas decenas sigues contando para sumar 32 + 40? Explica tu respuesta.

Nombre ....

¡Sigues tú!

CCSS

Por mi cuenta

Sigue contando para sumar.

Usa ▭ y ▫. Escribe la suma.

5. 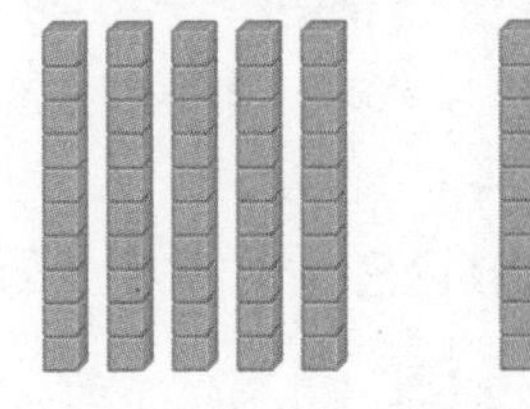

$50 + 14 =$ ______

6. 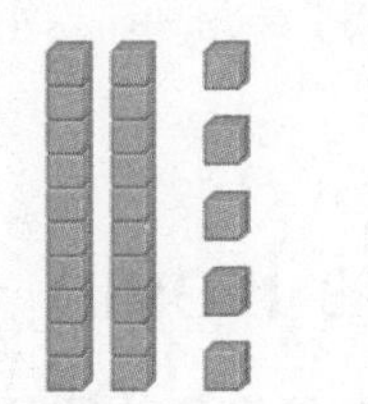

$25 + 3 =$ ______

7. $30 + 22 =$ ______

8. $66 + 2 =$ ______

9. $53 + 20 =$ ______

10. $14 + 3 =$ ______

11. $51 + 3 =$ ______

12. $20 + 76 =$ ______

13. $\begin{array}{r} 44 \\ +\ \ 3 \\ \hline \end{array}$

14. $\begin{array}{r} 10 \\ +\ 88 \\ \hline \end{array}$

15. $\begin{array}{r} 88 \\ +\ \ 1 \\ \hline \end{array}$

16. $\begin{array}{r} 33 \\ +\ \ 3 \\ \hline \end{array}$

17. $\begin{array}{r} 12 \\ +\ \ 2 \\ \hline \end{array}$

18. $\begin{array}{r} 79 \\ +\ 20 \\ \hline \end{array}$

Resolución de problemas

19. Percy ve 3 hormigas en su terrario. Ve 12 hormigas más. ¿Cuántas hormigas ve en total?

_____ hormigas

20. El equipo de Kevin y el equipo de Andrés tienen cada uno 25 puntos. El equipo de Kevin anota 3 puntos más.

El equipo de Kevin tiene _____ puntos.

El equipo de Andrés anota 30 puntos más.

El equipo de Andrés tiene _____ puntos.

Las mates en palabras Halla 54 + 3. Explica cómo sumas las unidades.

Nombre ....

Mi tarea

Lección 2
Seguir contando decenas y unidades

Asistente de tareas

¿Necesitas ayuda? connectED.mcgraw-hill.com

Halla 42 + 2. Sigue contando de 1 en 1.

Comienza en 42.
Cuenta 43, 44.
La suma es 44.

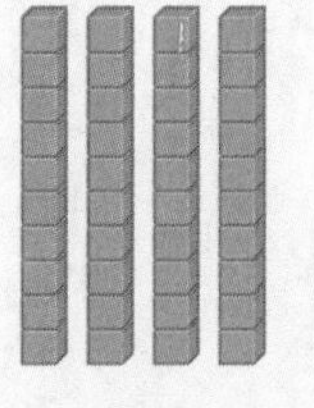

42 + 2 = 44

Halla 30 + 15. Sigue contando de 10 en 10.

Comienza en 15.
Cuenta 25, 35, 45.

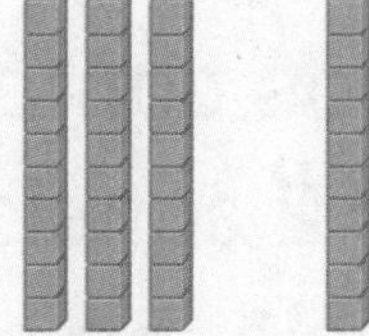

30 + 15 = 45

Práctica

Sigue contando para sumar. Escribe la suma.

1. 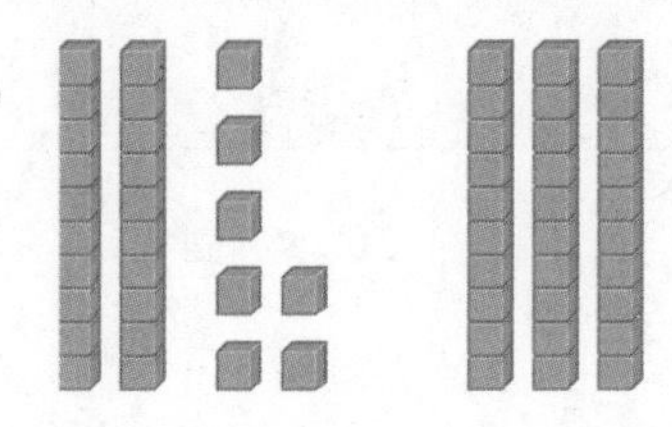

27 + 30 = ______

2. 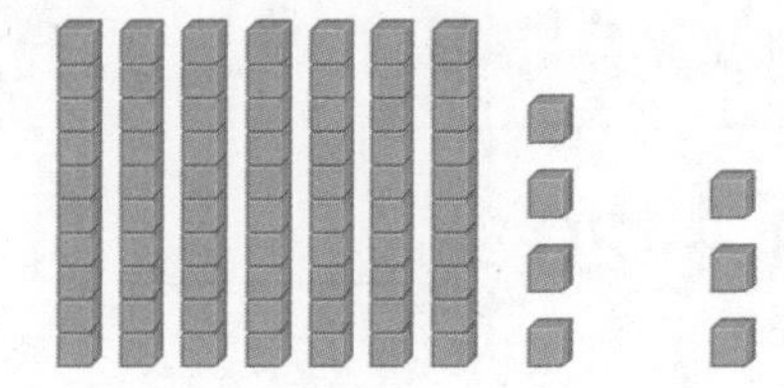

74 + 3 = ______

3. 66 + 3 = ______

4. 12 + 70 = ______

Sigue contando para sumar. Escribe la suma.

5. $51 + 3 =$ ______

6. $87 + 1 =$ ______

7. $\begin{array}{r} 32 \\ +\ 20 \\ \hline \end{array}$

8. $\begin{array}{r} 46 \\ +\ 10 \\ \hline \end{array}$

9. $\begin{array}{r} 97 \\ +\ 2 \\ \hline \end{array}$

10. $\begin{array}{r} 26 \\ +\ 10 \\ \hline \end{array}$

11. $\begin{array}{r} 40 \\ +\ 2 \\ \hline \end{array}$

12. $\begin{array}{r} 64 \\ +\ 20 \\ \hline \end{array}$

13. El coro de niños cantó 17 canciones el miércoles y 2 canciones el jueves. ¿Cuántas canciones cantó en total?

______ canciones

Práctica para la prueba

14. $70 + 20 =$ ______

78 ○ 85 ○ 88 ○ 90 ○

Las mates en casa Diga un número entre 10 y 50. Pida a su niño o niña que siga contando de uno en uno. Repita. Pídale que siga contando de diez en diez.

Nombre ....

Sumar decenas y unidades

Lección 3

PREGUNTA IMPORTANTE
¿Cómo puedo sumar y restar números de dos dígitos?

Explorar y explicar

¡Hora de nadar!

decenas	unidades

____ + ____ = ____

Instrucciones para el maestro: Pida a los niños que usen  y para representar. Diga: *Hay 24 niños en una piscina. Entran 3 niños más.* Pregunte: *¿Cuántos niños en total hay en la piscina?* Pídales que dibujen las barras y unidades que usaron, que escriban los números y que le expliquen a un compañero o una compañera cómo hallaron la respuesta.

Ver y mostrar

PRÁCTICAS matemáticas

Para hallar 25 + 2, suma las unidades. Luego, suma las decenas.

Paso 1
Representa los números.

decenas	unidades

↓

	decenas	unidades
	2	5
+		2

Paso 2
Suma las unidades.

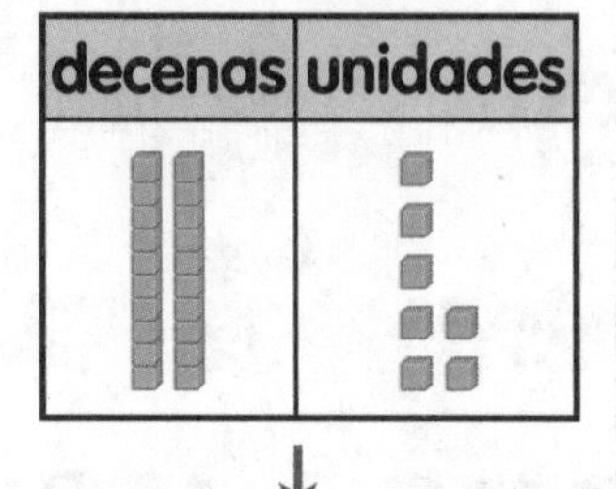

↓

	decenas	unidades
	2	5
+		2
		7

Paso 3
Suma las decenas.

decenas	unidades

↓

	decenas	unidades
	2	5
+		2
	2	7

Pista
Suma las unidades.
5 unidades + 2 unidades = 7 unidades

La suma es 2 decenas y 7 unidades o 27.

Usa el tablero de trabajo 7 y ▭ y ▫. Suma.

1.

	decenas	unidades
	1	3
+		4

2.

	decenas	unidades
		6
+	4	0

3.

	decenas	unidades
		6
+	5	3

Habla de las mates Explica cómo sumas decenas y unidades.

Nombre

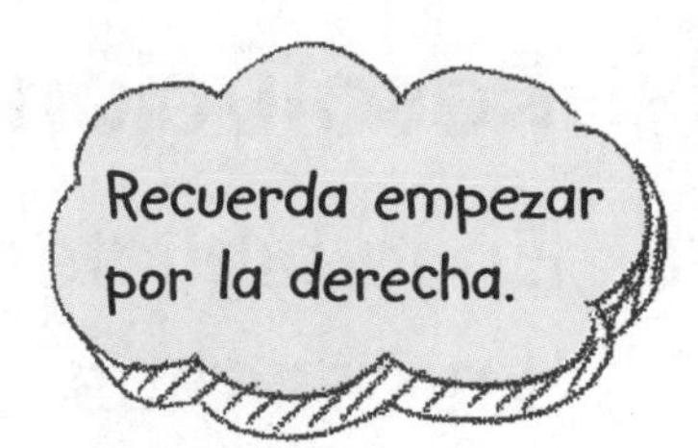

Por mi cuenta

Usa el tablero de trabajo 7 y ▭ y ▫. Suma.

4.

	decenas	unidades
	2	2
+		5

5.

	decenas	unidades
	4	2
+		5

6.

	decenas	unidades
		4
+	4	4

7.

	decenas	unidades
	5	2
+		6

8.

	decenas	unidades
	7	1
+		4

9.

	decenas	unidades
		8
+	9	0

10.

	decenas	unidades
	1	4
+		4

11.

	decenas	unidades
	5	5
+		4

12.

	decenas	unidades
	8	2
+		4

13.

	decenas	unidades
	3	1
+		5

14.

	decenas	unidades
	7	2
+		6

15.

	decenas	unidades
	9	1
+		7

Resolución de problemas

16. En la biblioteca hay 32 niños. Llegan 4 niños más. ¿Cuántos niños en total hay en la biblioteca?

_____ niños

17. Javier unió 53 piezas de un rompecabezas. Puso 5 piezas más. ¿Cuántas piezas del rompecabezas unió en total?

_____ piezas

Problema S.O.S. ¿Cuál suma es mayor, 23 + 6 o 23 + 20? Explica tu respuesta.

Nombre ....

Mi tarea

Lección 3
Sumar decenas y unidades

Asistente de tareas

¿Necesitas ayuda? connectED.mcgraw-hill.com

Para hallar 43 + 6, suma las unidades. Luego, suma las decenas.

	decenas	unidades
	4	3
+		6
	4	9

Pista
Suma las unidades. 3 unidades + 6 unidades = 9 unidades.

La suma de 4 decenas y 9 unidades es 49.

Práctica

Suma.

1.

	decenas	unidades
	1	1
+		4

2.

	decenas	unidades
		6
+	6	0

3.

	decenas	unidades
	3	5
+		4

4.

	decenas	unidades
		4
+	2	4

5.

	decenas	unidades
	9	1
+		5

6.

	decenas	unidades
		7
+	5	2

Suma.

7.

	decenas	unidades
	5	0
+		4

8.

	decenas	unidades
	4	5
+		4

9.

	decenas	unidades
	1	3
+		6

10.

	decenas	unidades
		1
+	8	7

11.

	decenas	unidades
	3	3
+		5

12.

	decenas	unidades
	9	3
+		4

13. Hay 15 niños patinando en el parque. Llegan 3 más. ¿Cuántos niños están patinando en total?

_____ niños

Práctica para la prueba

14.

	decenas	unidades
	7	2
+		3

75 ○ 76 ○ 77 ○ 78 ○

Las mates en casa Su niño o niña aprendió a sumar un número de dos dígitos y un número de un dígito. Pídale que explique cómo suma 42 + 5.

Nombre ....

Resolución de problemas

ESTRATEGIA: Probar, comprobar y revisar

Lección 4

PREGUNTA IMPORTANTE
¿Cómo puedo sumar y restar números de dos dígitos?

Tania ve bolas de boliche de dos colores. Ve en total 27 bolas de boliche. ¿Qué colores ve?

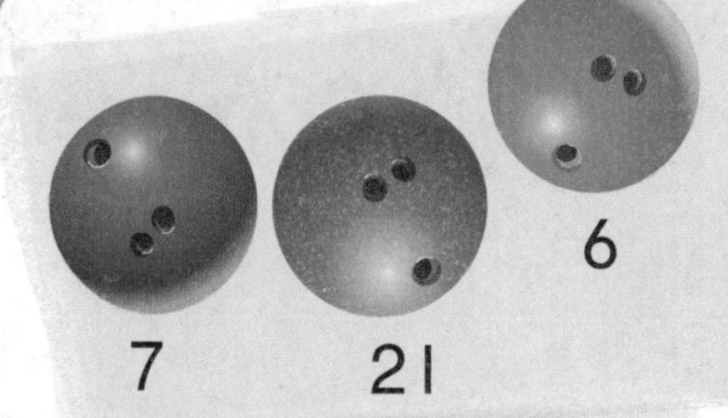

1 Comprende Subraya lo que sabes. Encierra en un círculo lo que debes hallar.

2 Planea ¿Cómo resolveré el problema?

3 Resuelve Voy a probar, comprobar y revisar.

$21 + 7 = 28$ demasiado
$7 + 6 = 13$ insuficiente
$21 + 6 = 27$ correcto

bolas de boliche azules y rosadas

4 Comprueba ¿Es razonable mi respuesta? ¿Por qué?

Practica la estrategia

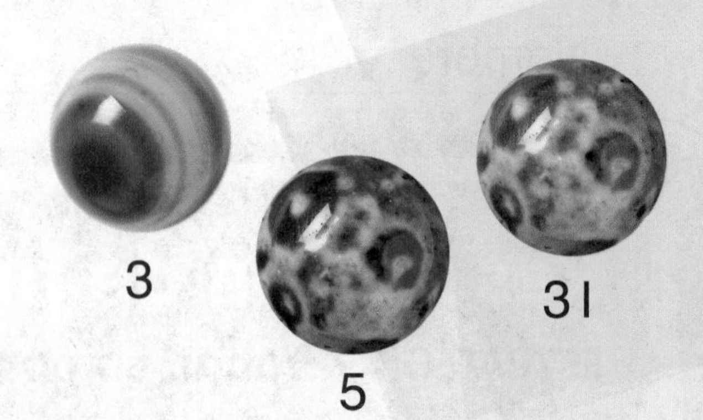

Clara tiene canicas de dos colores diferentes. Hay 34 canicas. ¿Qué colores de canicas tiene?

1 Comprende Subraya lo que sabes. Encierra en un círculo lo que debes hallar.

2 Planea ¿Cómo resolveré el problema?

3 Resuelve Voy a...

canicas ____________ y ____________

4 Comprueba ¿Es razonable mi respuesta? ¿Por qué?

Nombre ....

PRÁCTICAS matemáticas

Aplica la estrategia

1. Jerry tiene globos de dos colores. Tiene 19 globos en total. ¿Qué colores de globos tiene?

7 14 5

---

2. Tatiana encuentra hojas de dos colores. Encuentra 46 hojas en total. ¿Qué colores de hojas encuentra?

42 4 7

---

3. David recibe dos juguetes. Utiliza 29 boletos para obtenerlos. ¿Qué juguetes obtuvo?

5 6 7

8 21

Repasa las estrategias

Escoge una estrategia

- Probar, comprobar y revisar.
- Escribir un enunciado numérico.
- Dibujar un diagrama.

4. Hay 2 niños en el autobús. Se suben 26 niños más. ¿Cuántos niños hay en total en el autobús?

_____ niños

5. Hay 54 perros pequeños en un parque. Hay 4 perros grandes en el mismo parque. ¿Cuántos perros hay en total?

_____ perros

6. En una biblioteca hay 4 libros sobre fútbol y 61 libros sobre golf. ¿Cuántos libros sobre fútbol y golf hay en la biblioteca?

_____ libros

Nombre ....

Mi tarea

Lección 4
Resolución de problemas: Probar, comprobar y revisar

Asistente de tareas

¿Necesitas ayuda? connectED.mcgraw-hill.com

Matías ve pájaros de dos colores.
Ve un total de 18 pájaros.
¿Qué colores de pájaros ve?

1 Comprende Subraya lo que sabes. Encierra en un círculo lo que debes hallar.

2 Planea ¿Cómo resolveré el problema?

3 Resuelve Voy a probar, comprobar y revisar.

$9 + 10 = 19$ demasiado
$9 + 8 = 17$ insuficiente
$10 + 8 = 18$ correcto

Los colores de los pájaros son amarillo y rojo.

4 Comprueba ¿Es razonable mi respuesta?

Resolución de problemas

Subraya lo que sabes. Encierra en un círculo lo que debes hallar.

1. Harper hace 12 dibujos. Randy hace algunos dibujos. Juntos hicieron 15 dibujos. ¿Cuántos dibujos hizo Randy?

_____ dibujos

2. Hay 37 estudiantes en la banda. Los estudiantes tocan solo dos clases de instrumentos. Cada uno toca un instrumento. ¿Cuáles instrumentos tocan? Enciérralos en un círculo.

31

7

6

3. Viviana salta la cuerda 52 veces. Julio salta la cuerda 7 veces. Adam salta la cuerda 6 veces. ¿Cuáles niños saltan la cuerda 59 veces?

____

Las mates en casa Aproveche oportunidades para la resolución de problemas durante rutinas diarias como los viajes en carro, la hora de dormir, el lavado de la ropa, guardar los víveres, planear horarios, etc.

Nombre

Sumar decenas y unidades usando reagrupación

Lección 5

PREGUNTA IMPORTANTE
¿Cómo puedo sumar y restar números de dos dígitos?

¡Hace viento aquí arriba!

Explorar y explicar

decenas	unidades

$19 + 3 = \underline{22}$

Instrucciones para el maestro: Pida a los niños que usen [barra de diez] y [unidad] para representar. Diga: *Abby ve 19 personas haciendo volar papalotes. Más tarde ve 3 personas más haciendo volar papalotes.* Pregunte: *¿Cuántas personas hay en total?* Pídales que tracen el número y dibujen el contorno de las barras y unidades que usaron.

Ver y mostrar

PRÁCTICAS matemáticas

Halla 13 + 8.

Paso 1
Cuenta las unidades.

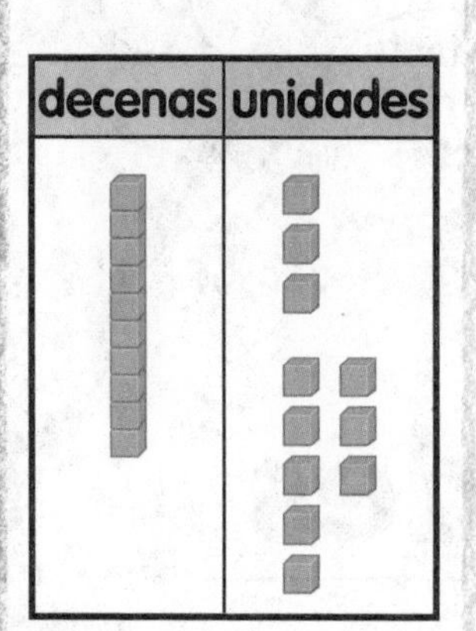

Paso 2
Encierra en un círculo 10 unidades.

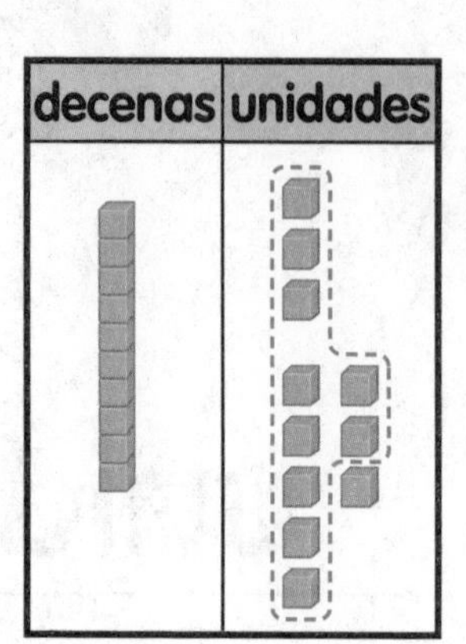

Paso 3
Reagrupa 10 unidades como 1 decena.

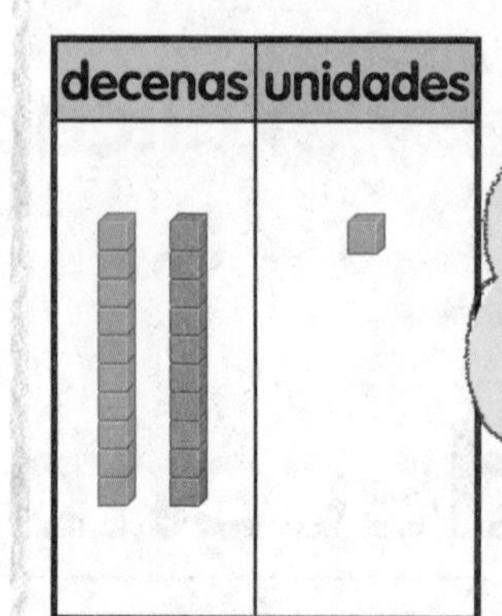

Pista
Mueve las unidades a la columna de las decenas.
10 unidades = 1 decena

 decenas y 1 unidad son 21.

La suma de 18 + 3 es 21.

Encierra en un círculo las unidades para mostrar la reagrupación. Escribe tu respuesta.

1. 15 + 5 = ______

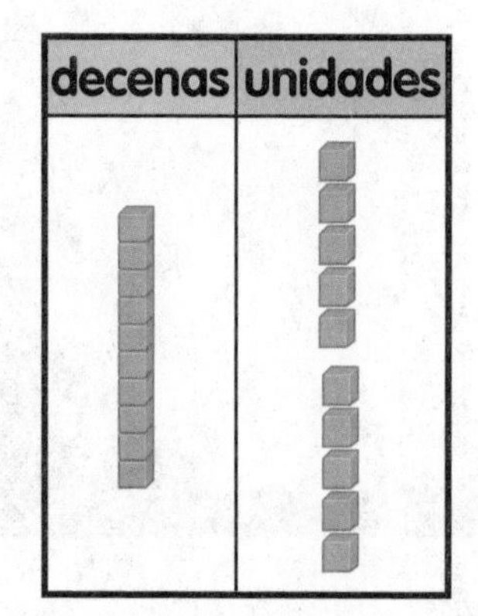

2. 19 + 4 = ______

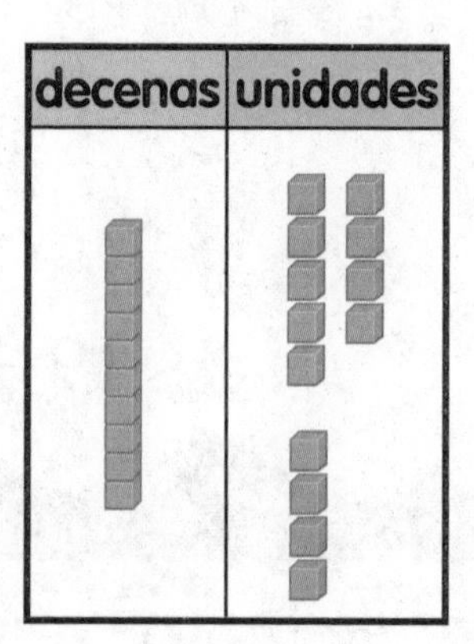

Habla de las mates

¿Reagrupas siempre cuando sumas? Explica tu respuesta.

Nombre ....

Por mi cuenta

Encierra en un círculo las unidades para mostrar la reagrupación. Escribe tu respuesta.

3. 13 + 8 = ______

decenas	unidades

4. 18 + 7 = ______

decenas	unidades

5. 19 + 7 = ______

decenas	unidades

6. 16 + 5 = ______

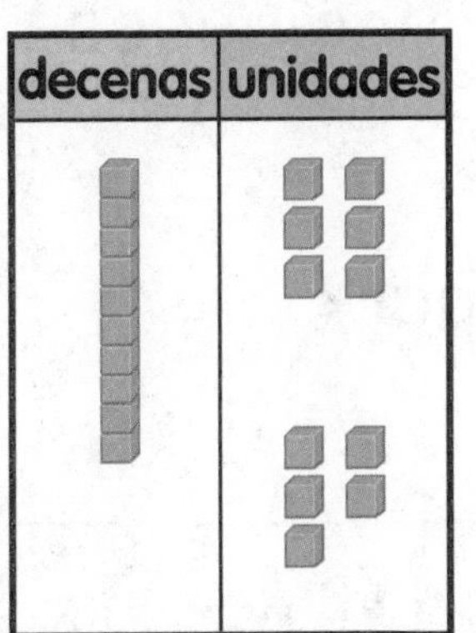

7. 18 + 9 = ______

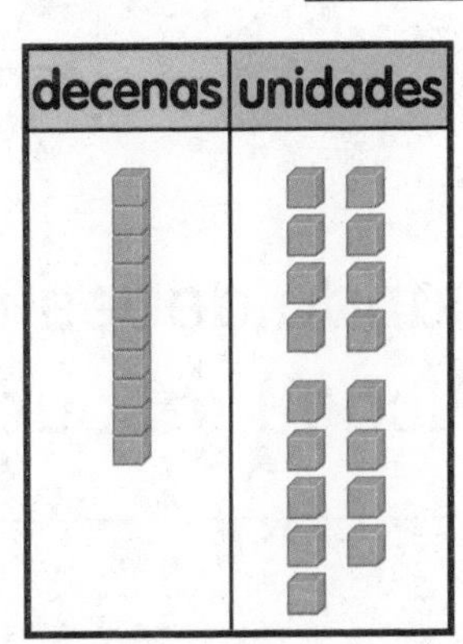

8. 12 + 8 = ______

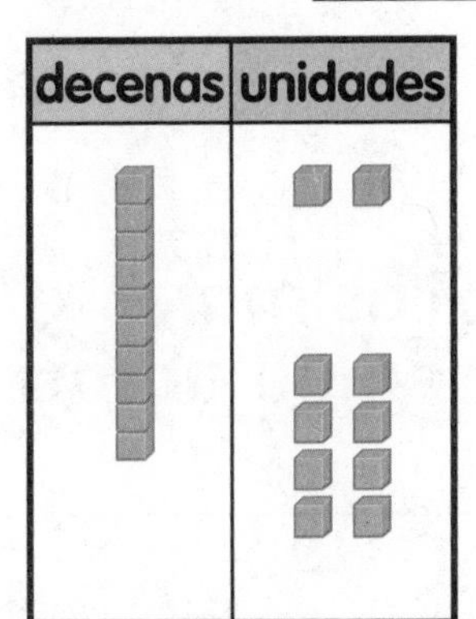

9. 17 + 7 = ______

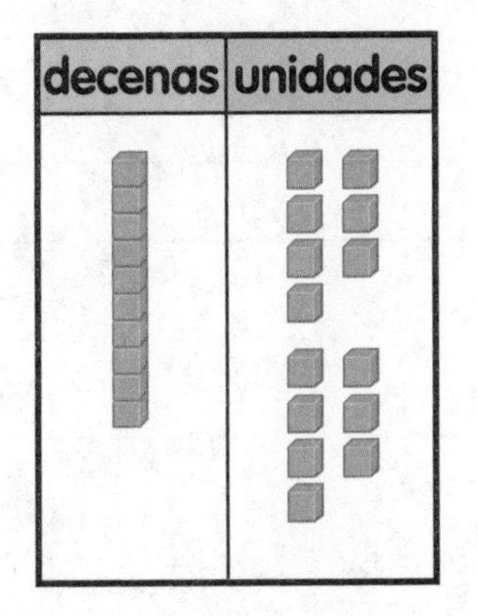

10. 19 + 9 = ______

decenas	unidades

11. 16 + 7 = ______

decenas	unidades

Resolución de problemas

12. La clase de la Sra. Brown fue al zoológico. Vieron los leones 16 estudiantes. Vieron los monos 8 estudiantes. ¿Cuántos estudiantes en total fueron al zoológico?

_____ estudiantes

13. Sam tiene 14 videojuegos. Le regalan 9 videojuegos más. ¿Cuántos videojuegos tiene Sam en total?

_____ videojuegos

Las mates en palabras ¿Cuándo debes reagrupar? Explica tu respuesta.

Nombre ....

Mi tarea

Lección 5
Sumar decenas y unidades usando reagrupación

Asistente de tareas

¿Necesitas ayuda? **connectED.mcgraw-hill.com**

Halla 16 + 7.

Paso 1
Cuenta las unidades.

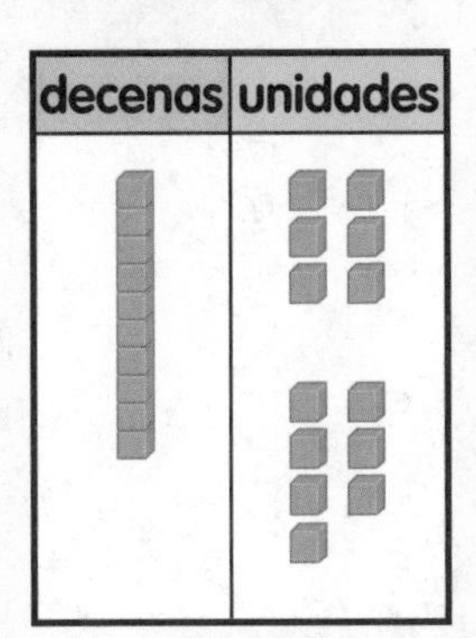

Paso 2
Encierra en un círculo 10 unidades.

decenas	unidades

Paso 3
Reagrupa 10 unidades como 1 decena.

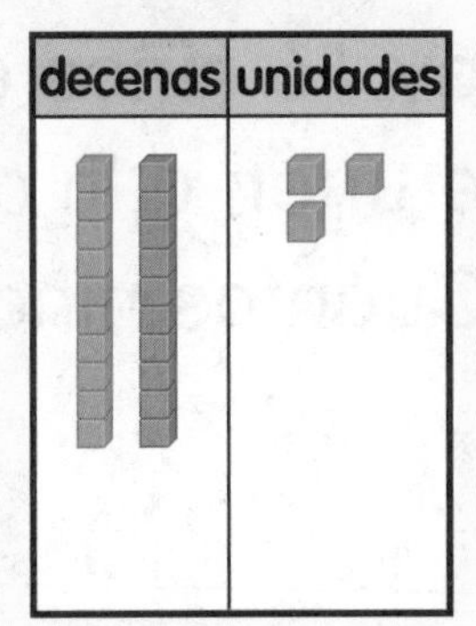

Por lo tanto, 16 + 7 = 23.

Práctica

Encierra en un círculo las unidades para mostrar la reagrupación. Escribe tu respuesta.

1. 19 + 7 = ______

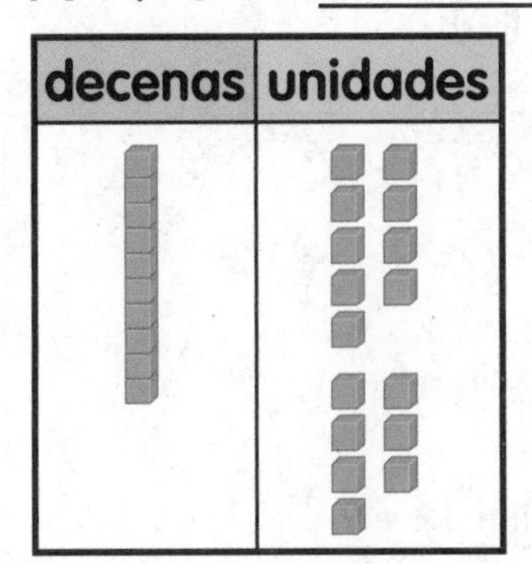

2. 15 + 8 = ______

decenas	unidades

3. 14 + 9 = ______

decenas	unidades

Encierra en un círculo las unidades para mostrar la reagrupación. Escribe tu respuesta.

4. $19 + 5 =$ _____

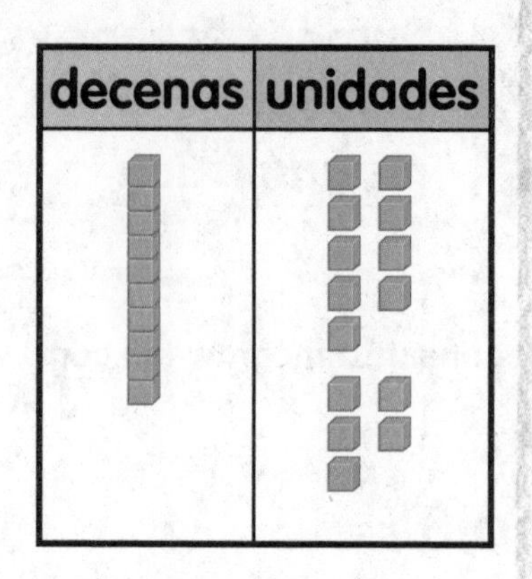

5. $13 + 7 =$ _____

decenas	unidades

6. $16 + 6 =$ _____

decenas	unidades

7. Hay 16 niños en una clase de *ballet*.
Se unen a la clase 5 niños más.
¿Cuántos niños hay ahora?

_____ niños

Práctica para la prueba

8. Halla $15 + 6$.

21 ○ 20 ○ 19 ○ 15 ○

Las mates en casa Pida a su niño o niña que explique cómo hallar $12 + 9$.

Nombre

Compruebo mi progreso

Comprobación del vocabulario

Completa las oraciones.

sumar **restar** **suma**

1. Al ______________ dos números, puedes hallar la suma.
2. El resultado de la operación de sumar se llama ______________.

Comprobación del concepto

Suma.

3. 3 decenas + 2 decenas = _____ decenas

   30 + 20 = _____

4. 4 decenas + 4 decenas = _____ decenas

   40 + 40 = _____

5. 67 + 1 = _____

6. 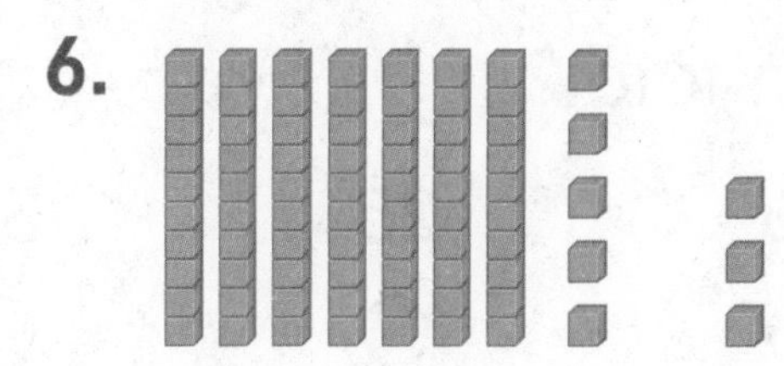

   75 + 3 = _____

Suma.

7.

	decenas	unidades
	3	5
+		4

8.

	decenas	unidades
	5	2
+		7

9.

	decenas	unidades
	8	4
+		5

Encierra en un círculo las unidades para mostrar la reagrupación. Escribe tu respuesta.

10. 16 + 8 = ____

decenas	unidades

11. 14 + 8 = ____

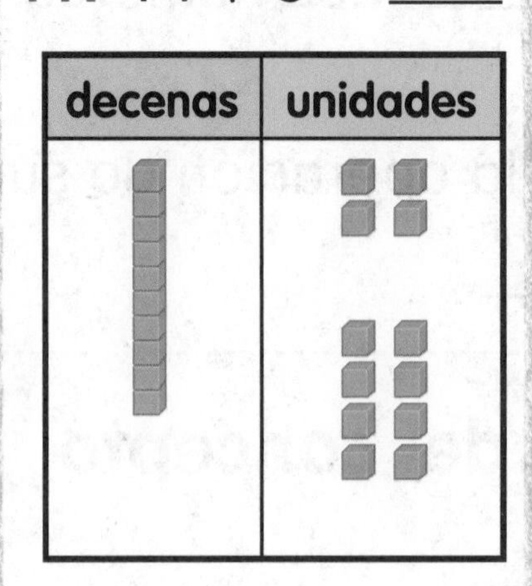

12. 18 + 9 = ____

decenas	unidades

Práctica para la prueba

13. Dalton nadó 25 vueltas en la piscina. Max nadó 9 vueltas. ¿Cuántas vueltas nadaron en total?

16 ○ 25 ○ 34 ○ 35 ○

Nombre ....

Restar decenas

Lección 6

PREGUNTA IMPORTANTE
¿Cómo puedo sumar y restar números de dos dígitos?

Explorar y explicar

Instrucciones para el maestro: Pida a los niños que usen [barras de decenas] para representar. Diga: *Alex puso 40 luciérnagas en un frasco. Dejó ir 20 luciérnagas.* Pregunte: *¿Cuántas luciérnagas quedan en el frasco?* Pídales que escriban el número, que dibujen las barras para mostrar su trabajo y que marquen una X sobre las barras para mostrar las luciérnagas que dejaron ir.

Ver y mostrar

PRÁCTICAS matemáticas

Halla 30 − 20.

3 decenas − 2 decenas

= 1 decena

30 − 20 = 10

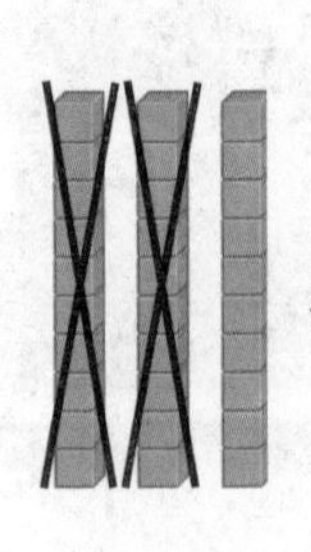

Pista
Para restar 30 − 20, resta las decenas.

Halla 50 − 10.

5 decenas − 1 decena

= 4 decenas

50 − 10 = 40

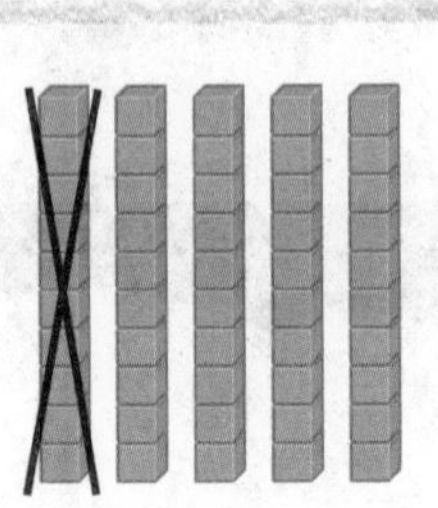

5 decenas − 1 decena = 4 decenas o 40.

Resta. Usa ▭ como ayuda.

1. 4 decenas − 2 decenas = ___ decenas 40 − 20 = ____

2. 6 decenas − 1 decena = ___ decenas 60 − 10 = ____

3. 7 decenas − 3 decenas = ___ decenas 70 − 30 = ____

4. 9 decenas − 3 decenas = ___ decenas 90 − 30 = ____

¿Cómo te ayuda conocer 6 − 2 a hallar 60 − 20?

Nombre

Por mi cuenta

Resta. Usa como ayuda.

5. 2 decenas − 2 decenas = ___ decenas   20 − 20 = ____

6. 8 decenas − 3 decenas = ___ decenas   80 − 30 = ____

7. 9 decenas − 5 decenas = ___ decenas   90 − 50 = ____

8. 7 decenas − 1 decena = ___ decenas   70 − 10 = ____

9. 4 decenas − 3 decenas = ___ decena   40 − 30 = ____

10.
  9 decenas   90
− 2 decenas   − 20
  ___ decenas

11.
  5 decenas   50
− 3 decenas   − 30
  ___ decenas

12.
  6 decenas   60
− 5 decenas   − 50
  ___ decena

13.
  8 decenas   80
− 6 decenas   − 60
  ___ decenas

El mundo real

Resolución de problemas

PRÁCTICAS matemáticas

14. Jaime pescó 30 peces. Pablo pescó 20 peces. ¿Cuántos peces más pescó Jaime que Pablo?

_____ peces

15. Hay 40 niños en la clase de baile de Lily. De ellos, 20 son niñas. ¿Cuántos de ellos son niños?

_____ niños

Problema S.O.S. Hay 80 personas en una fila para montar en la montaña rusa. Suben 20 personas a la montaña rusa. La respuesta es 60 personas. ¿Cuál es la pregunta?

Nombre

Mi tarea

Lección 6
Restar decenas

Asistente de tareas

¿Necesitas ayuda? connectED.mcgraw-hill.com

Halla 80 − 40.

8 decenas − 4 decenas = 4 decenas
80 − 40 = 40

Pista
Para restar 80 − 40, resta las decenas.

Práctica

Resta.

1. 4 decenas − 3 decenas = ___ decena 40 − 30 = ____

2. 7 decenas − 2 decenas = ___ decenas 70 − 20 = ____

3. 6 decenas − 6 decenas = ___ decenas 60 − 60 = ____

4. 9 decenas − 2 decenas = ___ decenas 90 − 20 = ____

5. 8 decenas − 6 decenas = ___ decenas 80 − 60 = ____

Resta.

6. 8 decenas 80
$-$ 7 decenas $-$ 70
_____ decena

7. 5 decenas 50
$-$ 1 decena $-$ 10
_____ decenas

8. 6 decenas 60
$-$ 3 decenas $-$ 30
_____ decenas

9. 9 decenas 90
$-$ 3 decenas $-$ 30
_____ decenas

10. Hay 50 niños en el circo. Se van a casa 20 niños. ¿Cuántos niños siguen en el circo?

_____ niños

Práctica para la prueba

11. Hay 70 personas en el cine. De ellas, 20 están comiendo palomitas de maíz. ¿Cuántas personas no están comiendo palomitas de maíz?

30 personas ○ 50 personas ○

60 personas  70 personas 

Las mates en casa Pida a su niño o niña que le diga cuántas decenas quedan en 70 – 40.

Nombre ....

Contar hacia atrás de diez en diez

Lección 7

PREGUNTA IMPORTANTE
¿Cómo puedo sumar y restar números de dos dígitos?

¡Se ve divertido!

Explorar y explicar

70 − 30 = ______

Instrucciones para el maestro: Pida a los niños que usen [cubo] para representar. Diga: *Samuel empieza en 70. Salta y cae en 70 − 30.* Pídales que dibujen un círculo alrededor del número donde cae, que escriban el número y le expliquen a un compañero o una compañera cómo hallaron la respuesta.

Ver y mostrar

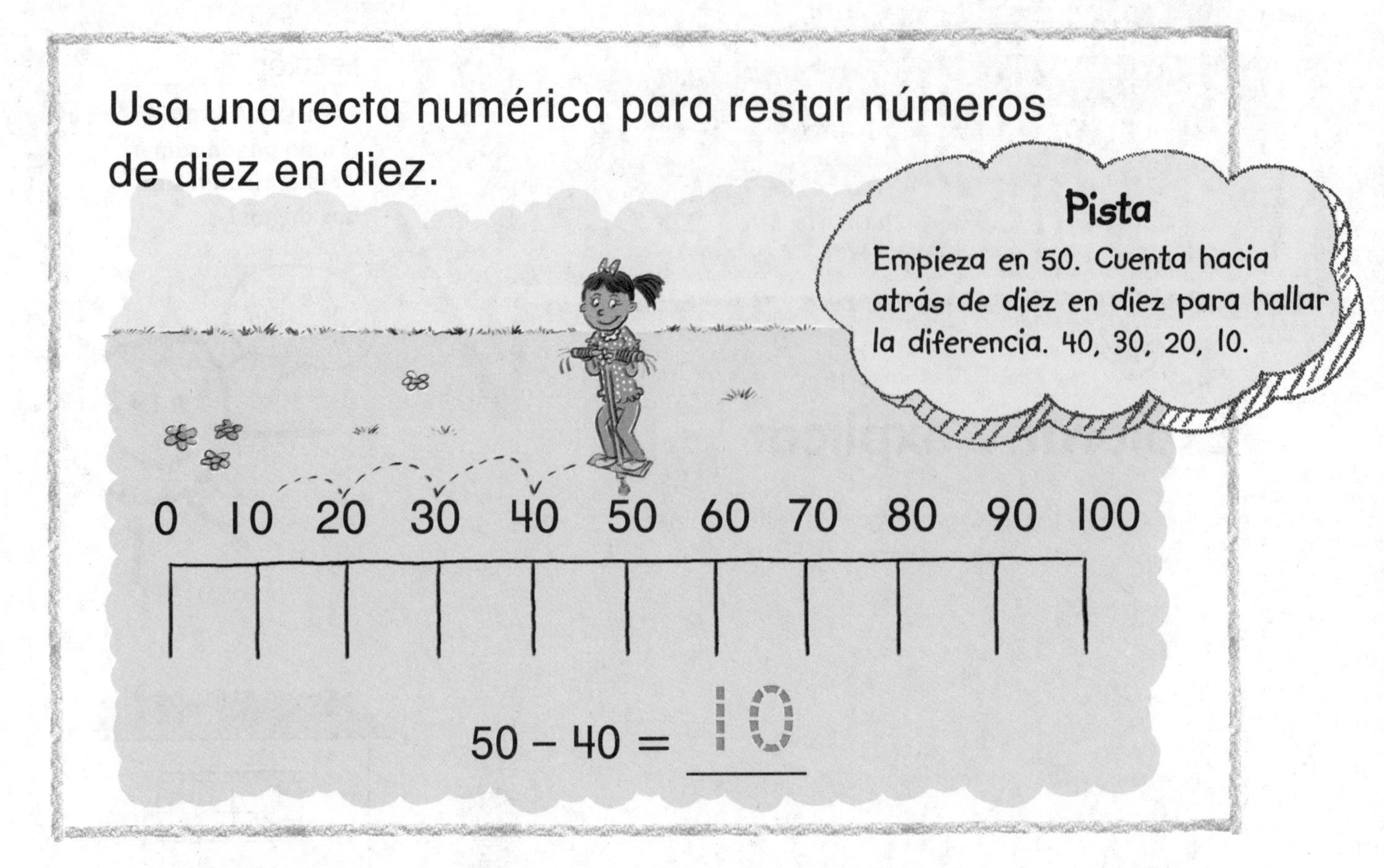

Usa la recta numérica para restar. Muestra tu trabajo. Escribe la diferencia.

1. 80 − 30 = ______ 0 10 20 30 40 50 60 70 80 90 100

2. 50 − 20 = ______ 0 10 20 30 40 50 60 70 80 90 100

Explica cómo puedes usar una recta numérica como ayuda para restar de diez en diez.

Nombre

CCSS

Por mi cuenta

Usa la recta numérica como ayuda para restar. Escribe la diferencia.

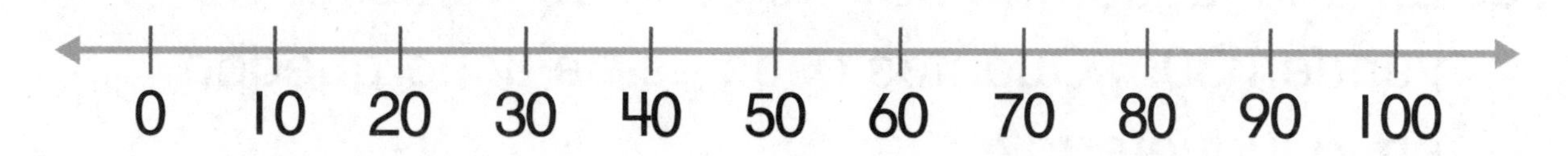

3. $40 - 20 =$ ______

4. $60 - 20 =$ ______

5. $80 - 70 =$ ______

6. $20 - 10 =$ ______

7. $\begin{array}{r} 90 \\ -40 \\ \hline \end{array}$

8. $\begin{array}{r} 50 \\ -20 \\ \hline \end{array}$

9. $\begin{array}{r} 70 \\ -50 \\ \hline \end{array}$

10. $\begin{array}{r} 30 \\ -10 \\ \hline \end{array}$

11. $\begin{array}{r} 80 \\ -40 \\ \hline \end{array}$

12. $\begin{array}{r} 60 \\ -30 \\ \hline \end{array}$

13. $\begin{array}{r} 40 \\ -30 \\ \hline \end{array}$

14. $\begin{array}{r} 50 \\ -10 \\ \hline \end{array}$

15. $\begin{array}{r} 90 \\ -20 \\ \hline \end{array}$

Resolución de problemas

Usa la recta numérica como ayuda para restar.

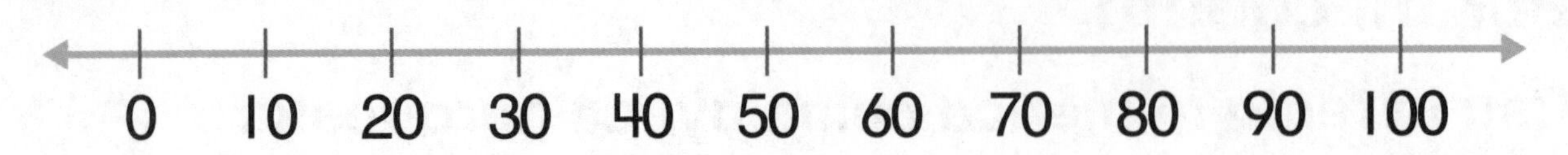

16. En una juguetería hay 40 osos de peluche. Se venden 30. ¿Cuántos osos de peluche quedan en la juguetería?

_____ osos de peluche

17. A Sara le regalaron un juego de 70 bloques. Perdió 40 bloques. ¿Cuántos bloques le quedan a Sara?

_____ bloques

Las mates en palabras ¿Cómo puedes usar una recta numérica para hallar 30 − 30? ¿Cuál es la diferencia?

Nombre ....

Mi tarea

Lección 7
Contar hacia atrás de diez en diez

Asistente de tareas

¿Necesitas ayuda? connectED.mcgraw-hill.com

Para hallar 70 − 30, empieza en 70. Cuenta hacia atrás de diez en diez en una recta numérica.

0 10 20 30 (40) 50 60 70 80 90 100

70 − 30 = 40

Práctica

Usa la recta numérica para restar. Muestra tu trabajo. Escribe la diferencia.

1. 60 − 20 = ______

2. 90 − 10 = ______

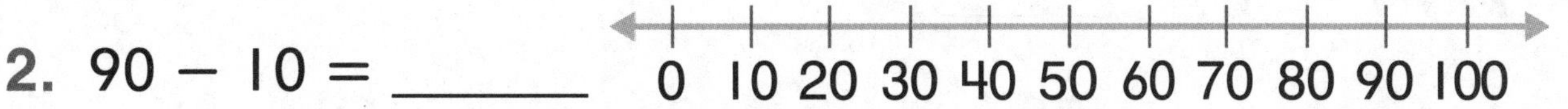

3. 80 − 30 = ______

Usa la recta numérica como ayuda para restar. Escribe la diferencia.

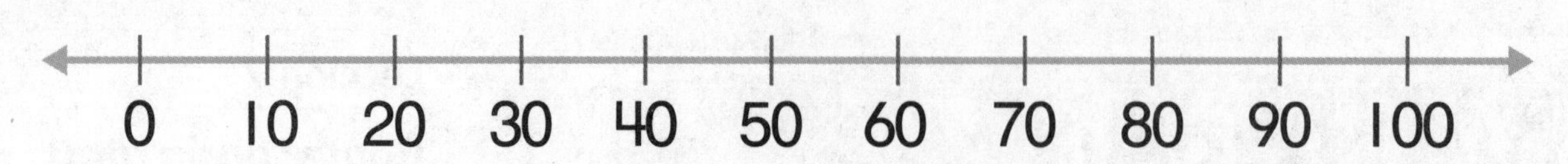

4. 50 − 40 = ______

5. 80 − 10 = ______

6. 30 − 10 = ______

7. 70 − 20 = ______

8. $\begin{array}{r} 90 \\ -\ 30 \\ \hline \end{array}$

9. $\begin{array}{r} 40 \\ -\ 10 \\ \hline \end{array}$

10. $\begin{array}{r} 60 \\ -\ 40 \\ \hline \end{array}$

11. Hay 30 niños en fila para deslizarse por el tobogán. Se deslizan 10 niños. ¿Cuántos niños siguen en fila?

______ niños

Práctica para la prueba

12. 70 − 10 = ______

60 ○ 70 ○ 80 ○ 90 ○

Las mates en casa Pida a su niño o niña que muestre 60 − 20 usando una recta numérica. Pídale que explique cómo usó la recta numérica a medida que restaba.

Nombre ....

Relacionar la suma y la resta de decenas

Lección 8

PREGUNTA IMPORTANTE
¿Cómo puedo sumar y restar números de dos dígitos?

Explorar y explicar

¡A patinar!

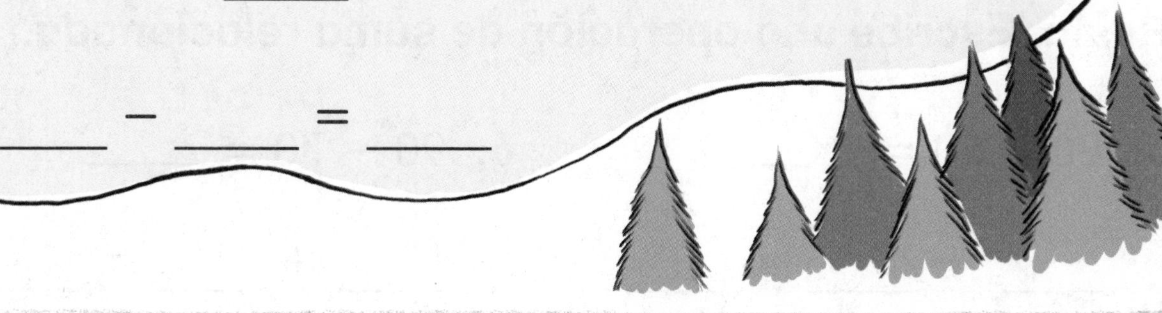

$50 + 30 =$ ____

____ $-$ ____ $=$ ____

Instrucciones para el maestro: Pida a los niños que usen [barra de decenas] para representar. Diga: *Hay 50 personas patinando sobre hielo. Llegan 30 personas más.* Pregunte: *¿Cuántas personas en total están patinando sobre hielo?* Pídales que escriban el número y un problema de resta relacionado y que expliquen cómo se relacionan los enunciados numéricos.

Ver y mostrar

PRÁCTICAS matemáticas

Halla 70 − 20.

Para hallar 70 − 20, piensa que

20 + 50 = 70.

Por lo tanto,

70 − 20 = 50.

Usa operaciones relacionadas para sumar y restar.

1. 10 + _____ = 30

   30 − 10 = _____

2. 30 + _____ = 60

   60 − 30 = _____

3. 40 + _____ = 50

   50 − 40 = _____

4. 20 + _____ = 40

   40 − 20 = _____

Resta. Escribe una operación de suma relacionada.

5. 80 − 50 = _____

   _____ + _____ = _____

6. 90 − 70 = _____

   _____ + _____ = _____

Habla de las mates Di la operación de suma relacionada que usarías para hallar 60 − 40. Explica tu respuesta.

Nombre ....

Recuerda usar operaciones relacionadas.

CCSS

Por mi cuenta

Usa operaciones relacionadas para sumar y restar.

7. 50 + _____ = 70

   70 − 50 = _____

8. 20 + _____ = 80

   80 − 20 = _____

9. 40 + _____ = 90

   90 − 40 = _____

10. 50 + _____ = 60

    60 − 50 = _____

11. 20 + _____ = 50

    50 − 20 = _____

12. 30 + _____ = 70

    70 − 30 = _____

Resta. Escribe la operación de suma relacionada.

13. 40 − 10 = _____

    _____ + _____ = _____

14. 90 − 10 = _____

    _____ + _____ = _____

15. 30 − 20 = _____

    _____ + _____ = _____

16. 90 − 50 = _____

    _____ + _____ = _____

Resolución de problemas

Usa ▭ para restar.
Escribe una operación de suma relacionada.

17. En una juguetería hay 60 videojuegos. Se venden 40. ¿Cuántos videojuegos quedan en la juguetería?

____ − ____ = ____   ____ + ____ = ____

18. Mario tiene 90 tarjetas de básquetbol. Le da 20 tarjetas a su hermano. ¿Cuántas tarjetas le quedan a Mario?

____ − ____ = ____   ____ + ____ = ____

Las mates en palabras Escribe un problema usando el enunciado numérico 20 + 30 = 50 o 50 − 20 = 30.

Nombre ....

Mi tarea

Lección 8
Relacionar la suma y la resta de decenas

Asistente de tareas

¿Necesitas ayuda? connectED.mcgraw-hill.com

Las operaciones relacionadas pueden servirte de ayuda para hallar números que faltan.

Para hallar 70 − 50, piensa que 50 + 20 = 70.

Por lo tanto, 70 − 50 = 20.

Práctica

Usa operaciones relacionadas para sumar y restar.

1. 10 + _____ = 20

20 − 10 = _____

2. 40 + _____ = 60

60 − 40 = _____

3. 50 + _____ = 90

90 − 50 = _____

4. 20 + _____ = 30

30 − 20 = _____

5. 30 + _____ = 80

80 − 30 = _____

6. 10 + _____ = 50

50 − 10 = _____

Resta. Escribe una operación de suma relacionada.

7. $70 - 60 =$ ____

____ + ____ = ____

8. $40 - 20 =$ ____

____ + ____ = ____

Escribe el enunciado de resta.
Luego, escribe una operación de suma relacionada.

9. El equipo de Ming anota 50 puntos en su primer juego de básquetbol y 30 puntos en su segundo juego. ¿Cuántos puntos más anotó en su primer juego?

____ − ____ = ____   ____ + ____ = ____

Práctica para la prueba

Marca la operación de resta relacionada.

10. $40 +$ ____ $= 60$

$40 + 10 = 60$ ○

$60 + 30 = 90$ ○

$60 - 40 = 20$ ○

$60 - 40 = 10$ ○

Las mates en casa: Diga a su niño o niña que resuelva la siguiente resta: 80 – 60 = ___. Pídale que diga la operación de suma relacionada que le puede servir de ayuda para resolver el problema.

Nombre ....

Mi repaso

Capítulo 6

Suma y resta con números de dos dígitos

Comprobación del vocabulario

Completa las oraciones.

decenas **diferencia**

restar **suma** **unidades**

1. El resultado de la operación de sumar se llama ______________.

2. En el número 63, 6 está en la posición de las ________________.

3. Hay que ________________ para hallar la diferencia.

4. El resultado de un problema de resta se llama ________________.

5. En el número 72, 2 está en la posición de las ______________.

Comprobación del concepto

Suma.

6. 2 decenas + 1 decena = ___ decenas $\quad 20 + 10 =$ ____

7. 6 decenas + 3 decenas = ___ decenas $\quad 60 + 30 =$ ____

Sigue contando para sumar. Escribe la suma.

8. 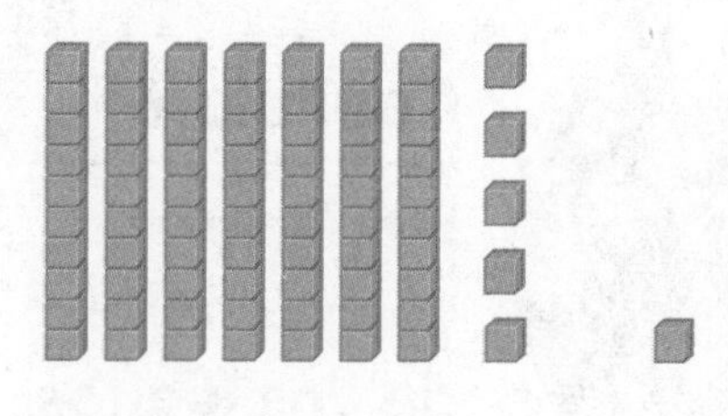

75 + 1 = _____

9. 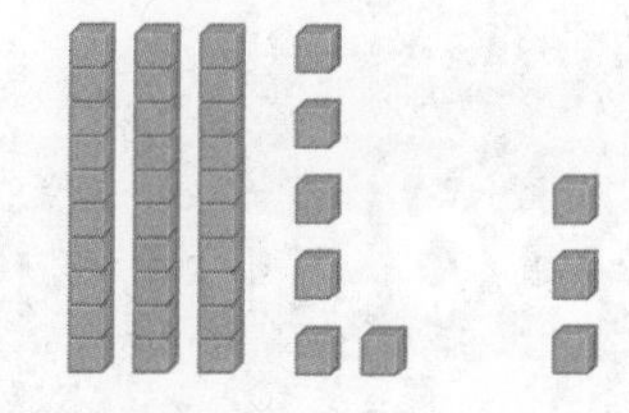

36 + 3 = _____

Suma.

10.

	decenas	unidades
	6	2
+		3

11.

	decenas	unidades
	3	7
+		2

12.

	decenas	unidades
	5	4
+		4

Resta.

13. 6 decenas − 2 decenas = ___ decenas 60 − 20 = ____

14. 5 decenas − 2 decenas = ___ decenas 50 − 20 = ____

Usa la recta numérica como ayuda para restar.

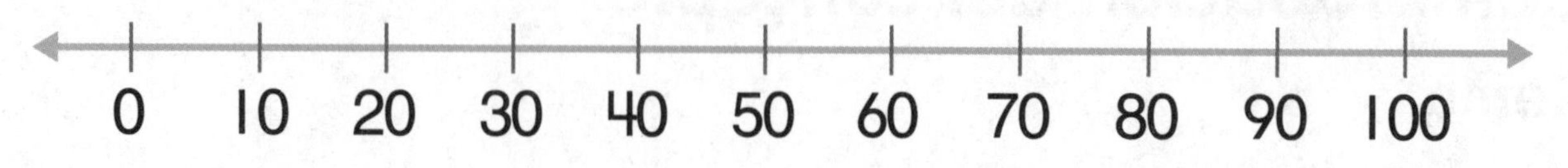

15. 80 − 30 _____

16. 90 − 20 _____

Nombre ....

Resolución de problemas

Usa la recta numérica como ayuda para restar.

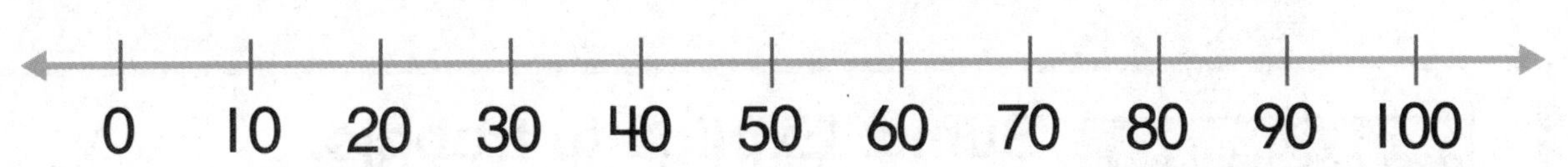

17. Calvin tiene 60 canicas. Eric le pide prestadas 30. ¿Cuántas canicas le quedan a Calvin?

______ canicas

Resta. Escribe la operación de suma relacionada.

18. Tomás hizo 40 dibujos. Le regaló 20 a su papá. ¿Cuántos dibujos le quedan a Tomás?

_____ − _____ = _____   _____ + _____ = _____

Práctica para la prueba

19. En un parque hay 25 personas. Llegan al parque 3 personas más. ¿Cuántas personas en total hay en el parque?

22 personas	27 personas	28 personas	55 personas
○			

Pienso

Capítulo 6

Respuesta a la pregunta importante

	decenas	unidades
	6	2
+		3

Suma. Explica tu trabajo.

PREGUNTA IMPORTANTE

¿Cómo puedo sumar y restar números de dos dígitos?

Resta. Explica tu trabajo.

8 decenas − 3 decenas = ____ decenas

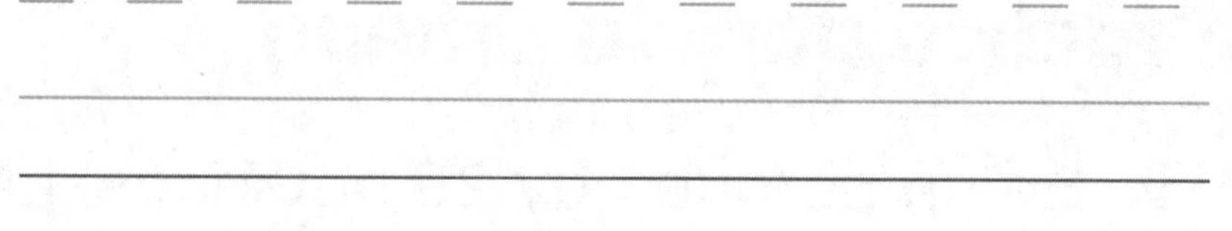

80 − 30 = ______

¡Ahora ya sé!

Glosario/Glossary

Conéctate para consultar el Glosario en línea.

Español **Inglés/English**

alto (más alto, el más alto)

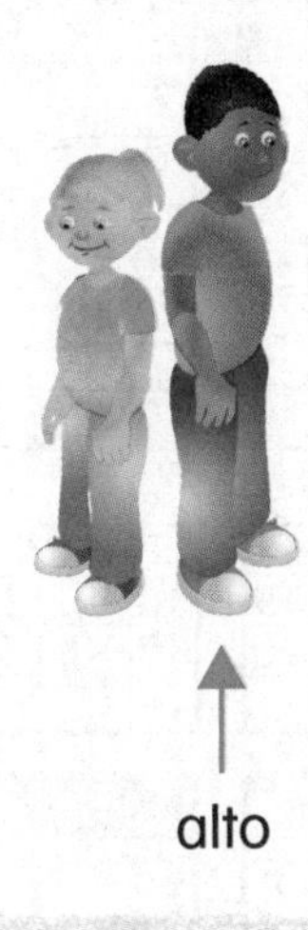

tall (taller, tallest)

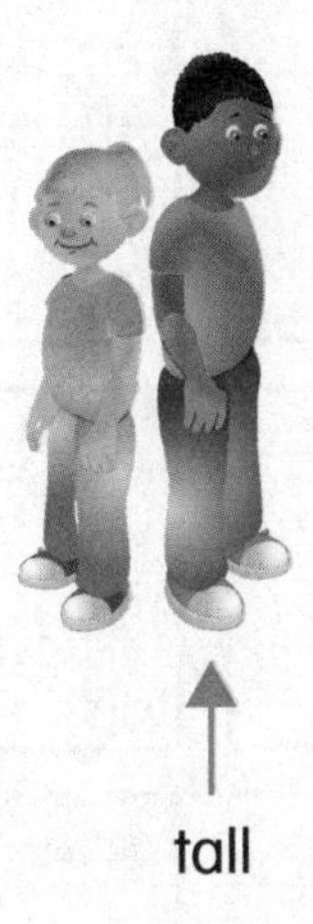

altura

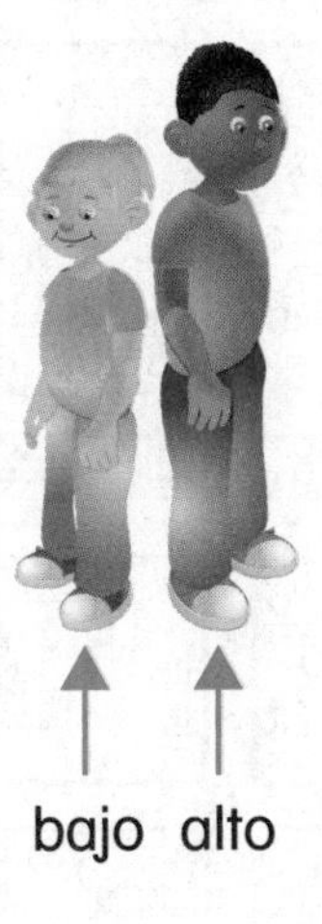

height

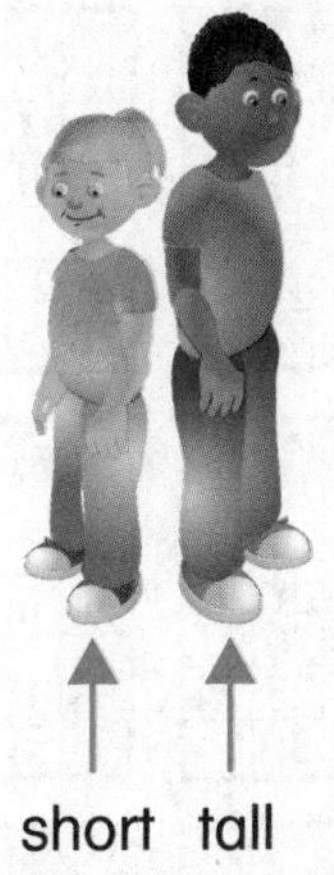

Aa

antes

5 6 7 8

6 está justo *antes* del 7.

before

5 6 7 8

6 is just *before* 7.

año

enero						
d	l	m	m	j	v	s
						1
2	3	4	5	6	7	8
9	10	11	12	13	14	15
16	17	18	19	20	21	22
23	24	25	26	27	28	29
30	31					

febrero						
d	l	m	m	j	v	s
		1	2	3	4	5
6	7	8	9	10	11	12
13	14	15	16	17	18	19
20	21	22	23	24	25	26
27	28					

marzo						
d	l	m	m	j	v	s
		1	2	3	4	5
6	7	8	9	10	11	12
13	14	15	16	17	18	19
20	21	22	23	24	25	26
27	28	29	30	31		

abril						
d	l	m	m	j	v	s
					1	2
3	4	5	6	7	8	9
10	11	12	13	14	15	16
17	18	19	20	21	22	23
24	25	26	27	28	29	30

mayo						
d	l	m	m	j	v	s
1	2	3	4	5	6	7
8	9	10	11	12	13	14
15	16	17	18	19	20	21
22	23	24	25	26	27	28
29	30	31				

junio						
d	l	m	m	j	v	s
			1	2	3	4
5	6	7	8	9	10	11
12	13	14	15	16	17	18
19	20	21	22	23	24	25
26	27	28	29	30		

julio						
d	l	m	m	j	v	s
					1	2
3	4	5	6	7	8	9
10	11	12	13	14	15	16
17	18	19	20	21	22	23
24	25	26	27	28	29	30
31						

agosto						
d	l	m	m	j	v	s
	1	2	3	4	5	6
7	8	9	10	11	12	13
14	15	16	17	18	19	20
21	22	23	24	25	26	27
28	29	30	31			

septiembre						
d	l	m	m	j	v	s
				1	2	3
4	5	6	7	8	9	10
11	12	13	14	15	16	17
18	19	20	21	22	23	24
25	26	27	28	29	30	

octubre						
d	l	m	m	j	v	s
						1
2	3	4	5	6	7	8
9	10	11	12	13	14	15
16	17	18	19	20	21	22
23	24	25	26	27	28	29
30	31					

noviembre						
d	l	m	m	j	v	s
		1	2	3	4	5
6	7	8	9	10	11	12
13	14	15	16	17	18	19
20	21	22	23	24	25	26
27	28	29	30			

diciembre						
d	l	m	m	j	v	s
				1	2	3
4	5	6	7	8	9	10
11	12	13	14	15	16	17
18	19	20	21	22	23	24
25	26	27	28	29	30	31

year

January						
S	M	T	W	T	F	S
						1
2	3	4	5	6	7	8
9	10	11	12	13	14	15
16	17	18	19	20	21	22
23	24	25	26	27	28	29
30	31					

February						
S	M	T	W	T	F	S
		1	2	3	4	5
6	7	8	9	10	11	12
13	14	15	16	17	18	19
20	21	22	23	24	25	26
27	28					

March						
S	M	T	W	T	F	S
		1	2	3	4	5
6	7	8	9	10	11	12
13	14	15	16	17	18	19
20	21	22	23	24	25	26
27	28	29	30	31		

April						
S	M	T	W	T	F	S
					1	2
3	4	5	6	7	8	9
10	11	12	13	14	15	16
17	18	19	20	21	22	23
24	25	26	27	28	29	30

May						
S	M	T	W	T	F	S
1	2	3	4	5	6	7
8	9	10	11	12	13	14
15	16	17	18	19	20	21
22	23	24	25	26	27	28
29	30	31				

June						
S	M	T	W	T	F	S
			1	2	3	4
5	6	7	8	9	10	11
12	13	14	15	16	17	18
19	20	21	22	23	24	25
26	27	28	29	30		

July						
S	M	T	W	T	F	S
					1	2
3	4	5	6	7	8	9
10	11	12	13	14	15	16
17	18	19	20	21	22	23
24	25	26	27	28	29	30
31						

August						
S	M	T	W	T	F	S
	1	2	3	4	5	6
7	8	9	10	11	12	13
14	15	16	17	18	19	20
21	22	23	24	25	26	27
28	29	30	31			

September						
S	M	T	W	T	F	S
				1	2	3
4	5	6	7	8	9	10
11	12	13	14	15	16	17
18	19	20	21	22	23	24
25	26	27	28	29	30	

October						
S	M	T	W	T	F	S
						1
2	3	4	5	6	7	8
9	10	11	12	13	14	15
16	17	18	19	20	21	22
23	24	25	26	27	28	29
30	31					

November						
S	M	T	W	T	F	S
		1	2	3	4	5
6	7	8	9	10	11	12
13	14	15	16	17	18	19
20	21	22	23	24	25	26
27	28	29	30			

December						
S	M	T	W	T	F	S
				1	2	3
4	5	6	7	8	9	10
11	12	13	14	15	16	17
18	19	20	21	22	23	24
25	26	27	28	29	30	31

capacidad Cantidad de material seco o líquido que cabe en un recipiente.

capacity The amount of dry or liquid material a container can hold.

cara Parte plana de una figura tridimensional.

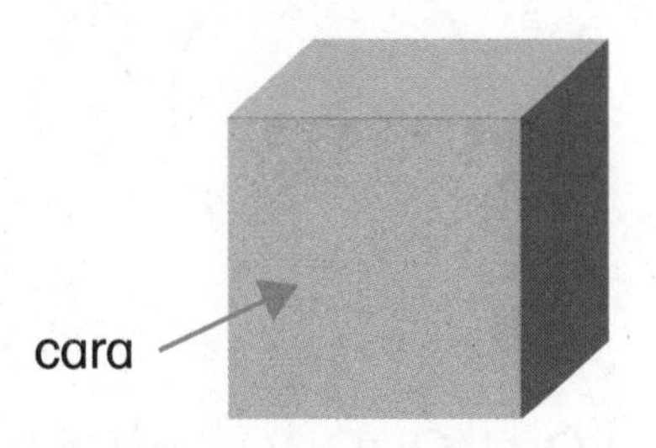

face The flat part of a three-dimensional shape.

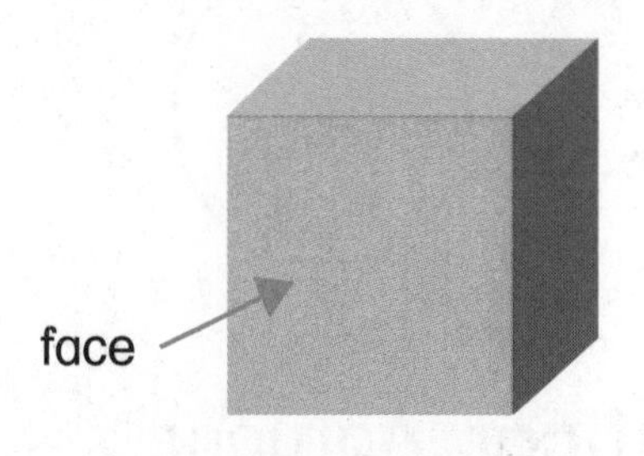

centavo ¢

1¢ 1 centavo

cent ¢

1¢ 1 cent

centenas Los números en el rango de 100 a 999. Es el valor posicional de un número.

hundreds The numbers in the range of 100-999. It is the place value of a number.

cero El número cero es igual a nada o ninguno.

zero The number zero equals none or nothing.

cilindro Figura tridimensional que tiene la forma de una lata.

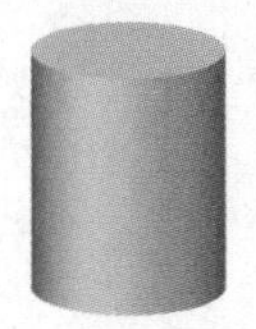 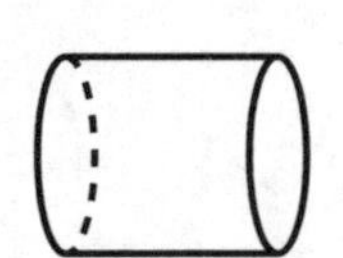

cylinder A three-dimensional shape that is shaped like a can.

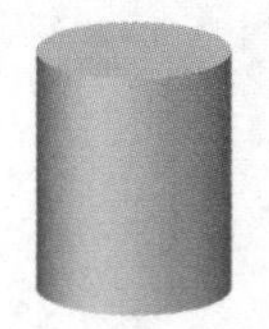 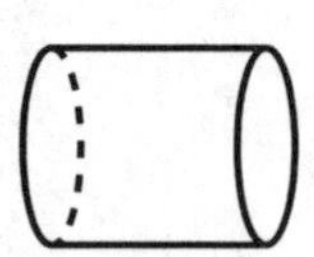

círculo Figura redonda y cerrada.

circle A closed round shape.

clasificar Agrupar elementos con características iguales.

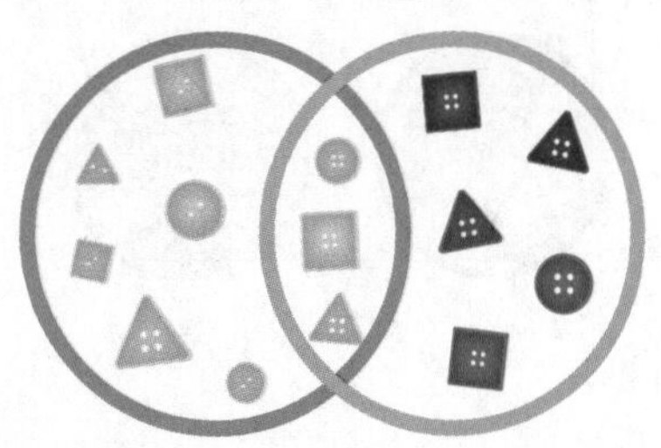

sort To group together like items.

comparar Observar objetos, formas o números para saber en qué se parecen y en qué se diferencian.

compare Look at objects, shapes, or numbers and see how they are alike or different.

cono Figura tridimensional que se estrecha hasta un punto desde una cara circular.

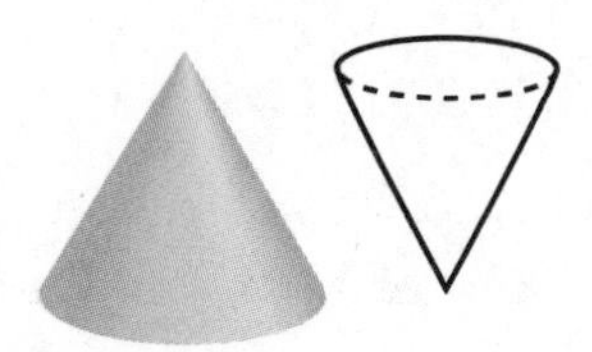

cone A three-dimensional shape that narrows to a point from a circular face.

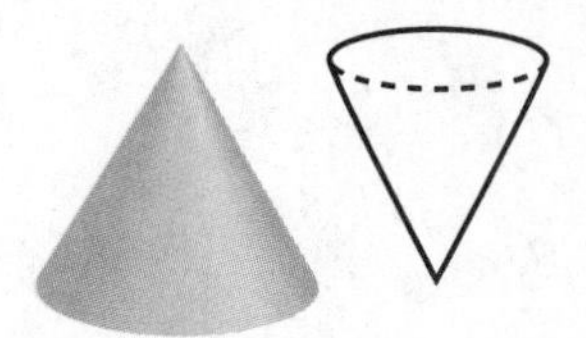

contar hacia atrás
En una recta numérica, empieza en el 5 y cuenta 3 hacia atrás.

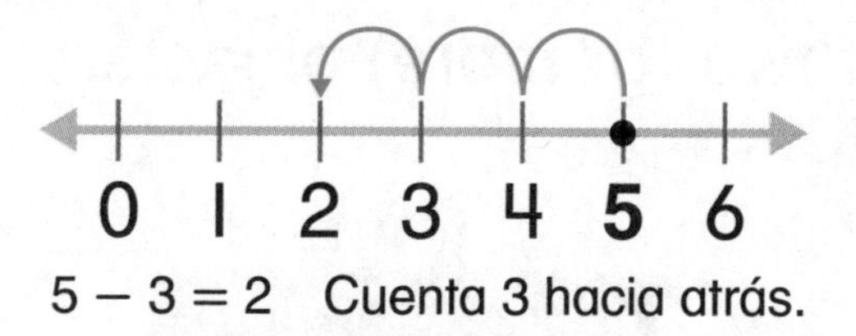

$5 - 3 = 2$ Cuenta 3 hacia atrás.

count back On a number line, start at the number 5 and count back 3.

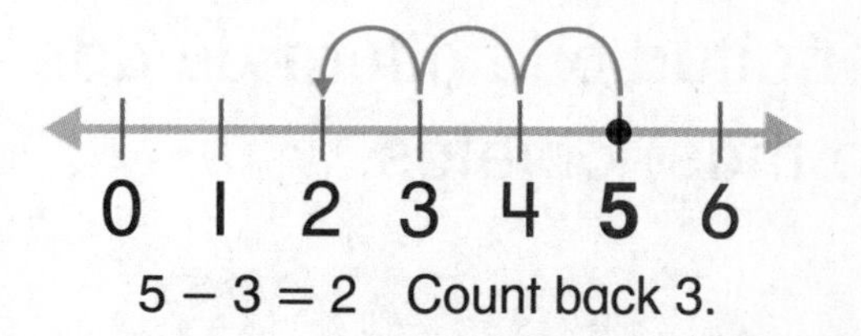

$5 - 3 = 2$ Count back 3.

contiene más

La jarra contiene más que el vaso.

holds more/most

The pitcher holds more than the glass.

Cc

contiene menos

El vaso contiene menos que la jarra.

holds less/least

The glass holds less than the pitcher.

corto (más corto, el más corto) Comparar la longitud o la altura de dos (o más) objetos.

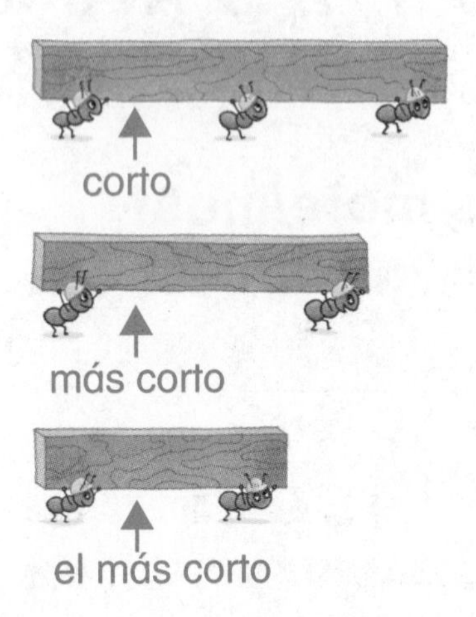

short (shorter, shortest) To compare length or height of two (or more) objects.

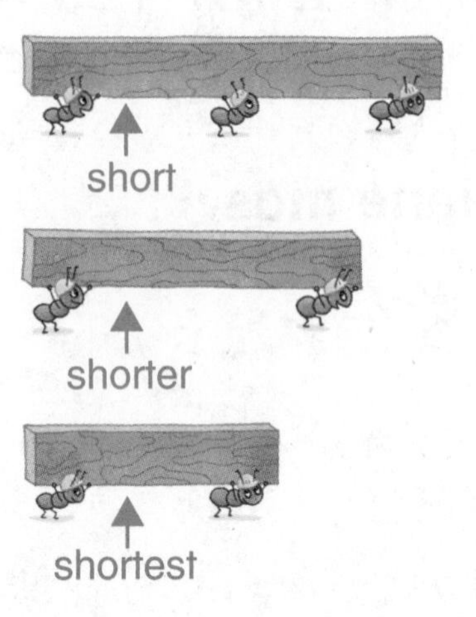

cuadrado Rectángulo que tiene cuatro lados iguales.

square A rectangle that has four equal sides.

cuartos Cuatro partes iguales de un entero. Cada parte es un cuarto o la cuarta parte del entero.

fourths Four equal parts of a whole. Each part is a fourth, or a quarter of the whole.

cubo Figura tridimensional con 6 caras cuadradas.

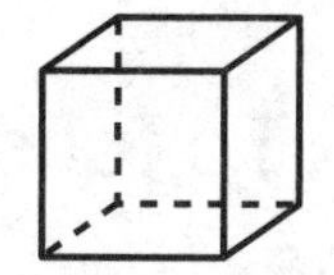

cube A three-dimensional shape with 6 square faces.

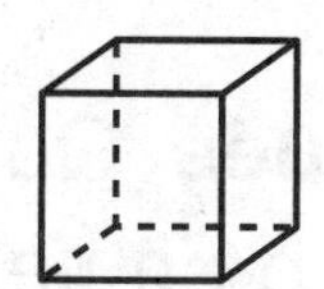

Dd

datos Números o símbolos que se recopilan para mostrar información.

Nombre	Número de mascotas
María	3
Jaime	1
Alonzo	4

data Numbers or symbols collected to show information.

Name	Number of Pets
Maria	3
James	1
Alonzo	4

Dd

decenas Los números en el rango de 10 a 99. Es el valor posicional de un número.

53

5 está en la posición de las decenas.
3 está en la posición de las unidades.

tens The numbers in the range 10–99. It is the place value of a number.

53

5 is in the tens place.
3 is in the ones place.

después Que sigue en lugar o en tiempo.

5 6 7 8

6 está justo *después* del 5.

after To follow in place or time.

5 6 7 8

6 is just *after* 5.

día

día

abril

domingo	lunes	martes	miércoles	jueves	viernes	sábado
		1	2	3	4	5
6	7	8	9	10	11	12
13	14	15	16	17	18	19
20	21	22	23	24	25	26
27	28	29	30			

day

day

April

Sunday	Monday	Tuesday	Wednesday	Thursday	Friday	Saturday
		1	2	3	4	5
6	7	8	9	10	11	12
13	14	15	16	17	18	19
20	21	22	23	24	25	26
27	28	29	30			

diagrama de Venn Dibujo que tiene círculos para clasificar y mostrar datos.

Venn diagram A drawing that uses circles to sort and show data.

diferencia Resultado de un problema de resta.

$3 - 1 = 2$

La diferencia es 2. ↑

difference The answer to a subtraction problem.

$3 - 1 = 2$

The difference is 2. ↑

dobles (dobles más 1, dobles menos 1) Dos sumandos que son el mismo número.

$2 + 2 = 4$

$2 + 3 = 5$ $2 + 1 = 3$

doubles (doubles plus 1, doubles minus 1) Two addends that are the same number.

$2 + 2 = 4$

$2 + 3 = 5$ $2 + 1 = 3$

Ee

en punto Al comienzo de la hora.

Son las 3 en punto.

o'clock At the beginning of the hour.

It is 3 o'clock.

encuesta Recopilación de datos haciendo la misma pregunta a un grupo de personas.

Alimentos favoritos	
Alimento	Votos
(manzana)	~~IIII~~
(zanahoria)	III
(sándwich)	~~IIII~~ III

Esta encuesta muestra los alimentos favoritos.

survey To collect data by asking people the same question.

Favorite Foods	
Food	Votes
(apple)	~~IIII~~
(carrot)	III
(sandwich)	~~IIII~~ III

This survey shows favorite foods.

entero La cantidad total o el objeto completo.

whole The entire amount of an object.

entre

El gatito está *entre* los dos perros.

between

The kitten is *between* the two dogs.

enunciado de resta Expresión en la cual se usan números con los signos − e =.

$9 - 5 = 4$

subtraction number sentence An expression using numbers and the − and = signs.

$9 - 5 = 4$

enunciado de suma Expresión en la cual se usan números con los signos + e =.

$4 + 5 = 9$

addition number sentence An expression using numbers and the + and = signs.

$4 + 5 = 9$

esfera Sólido con la forma de una pelota redonda.

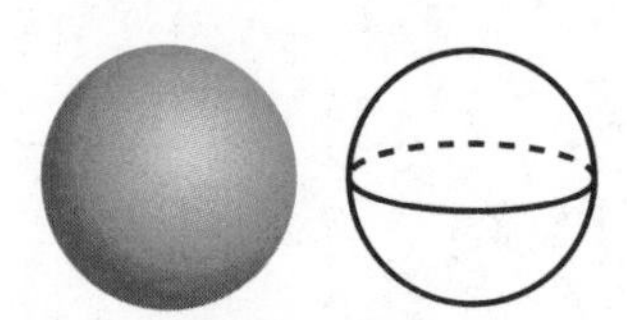

sphere A solid shape that has the shape of a round ball.

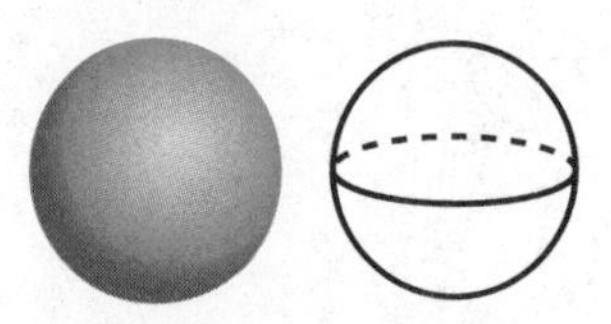

Ff

falso Algo que no es cierto. Lo opuesto de verdadero.

false Something that is not a fact. The opposite of true.

familia de operaciones Enunciados de suma y de resta que tienen los mismos números. Algunas veces se llaman *operaciones relacionadas*.

$6 + 7 = 13$　　$13 - 7 = 6$

$7 + 6 = 13$　　$13 - 6 = 7$

fact family Addition and subtraction sentences that use the same numbers. Sometimes called *related facts*.

$6 + 7 = 13$　　$13 - 7 = 6$

$7 + 6 = 13$　　$13 - 6 = 7$

figura bidimensional Contorno de una figura como un triángulo, un cuadrado o un rectángulo.

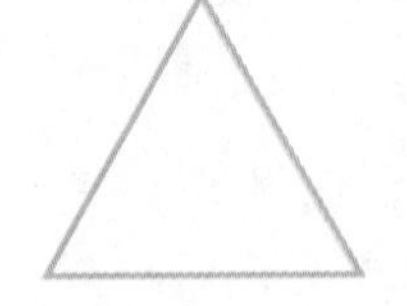

two-dimensional shape The outline of a shape such as a triangle, square, or rectangle.

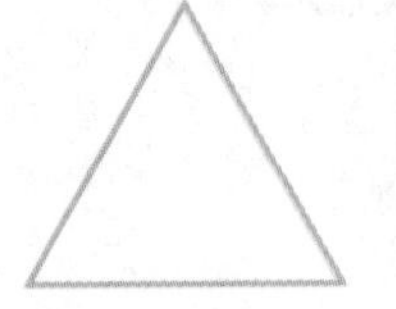
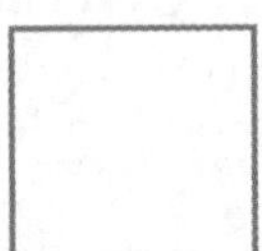
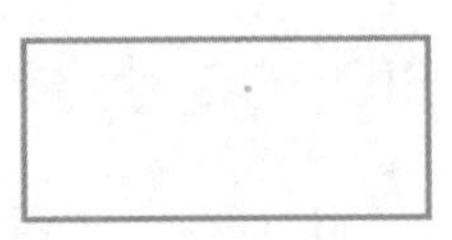

figura compuesta Dos o más figuras que se unen para formar una figura nueva.

composite shape Two or more shapes that are put together to make a new shape.

figura tridimensional
Un sólido. Una figura que no es plana.

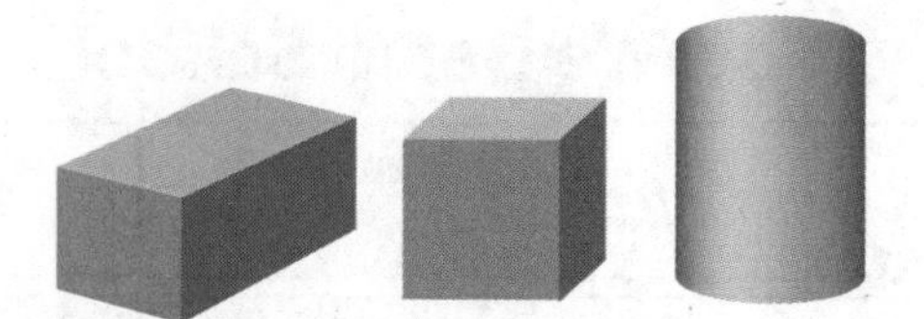

three-dimensional shape
A solid shape. A shape that is not flat.

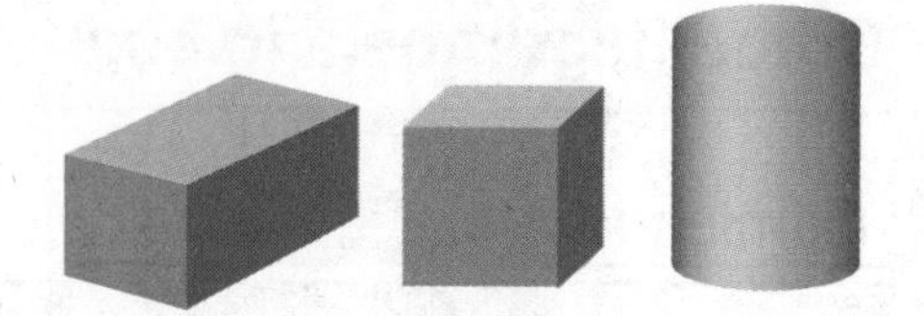

gráfica Forma de presentar los datos recopilados.

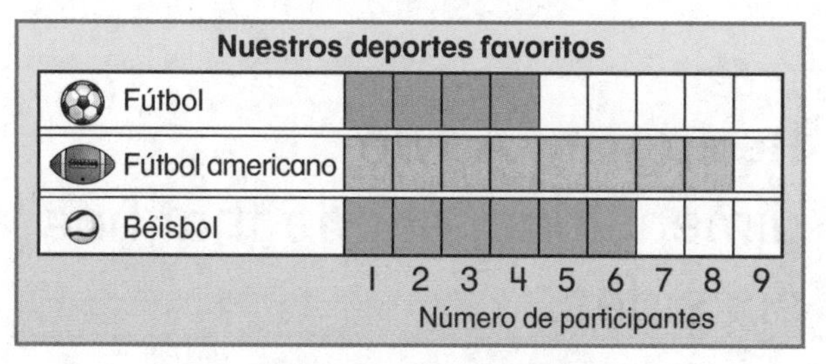

gráfica de barras

graph A way to present data collected.

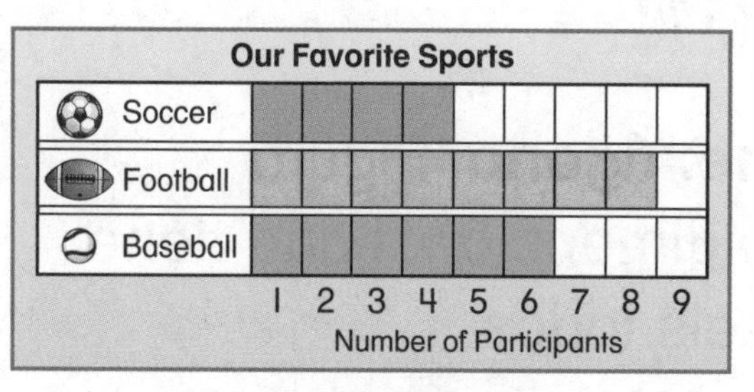

bar graph

gráfica con imágenes
Gráfica que tiene distintas imágenes para ilustrar la información recopilada.

picture graph A graph that has different pictures to show information collected.

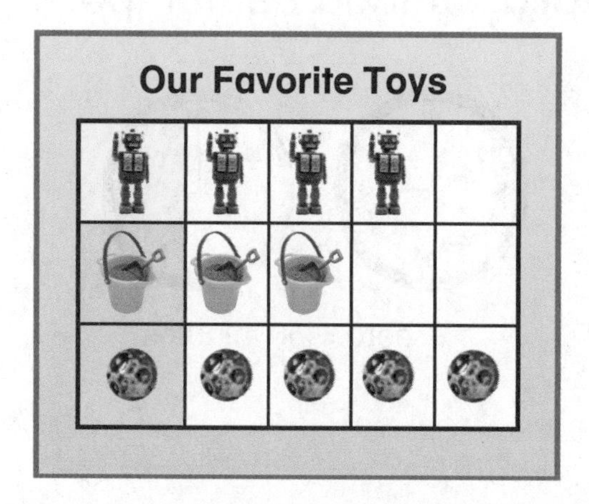

Gg

gráfica de barras Gráfica que usa barras para ilustrar datos.

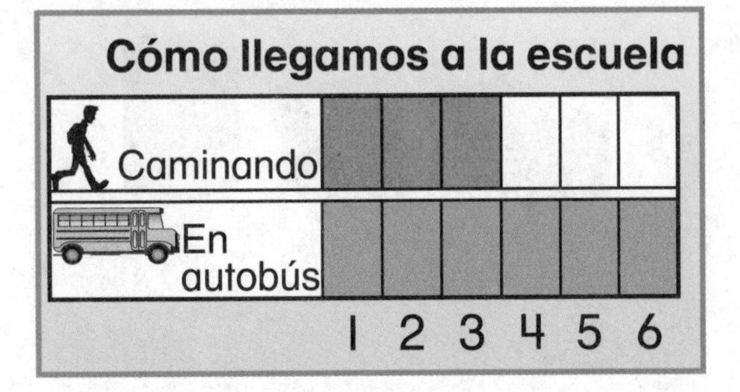

bar graph A graph that uses bars to show data.

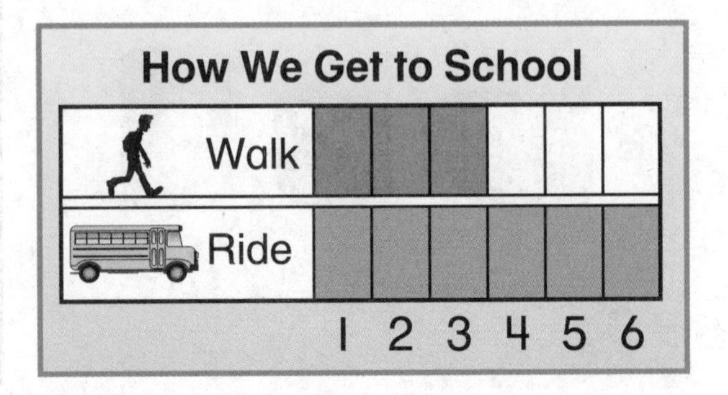

Hh

hexágono Figura bidimensional que tiene seis lados.

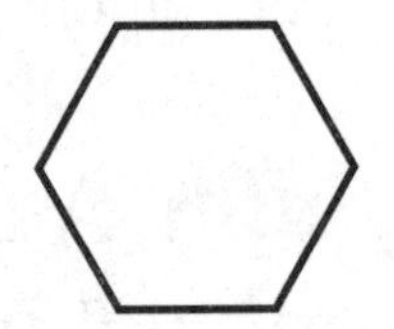

hexagon A two-dimensional shape that has six sides.

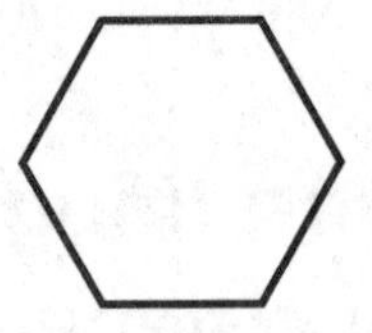

hora Unidad de tiempo.

1 hora = 60 minutos

hour A unit of time.

1 hour = 60 minutes

Ii

igual (=) Que tienen el mismo valor o son lo mismo.

$2 + 4 = 6$

signo igual ↑

equals (=) Having the same value as or is the same as.

$2 + 4 = 6$

equals sign ↑

igual a (=)

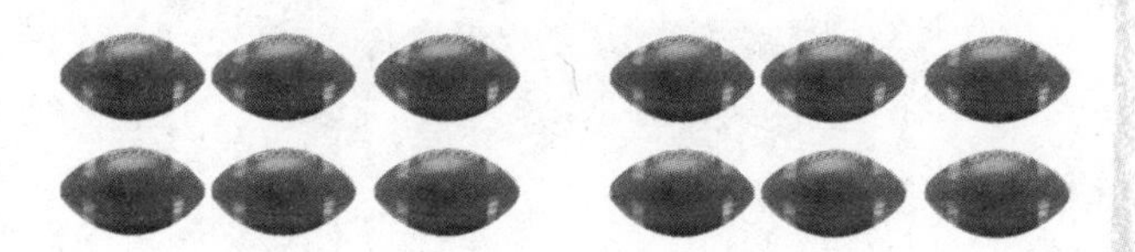

$6 = 6$

6 es igual a 6.

equal to (=)

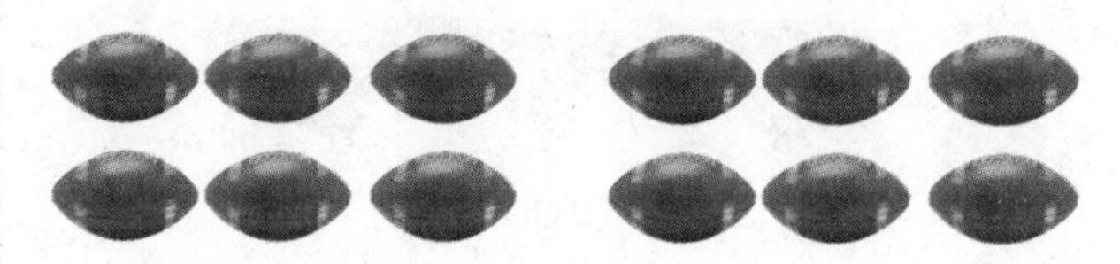

$6 = 6$

6 is equal to 6.

Ll

lado

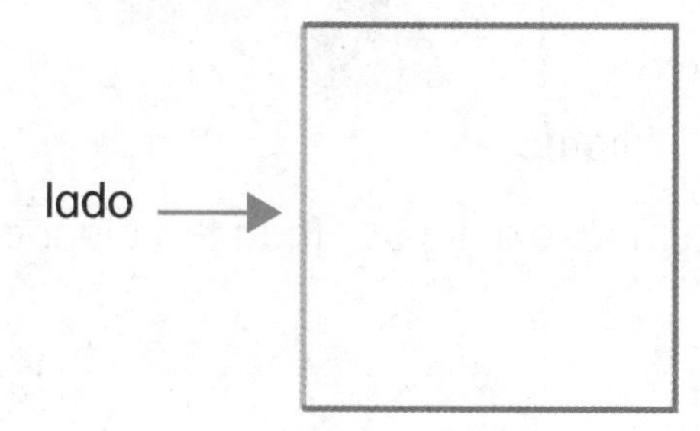

side

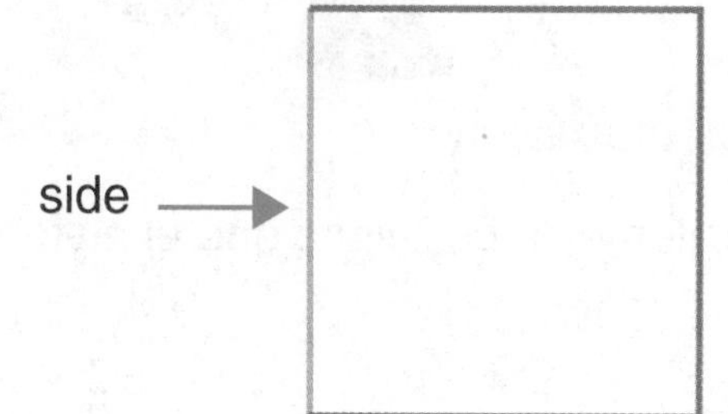

largo (más largo, el más largo) Manera de comparar la longitud de dos objetos.

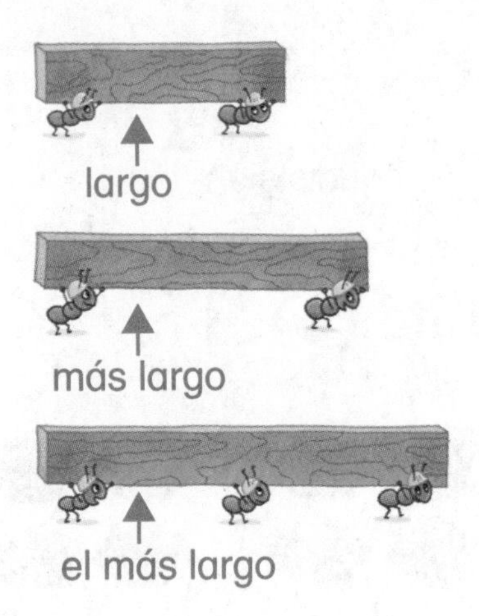

long (longer, longest) A way to compare the lengths of two objects.

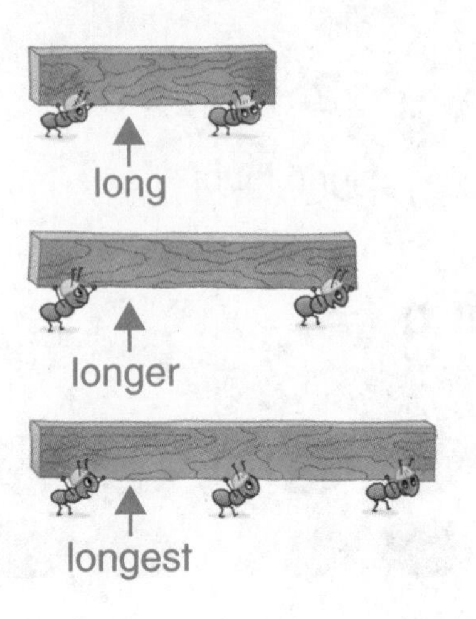

liviano (más liviano, el más liviano) Pesa menos.

El ratón es más liviano que el elefante.

light (lighter, lightest) Weighs less.

The mouse is lighter than the elephant.

longitud

length

manecilla horaria Manecilla del reloj que indica la hora. Es la manecilla más corta.

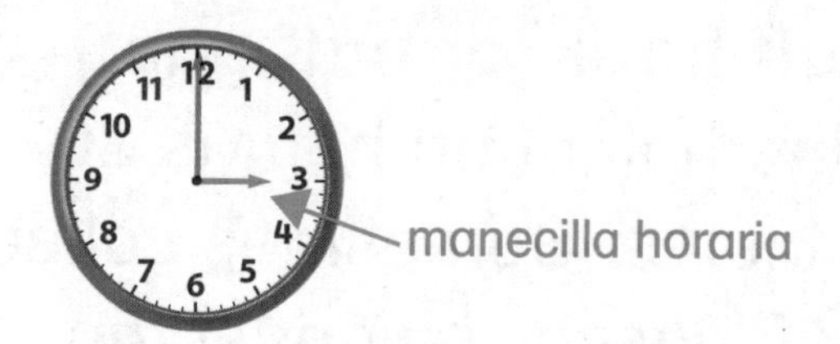

hour hand The hand on a clock that tells the hour. It is the shorter hand.

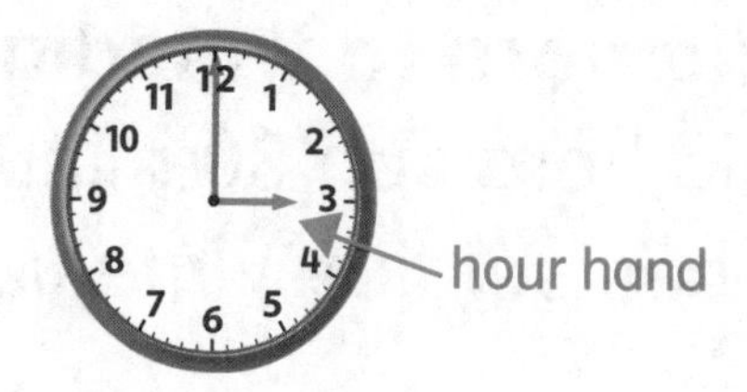

más

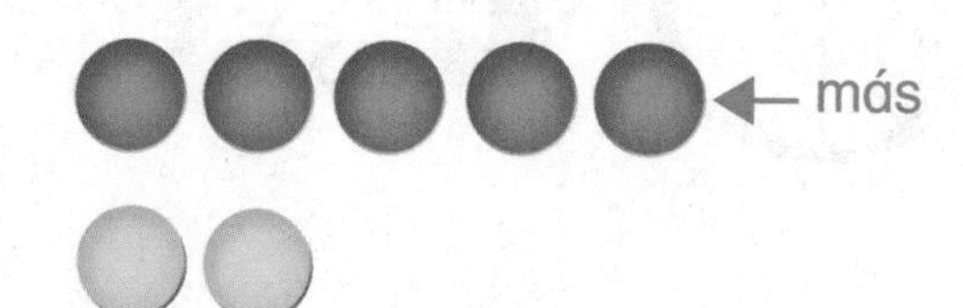

more

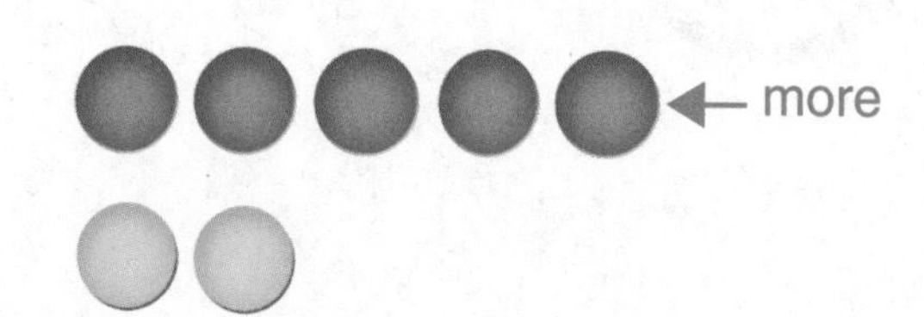

Mm

más (+) Signo que se usa para mostrar la suma.

$4 + 5 = 9$

signo más (señala el +)

plus (+) The sign used to show addition.

$4 + 5 = 9$

plus sign (points to the +)

masa Cantidad de materia en un objeto. La masa de un objeto nunca cambia.

mass The amount of matter in an object. The mass of an object never changes.

mayor que (>)/el mayor El número o grupo con más cantidad.

4 23 56

56 es el mayor.

greater than (>)/greatest The number or group with more.

4 23 56

56 is the greatest.

media hora (o y media) Media hora son 30 minutos. A veces se dice *y media.*

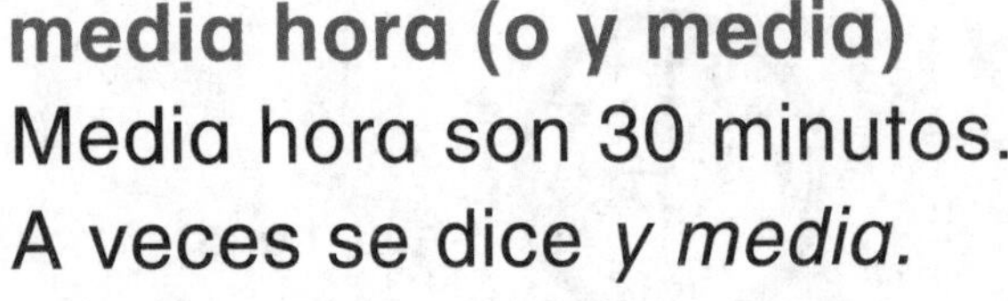

half hour (or half past) One half of an hour is 30 minutes. Sometimes called *half past* or *half past the hour.*

medir Hallar la longitud, altura, peso o capacidad mediante unidades estándares o no estándares.

measure To find the length, height, weight or capacity using standard or nonstandard units.

menor que (<)/el menor El número o grupo con menos cantidad.

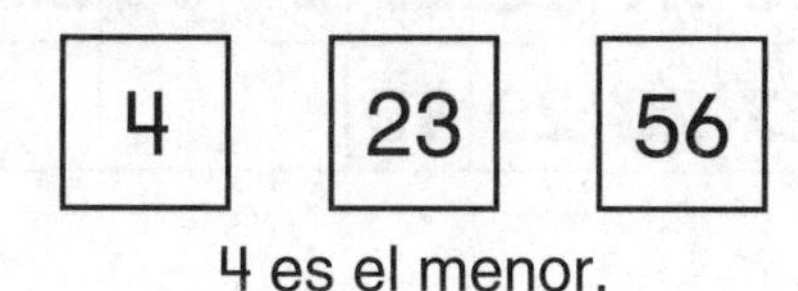

4 es el menor.

less than (<)/least The number or group with fewer.

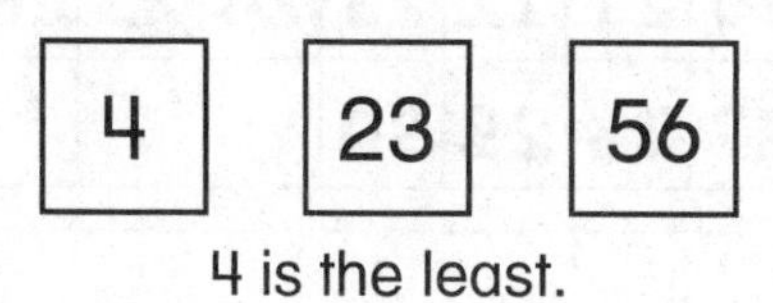

4 is the least.

menos (−) Signo que indica resta.

$5 - 2 = 3$

signo menos

minus (−) The sign used to show subtraction.

$5 - 2 = 3$

minus sign

menos/el menor El número o grupo con menos.

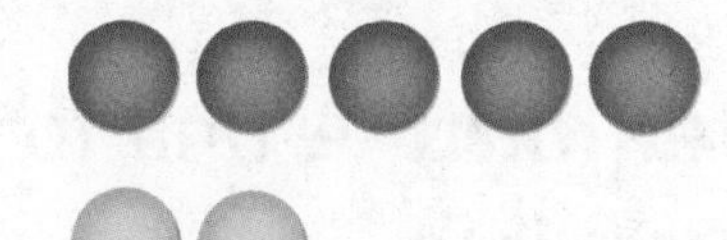

Hay menos fichas amarillas que fichas rojas.

fewer/fewest The number or group with less.

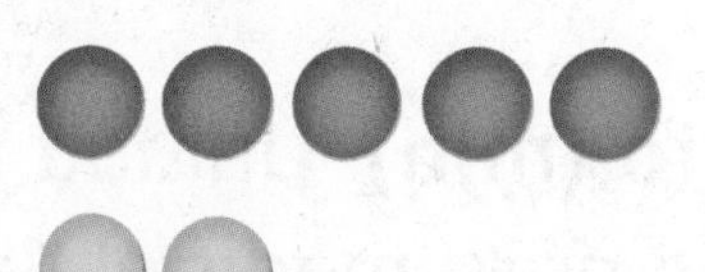

There are fewer yellow counters than red ones.

mes

mes

abril

domingo	lunes	martes	miércoles	jueves	viernes	sábado
		1	2	3	4	5
6	7	8	9	10	11	12
13	14	15	16	17	18	19
20	21	22	23	24	25	26
27	28	29	30			

month

Sunday	Monday	Tuesday	Wednesday	Thursday	Friday	Saturday
		1	2	3	4	5
6	7	8	9	10	11	12
13	14	15	16	17	18	19
20	21	22	23	24	25	26
27	28	29	30			

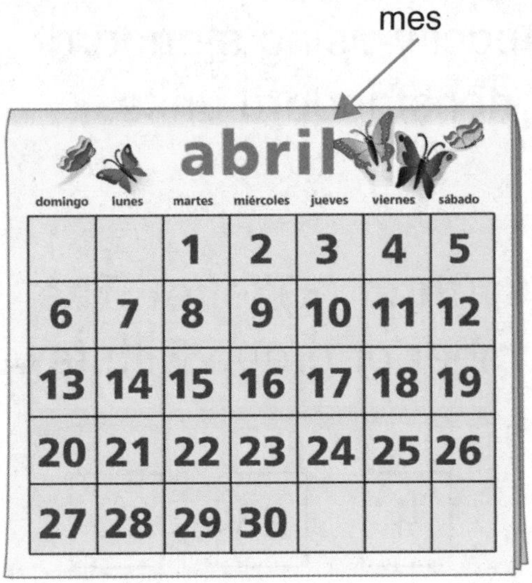

minutero La manecilla más larga del reloj, que indica los minutos.

minute hand The longer hand on a clock that tells the minutes.

minuto (min) Unidad que se usa para medir el tiempo.

1 minuto = 60 segundos

minute (min) A unit to measure time.

1 minute = 60 seconds

mitades Dos partes iguales de un entero. Cada parte es la mitad del entero.

halves Two equal parts of a whole. Each part is a half of the whole.

moneda de 5¢ moneda de cinco centavos = 5¢ o 5 centavos

cara cruz

nickel nickel = 5¢ or 5 cents

head tail

moneda de 10¢ moneda de diez centavos = 10¢ o 10 centavos

cara cruz

dime dime = 10¢ or 10 cents

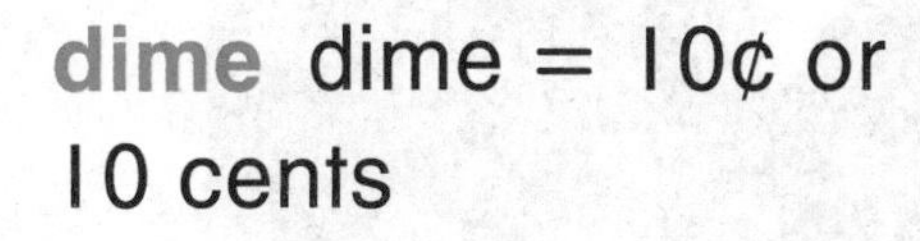

head tail

moneda de 1¢ moneda de un centavo = 1¢ o 1 centavo

cara cruz

penny penny = 1¢ or 1 cent

head tail

Nn

número Dice cuántos hay.
1, 2, 3, 4, 5, 6, 7, 8, 9, 10...

Hay tres pollitos.

number Tells how many.
1, 2, 3, 4, 5, 6, 7, 8, 9, 10...

There are 3 chicks.

número ordinal

primero segundo tercero

ordinal number

first second third

Oo

operaciones inversas Operaciones que se anulan entre sí.

La suma y la resta son operaciones inversas u opuestas.

inverse Operations that undo each other.

Addition and subtraction are inverse or opposite operations.

operaciones relacionadas Operaciones básicas en las cuales se usan los mismos números. También se llaman *familias de operaciones.*

$4 + 1 = 5$ $5 - 4 = 1$
$1 + 4 = 5$ $5 - 1 = 4$

related fact(s) Basic facts using the same numbers. Sometimes called a *fact family*.

$4 + 1 = 5$ $5 - 4 = 1$
$1 + 4 = 5$ $5 - 1 = 4$

orden

1, 3, 6, 7, 9

Estos números están en orden de menor a mayor.

order

1, 3, 6, 7, 9

These numbers are in order from least to greatest.

Pp

parte Una de las partes que se juntan al sumar.

Parte	Parte
2	2
Total	

part One of the parts joined when adding.

Part	Part
2	2
Whole	

Pp

partes iguales Cada parte tiene el mismo tamaño.

Un pastelito cortado en partes iguales.

equal parts Each part is the same size.

A muffin cut in equal parts.

patrón Orden que sigue continuamente un conjunto de objetos o números.

A, A, B, A, A, B, A, A, B

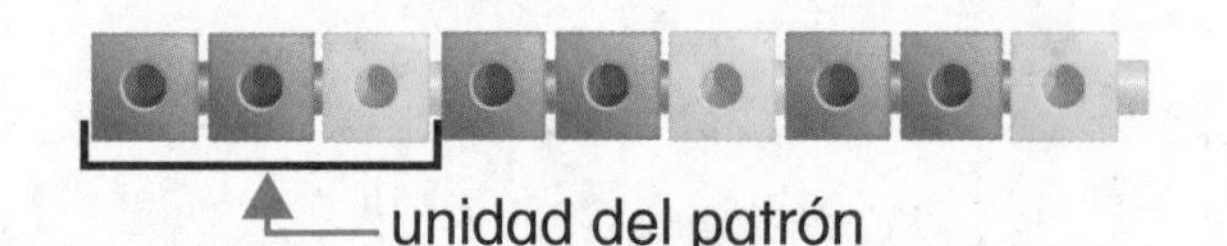

pattern An order that a set of objects or numbers follows over and over.

A, A, B, A, A, B, A, A, B

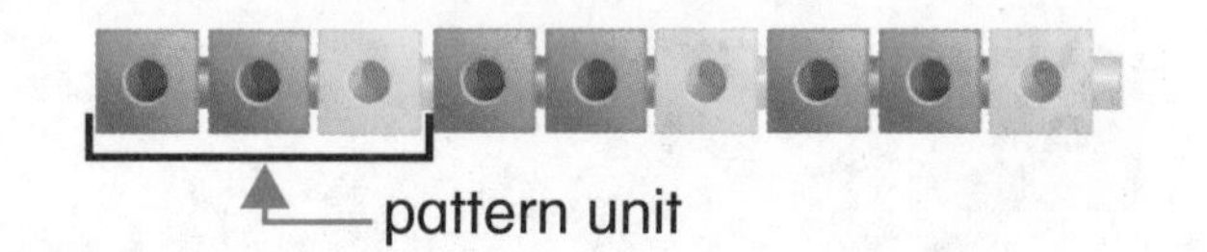

patrón repetitivo

repeating pattern

pesado (más pesado, el más pesado) Pesa más.

Un elefante es más pesado que un ratón.

heavy (heavier, heaviest) Weighs more.

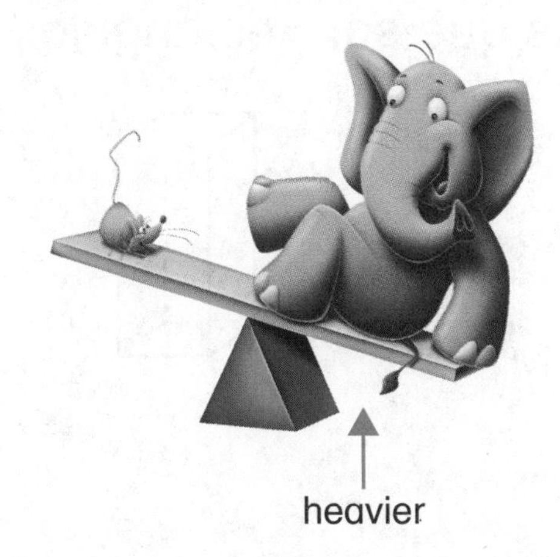

An elephant is heavier than a mouse.

peso

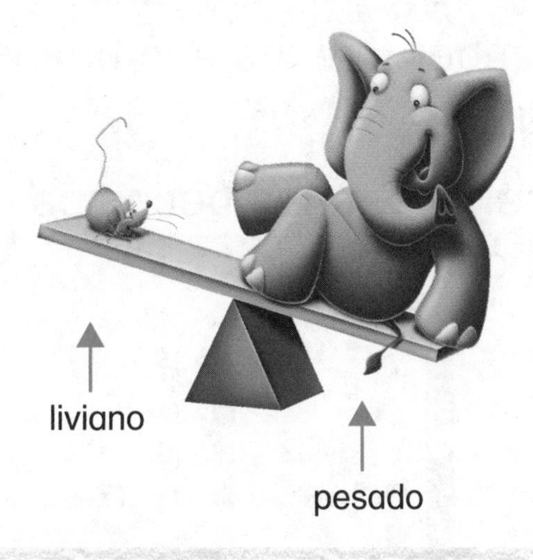

weight

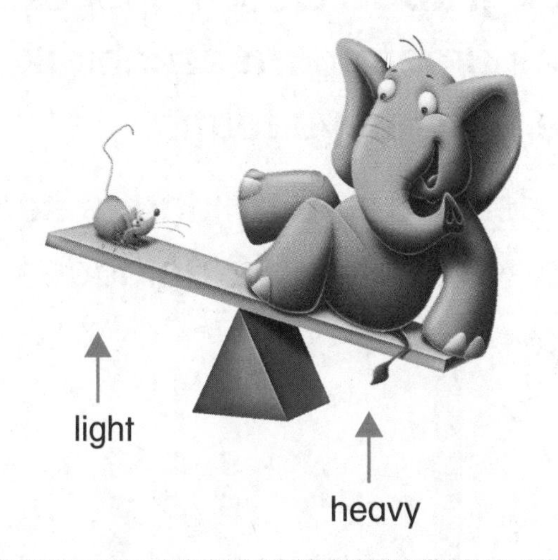

posición Indica dónde está un objeto.

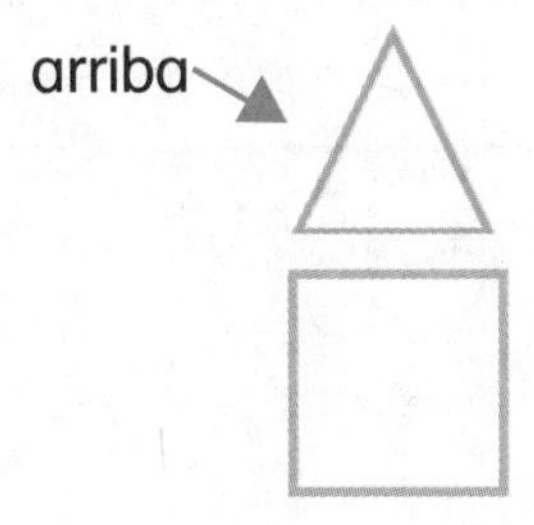

position Tells where an object is.

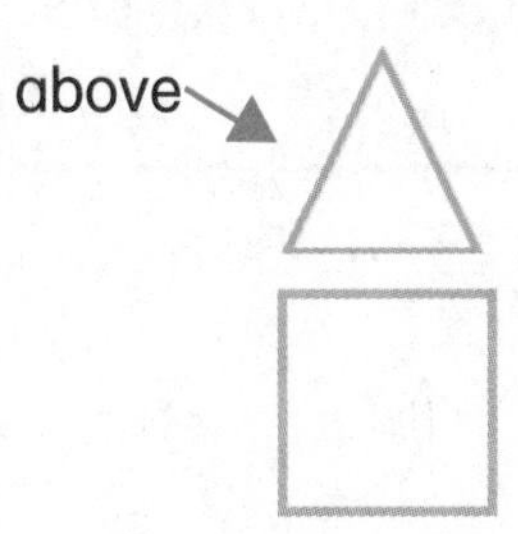

Pp

prisma rectangular Figura tridimensional con 6 caras que son rectángulos.

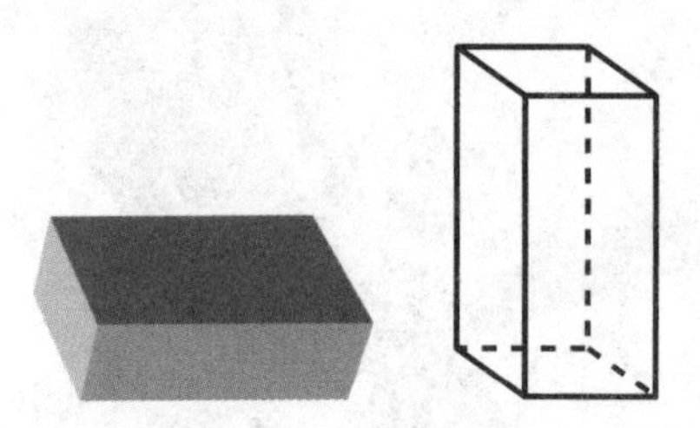

rectangular prism A three-dimensional shape with 6 faces that are rectangles.

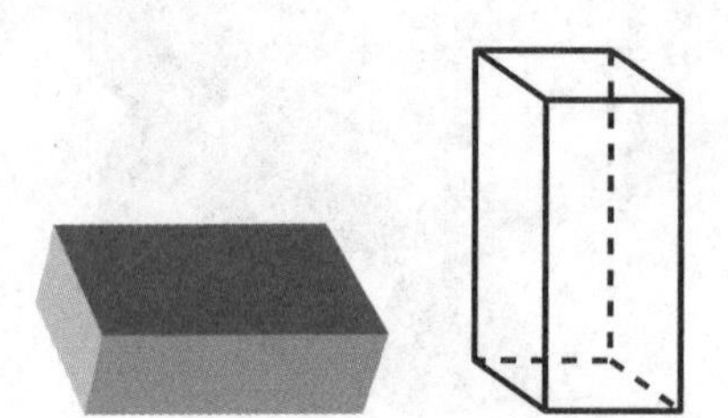

reagrupar Descomponer un número para escribirlo de una nueva forma.

1 decena + 2 unidades se convierten en 12 unidades.

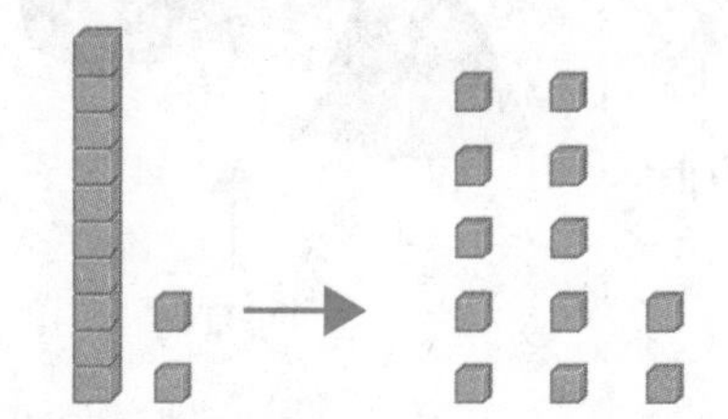

regroup To take apart a number to write it in a new way.

1 ten + 2 ones becomes 12 ones.

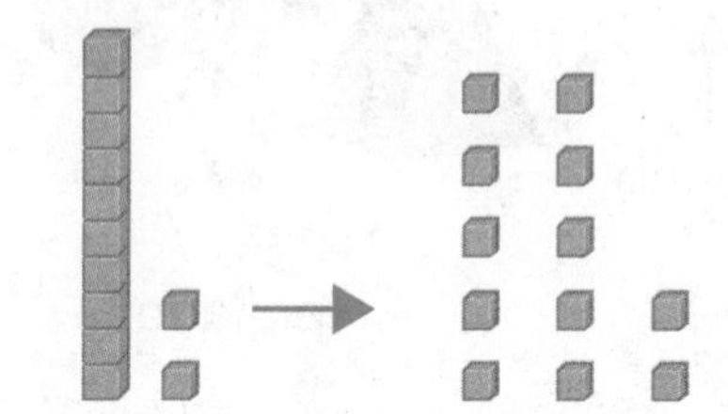

recta numérica Recta con marcas de números.

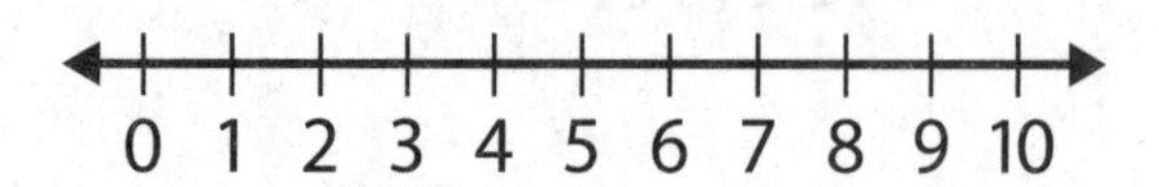

number line A line with number labels.

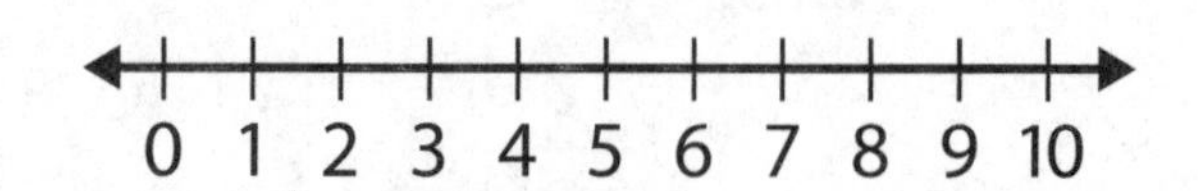

rectángulo Figura con cuatro lados y cuatro esquinas.

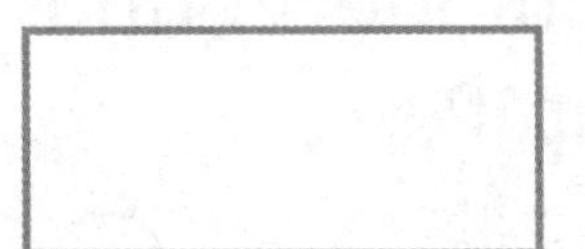

rectangle A shape with four sides and four corners.

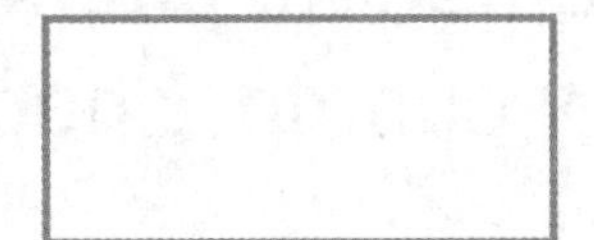

reloj analógico Reloj que usa una manecilla horaria y un minutero.

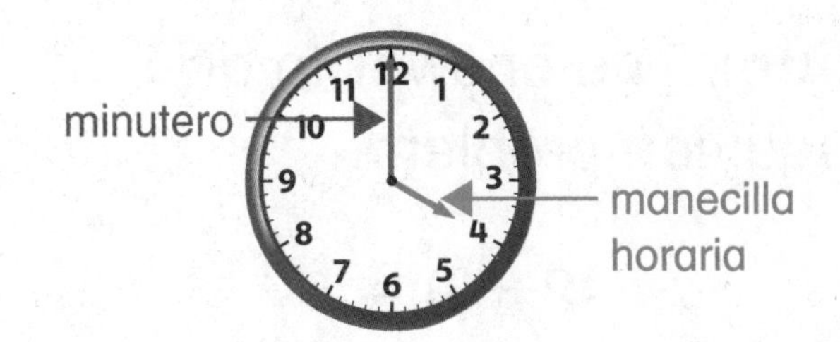

analog clock A clock that has an hour hand and a minute hand.

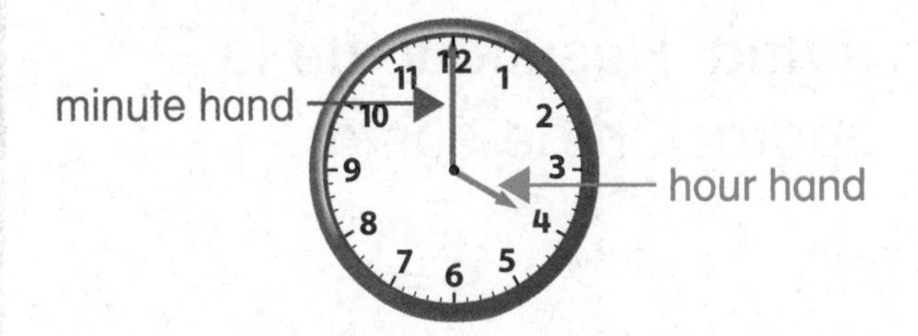

reloj digital Reloj que usa solo números para mostrar la hora.

digital clock A clock that uses only numbers to show time.

restar (resta) Eliminar, quitar, separar o hallar la diferencia entre dos conjuntos. Lo opuesto de la suma.

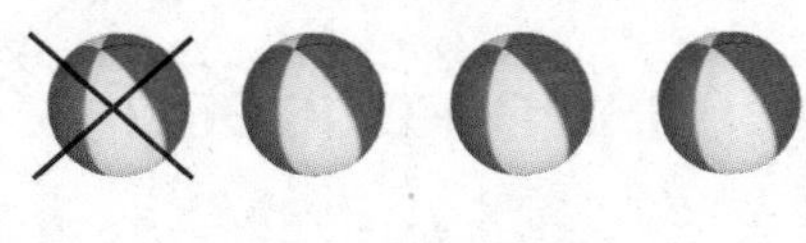

$4 - 1 = 3$

subtract (subtraction) To take away, take apart, separate, or find the difference between two sets. The opposite of addition.

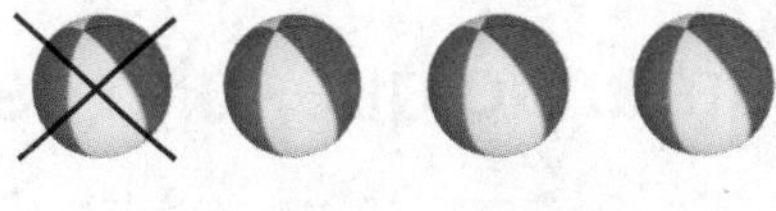

$4 - 1 = 3$

Ss

seguir contando (o contar hacia delante) En una recta numérica, empieza en el 4 y cuenta 2 hacia delante.

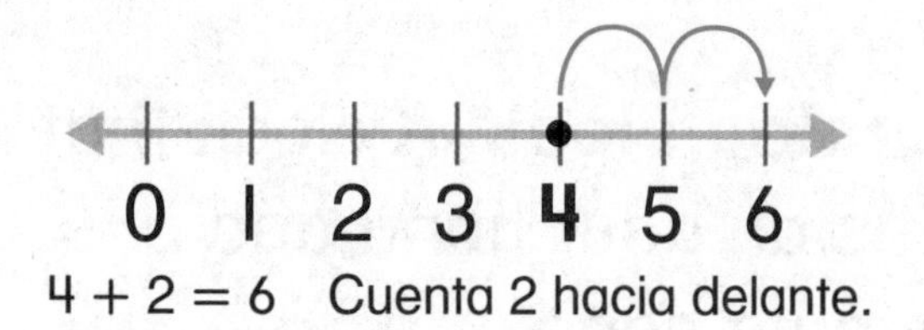

$4 + 2 = 6$ Cuenta 2 hacia delante.

count on (or count up) On a number line, start at the number 4 and count up 2.

0 1 2 3 4 5 6

$4 + 2 = 6$ Count on 2.

suma Resultado de la operación de sumar.

$2 + 4 = 6$

↑ suma

sum The answer to an addition problem.

$2 + 4 = 6$

↑ sum

sumandos Números o cantidades que se suman.

$2 + 3$

↑ ↑

2 es un sumando y 3 es un sumando.

addend Any numbers or quantities being added together.

$2 + 3$

↑ ↑

2 is an addend and 3 is an addend.

sumando que falta

$9 + \_\_\_\_ = 16$

El sumando que falta es 7.

missing addend

$9 + \_\_\_\_ = 16$

The missing addend is 7.

sumar (suma) Unir conjuntos para hallar el total o la suma.

$2 + 5 = 7$

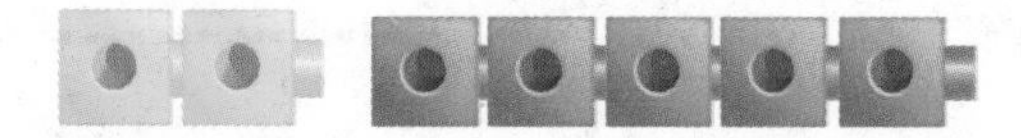

add (addition) To join together sets to find the total or sum.

$2 + 5 = 7$

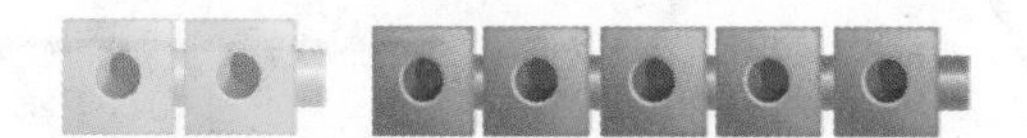

Tt

tabla de conteo Forma de ilustrar los datos recopilados usando marcas de conteo.

Alimentos favoritos	
Alimento	Votos
	𝍸
	𝍷𝍷𝍷
	𝍸 𝍷𝍷𝍷

tally chart A way to show data collected using tally marks.

Favorite Foods	
Food	Votes
	𝍸
	𝍷𝍷𝍷
	𝍸 𝍷𝍷𝍷

total La suma de dos partes.

whole The sum of two parts.

Tt

trapecio Figura de cuatro lados con solo dos lados opuestos que son paralelos.

 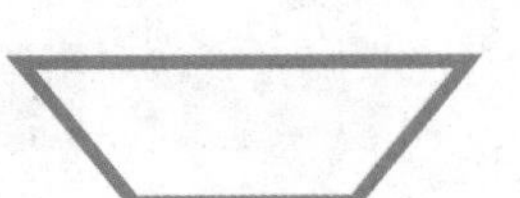

trapezoid A four-sided plane shape with only two opposite sides that are parallel.

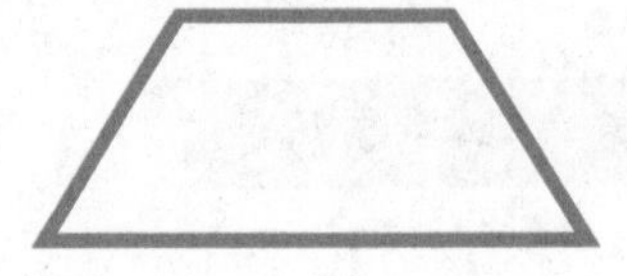 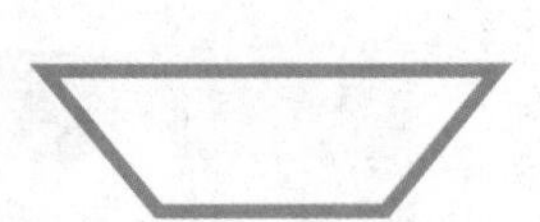

triángulo Figura con tres lados.

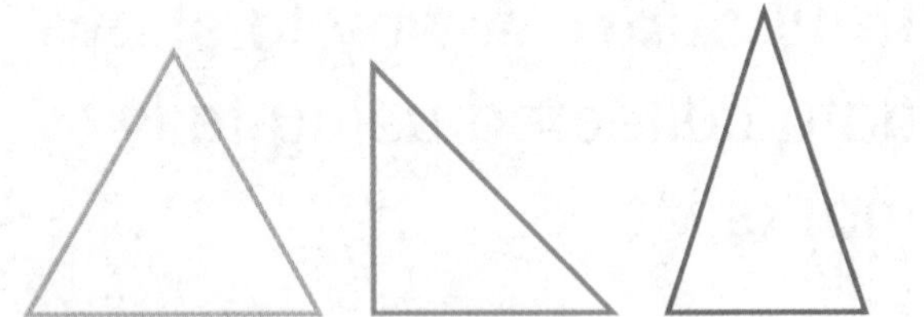

triangle A shape with three sides.

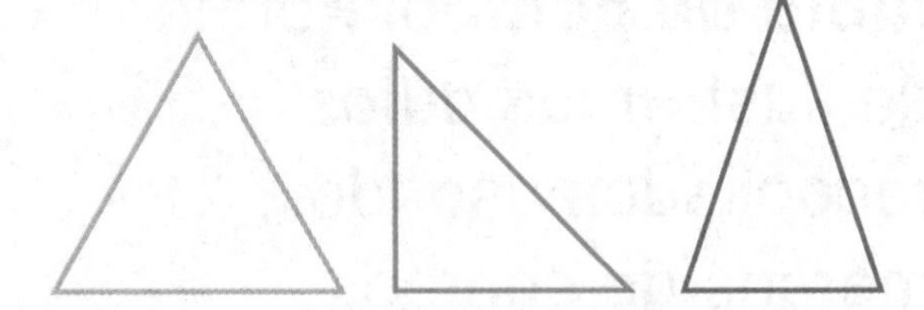

Uu

unidad Objeto que se usa para medir.

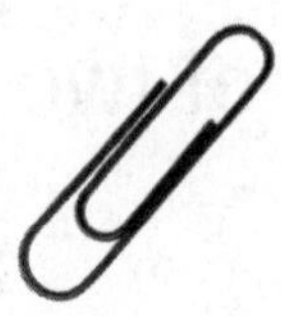 

unit An object used to measure.

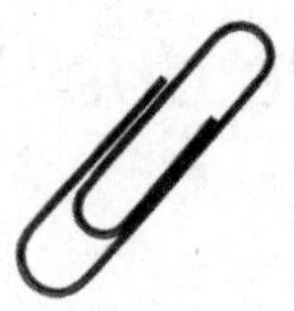 

unidades Los números en el rango de 0 a 9. Es el valor posicional de un número.

ones The numbers in the range of 0–9. It is the place value of a number.

valor posicional Valor de un dígito según el lugar en el número.

53
5 está en la posición de las decenas.
3 está en la posición de las unidades.

place value The value given to a digit by its place in a number.

53
5 is in the tens place.
3 is in the ones place.

verdadero Algo que es cierto. Lo opuesto de falso.

true Something that is a fact. The opposite of false.

vértice

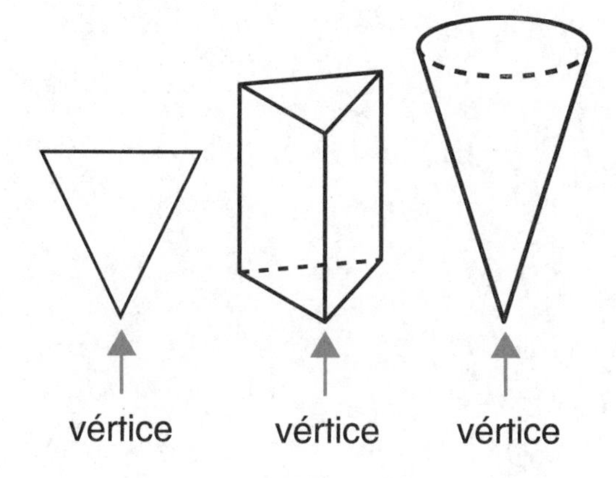

vertex

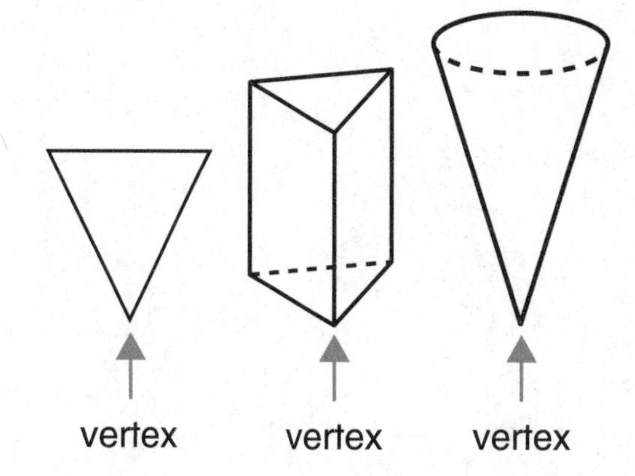

Nombre

Tablero de trabajo 1: Marco de diez

Tablero de trabajo 2: Marcos de diez

Nombre ______________________________

Tablero de trabajo 3: Parte-parte-total

Parte	Parte

Total

Tablero de trabajo 4: Rectas numéricas

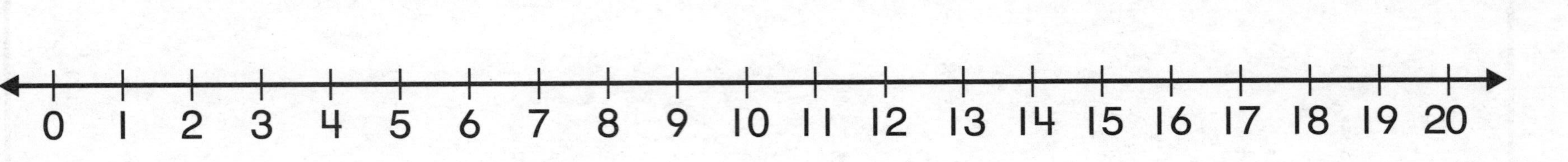

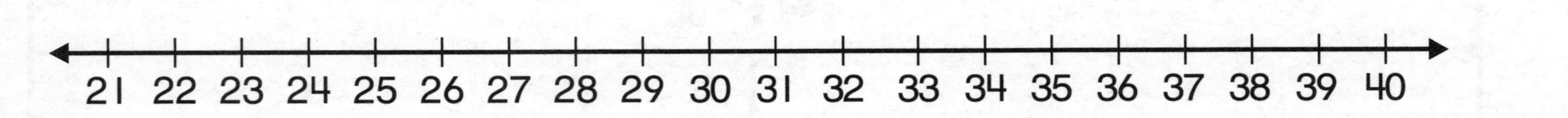

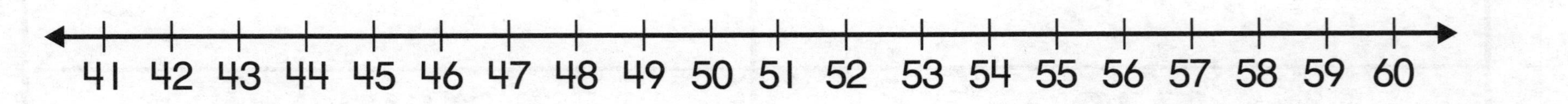

Nombre

Tablero de trabajo 5: Rectas numéricas

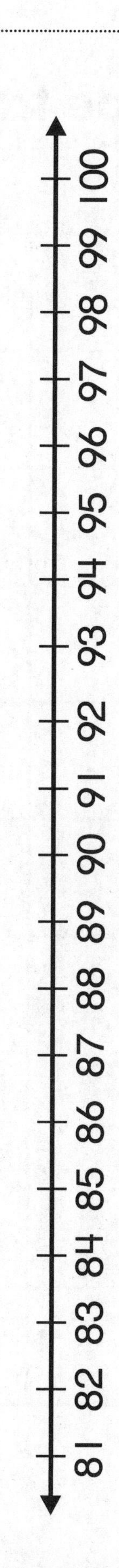

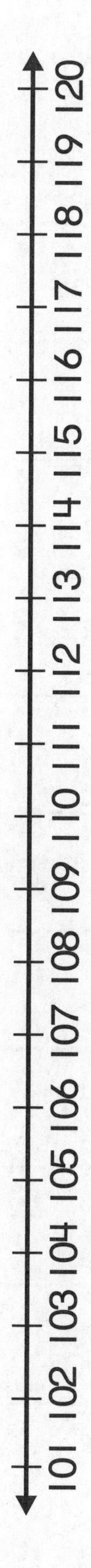

Tablero de trabajo 6: Cuadrícula

Nombre ....

Tablero de trabajo 7: Tabla de decenas y unidades

Decenas	Unidades

Tablero de trabajo 8: Tabla de centenas, decenas y unidades

Centenas	Decenas	Unidades